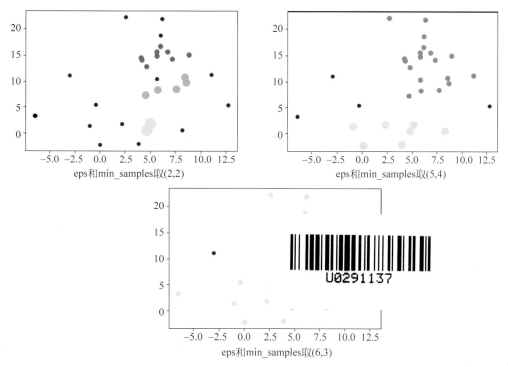

图 3-12　DBSCAN 算法示例取不同参数值时的对比图

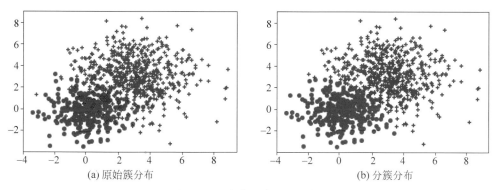

(a) 原始簇分布　　　　　　　　　　　　　(b) 分簇分布

图 3-14　高斯混合聚类示例

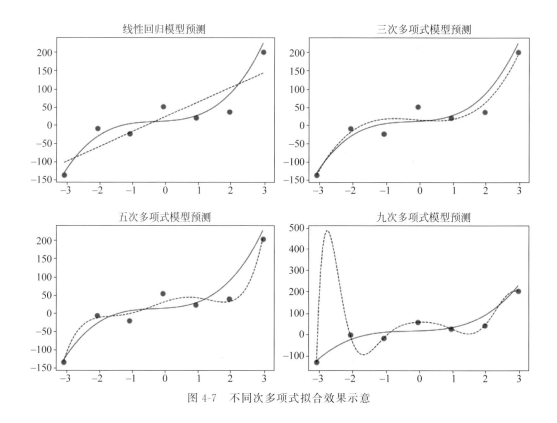

图 4-7　不同次多项式拟合效果示意

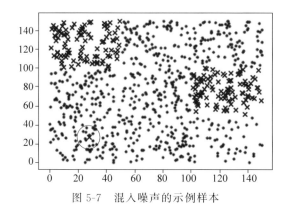

图 5-7　混入噪声的示例样本

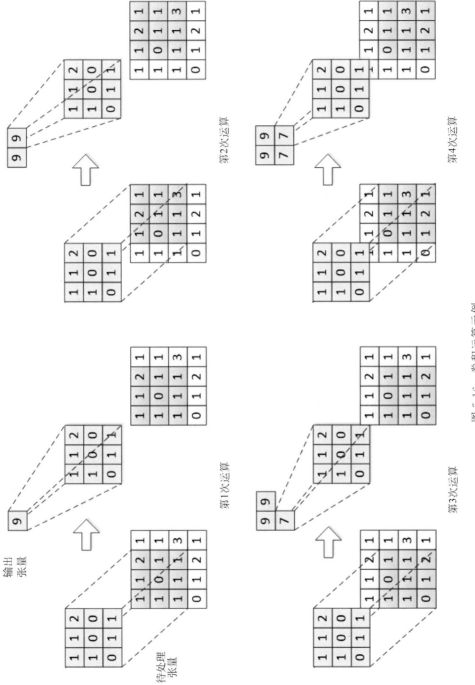

图 5-16 卷积运算示例

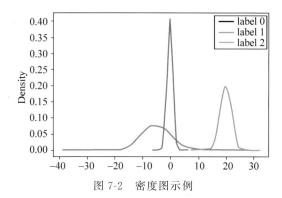

图 7-2　密度图示例

大数据与人工智能技术丛书

机器学习与深度学习
（Python 版·微课视频版）

王衡军　著

清华大学出版社

北　京

内 容 简 介

本书以任务为导向,讨论了机器学习和深度学习的主要问题,包括聚类、回归、分类、标注、降维、特征工程、超参数调优、序列决策(强化学习)和对抗攻击等。书中对上述每个问题,分别从决策函数类模型、概率类模型和神经网络类模型三个角度来讨论具体的实现算法。

本书在内容上兼顾基础知识和应用实践。总体上,以基本理论知识为主线,逐步展开,从概念入手,逐步讨论算法思想,着重考虑知识的关联性,最后落实到机器学习扩展库和深度学习框架的具体应用。具体到每个模型,采用以示例入手、逐渐深入的方式,尽量给出详尽的分析或推导。

本书的特点是主要通过示例来讨论相关模型,适合初学者入门使用。本书示例代码采用 Python 3 程序设计语言编写。传统机器学习算法的应用示例主要以 Scikit-Learn 机器学习扩展库来实现,隐马尔可夫模型示例用 hmmlearn 扩展库来实现,条件随机场模型示例用 CRF＋＋工具来实现。深度学习算法的示例采用 TensorFlow 2 框架和 MindSpore 框架来实现。

本书适合计算机、人工智能及相关专业的学生使用,对于相关技术研究人员也有参考价值。

图书在版编目(CIP)数据

机器学习与深度学习：Python 版·微课视频版/王衡军著.—北京：清华大学出版社,2022.6
(2023.9重印)
(大数据与人工智能技术丛书)
ISBN 978-7-302-60665-9

Ⅰ.①机…　Ⅱ.①王…　Ⅲ.①机器学习　Ⅳ.①TP181

中国版本图书馆 CIP 数据核字(2022)第 068418 号

责任编辑：王冰飞
封面设计：刘　键
责任校对：焦丽丽
责任印制：沈　露

出版发行：清华大学出版社
　　　　　网　　　址：http://www.tup.com.cn,http://www.wqbook.com
　　　　　地　　　址：北京清华大学学研大厦 A 座　　　邮　　编：100084
　　　　　社 总 机：010-83470000　　　　　　　　　　邮　　购：010-62786544
　　　　　投稿与读者服务：010-62776969,c-service@tup.tsinghua.edu.cn
　　　　　质量反馈：010-62772015,zhiliang@tup.tsinghua.edu.cn
　　　　　课件下载：http://www.tup.com.cn,010-62795954
印 装 者：艺通印刷(天津)有限公司
经　　销：全国新华书店
开　　本：185mm×260mm　　印　张：20　　插　页：2　　字　数：468 千字
版　　次：2022 年 7 月第 1 版　　　　　　　　　　　印　　次：2023 年 9 月第 2 次印刷
印　　数：2001～2800
定　　价：69.90 元

产品编号：092309-01

前　言

《机器学习(Python+sklearn+TensorFlow 2.0)微课视频版》一书在出版后,受到了读者的欢迎。作者为了适应不同读者的需要,应出版社建议,编写了本书。本书的特点是主要通过示例来讨论传统机器学习模型、深度学习模型和强化学习模型,更适合初学者入门使用。

本书的内容全面,可供入门学习和工程参考。

本书内容的编排大体与《机器学习(Python+sklearn+TensorFlow 2.0)微课视频版》一书对应,因此,也可与之配套使用。结合机器学习领域发展现状,本书增加了强化学习和对抗样本的内容。

本书示例代码采用 Python 3 程序设计语言编写。传统机器学习算法的应用示例主要基于 Scikit-Learn 机器学习扩展库实现,隐马尔可夫模型示例基于 hmmlearn 扩展库实现,条件随机场模型示例基于 CRF++ 工具实现。深度学习算法的示例基于 TensorFlow 2 框架和 MindSpore 框架实现。MindSpore 是华为公司于 2020 年开源的深度学习框架,目前正在快速发展之中。强化学习示例基于 gym 仿真框架实现。考虑到大多数初学者的条件限制,本书示例全部基于 CPU 计算平台实现。

本书没有直接聚焦于扩展库和框架本身,而是以基本理论知识为主线来逐步展开,从概念入手逐步讨论算法思想,着重考虑知识的关联性,最后落实到扩展库和框架的具体应用。作者认为这样的知识学习路线更有利于初学者。

在内容规划方面,强调任务驱动,总体上以聚类、回归、分类、标注、特征工程与超参数调优、序列决策、对抗攻击来划分知识模块。具体来讲:

第 1 章介绍开发环境的安装以及 Python 语言相关知识。涉及 Anaconda 环境、Scikit-Learn 机器学习扩展库、TensorFlow 2 和 MindSpore 深度学习框架的安装,目的是方便读者上手实验。简要介绍了基本的 Python 语法,并对程序设计语言、面向对象、平台无关性和解释性语言等内容进行讨论,使初学者了解更多背景知识,加深对环境的理解。

第 2 章介绍机器学习和深度学习的基础知识。本章介绍有关机器学习和深度学习的概念和术语,分析机器学习模型应用的流程,并通过一个简单的示例讨论采集数据、特征工程、建立模型和应用四个主要阶段,从多个角度讨论机器学习模型的分类,特别是从聚类、回归、分类、标注的任务角度和决策函数、概率分布、人工神经网络的实现角度对传统机器学习和深度学习的基本内容进行划分,力图给读者建立清晰的知识体系。

第 3 章至第 6 章分别介绍聚类任务、回归任务、分类任务和标注任务及相关模型。每章又按照实现该任务的决策函数模型、概率模型和神经网络模型分别讨论。此外,每章按照由易到难的顺序逐步讨论传统机器学习领域和深度学习中必不可少的基础知识:第 3

章讨论维数灾难与降维；第4章讨论梯度下降法和过拟合，并开始引入全连接层神经网络；第5章讨论误差反向传播算法和卷积神经网络；第6章讨论序列问题和循环神经网络。

第7章介绍机器学习工程应用中的特征工程与超参数调优问题及其辅助分析技术，并通过综合性实例进行讨论，对文本特征的提取及应用进行专门的讨论。

第8章介绍强化学习算法以及初步的深度强化学习算法。该部分内容涉及知识面较广，要求先导知识较多。采用本书作为教材时，可根据教学内容体系和教学时长选讲本章部分内容。

第9章对机器学习安全中的对抗攻击问题进行初步讨论，讲解对抗样本的生成及其对机器学习模型的攻击示例。对抗样本生成算法涉及很多基础知识，如梯度计算、反向传播等，因此，该部分内容既可以看作是对前沿新知识的探索，也可视为对前面章节内容的巩固和综合应用。

书中如有错误和不完善之处，望不吝赐教。

作　者

2022 年 5 月

随书资源

目 录

第 1 章

安装环境与语言、框架概要

在正式讨论机器学习和深度学习相关知识之前,先介绍本书示例使用的环境和语言。目前,常见的机器学习程序和软件都是用 Python 语言来写的,它已经成为事实上的机器学习通用语言。Anaconda 是一个综合性 Python 及其扩展库的管理工具,对初学者很友好。本书的编程环境以 Anaconda 进行管理。

1.1 安装环境

视频讲解

Python 的应用范围非常广泛,包括且不限于科学计算、人工智能、大数据、云计算、网站开发、游戏开发等领域。Python 的强大功能来自于它的数量庞大、功能完善的第三方扩展库(也称为包或者模块,package),本书只涉及其中与机器学习相关的扩展库。

Python 可应用于不同领域业务开发的第三方扩展库一般来自不同的机构。它们不仅数量庞大,而且相互存在复杂的依赖关系,维护管理起来很麻烦。Anaconda 是一个可对 Python 及其常用扩展库进行下载、安装和自动管理的软件。Anaconda 支持Windows、Linux 和 macOS 等操作系统。考虑到大部分初学者都使用 Windows 操作系统,因此,本书以 Windows 下的安装步骤为例来介绍 Anaconda 的安装。

1.1.1 几个重要的概念

初学者在使用 Anaconda 之前,需要了解几个重要的概念。

1. 图形化管理与命令行管理

Anaconda 对包、环境等的管理可以通过图形化界面和命令行界面来进行,分别称为

Navigator(图 1-1)和 Conda(图 1-5)。在管理效果上,两者没有区别。但是,Conda 的操作方式在 Windows、Linux 和 macOS 等操作系统上保持一致,且响应速度相比 Navigator 一般要快一些,因此受到大部分使用者的欢迎。本书的相关操作主要用命令行的方式进行。

图 1-1　图形化管理界面

2. 环境

如前文所述,Python 的扩展库之间存在复杂的依赖关系,一个包可能依赖于其他多个包才能正常运行,而其他包又可能需要依赖另外的包。Anaconda 中的环境可用来隔离不同应用开发的包依赖关系。比如,当需要同时开发机器学习应用和网络应用时,可以分别放在两个不同的环境中,以免相互影响而产生意想不到的干扰。环境还可以用来区别不同的版本,比如有的程序要求用 Python 3 开发,而有的程序要求用 Python 2 开发。总之,在 Anaconda 上可以建立多个用于不同开发目的的环境,它们互不干扰。此外,建好的环境还可以整体迁移到其他计算机上,在一些不能接入互联网的计算机上安装开发环境时,这一点十分有用。

3. 下载源

Anaconda 可以对常用扩展库进行自动下载,但由于它的官方服务器在国外,国内大部分用户的下载速度很慢。国内清华大学、中国科技大学等提供了镜像服务,使用这些下载源的下载速度相对快得多。实际使用时,下载源一般要更换为国内的镜像服务器。

1.1.2　安装 Anaconda

可到 Anaconda 官方网站[①]下载安装包。如果官方网站下载速度不稳定,可到清华大

---

① 　https://www.anaconda.com/products/individual

学开源软件镜像站[①],选择合适版本的安装软件下载。本书选择 Anaconda3-2019.10-Windows-x86_64.exe 文件(64 位 Windows 操作系统版本)。下载后进行安装,初始界面如图 1-2 所示。

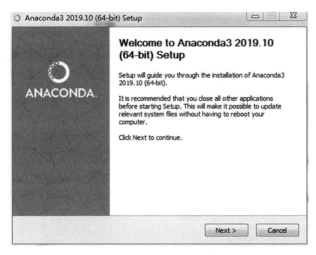

图 1-2 Anaconda 初始安装界面

在连续选择 Next(下一步)和 Agree(同意)后,来到安装目录界面,界面如图 1-3 所示。本书的实验环境安装到 E:\Anaconda3 文件夹,读者可根据需要选择合适的安装目录。

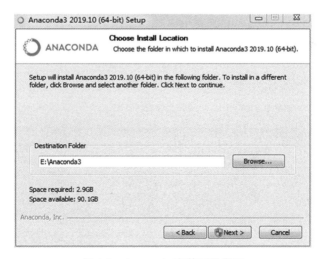

图 1-3 Anaconda 安装目录界面

在安装完成后,在"开始"菜单里会出现 Anaconda3 的程序组,如图 1-4 所示。

在 Anaconda3 程序组里单击 Anaconda Navigator,启动 Navigator 图形化管理界面,如图 1-1 所示。

---

① https://mirrors.tuna.tsinghua.edu.cn/anaconda/archive/

图 1-4　Anaconda3 程序组

在 Anaconda3 程序组里单击 Anaconda Prompt 启动 Conda 命令行管理界面,成功启动后输入 conda-V 和 conda list 命令,分别查看 Anaconda 的版本号和已经默认安装的包及其版本号,如图 1-5 所示。

图 1-5　命令行管理界面

输入 python -V 命令可以查看该版本的 Anaconda 默认安装的 Python 的版本为 3.7.4。输入 python 命令,启动交互式编程模式,第一行指出了 Python 的版本。在">>>"后输入 print("Hello,World!")语句后按 Enter 键,将在下一行输出"Hello,World!"。print 语句的作用是输出一段指定的字符串。以上操作如图 1-6 所示。

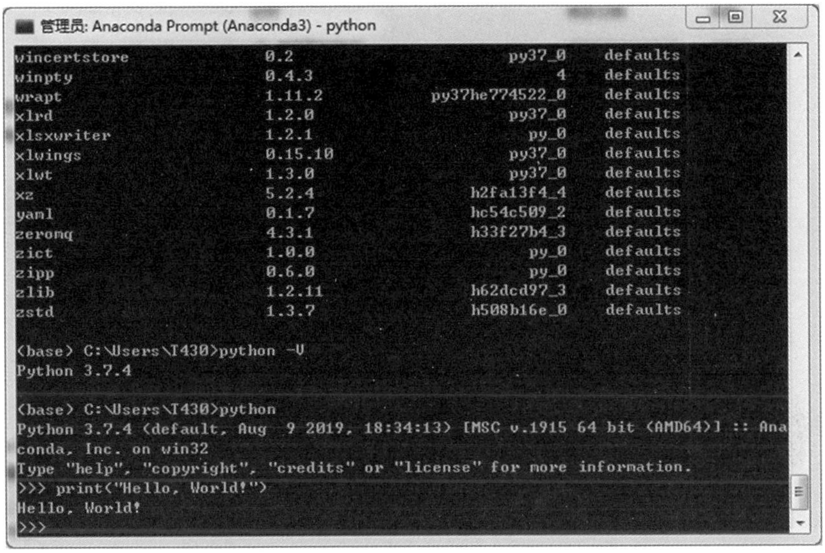

图 1-6　命令行下查看 Python 版本并输出"Hello,World!"

1.1.3　开发环境

本书采用 Anaconda 自带的 Spyder 和 Jupyter Notebook 作为开发环境。Spyder 是图形化集成开发环境,在 Anaconda 程序组里选择单击 Spyder,或者在 Conda 命令行管理界面里输入 spyder 命令启动 Spyder,如图 1-7 所示。启动之后,默认会打开一个名为 tmp. py 的临时代码文件。在其中新的一行输入 print("Hello,World!")语句,单击工具栏中的绿色三角运行(初次运行时会出现如图 1-8 所示的运行配置窗口,一般选择默认值即可),将在右下的输出窗口中输出"Hello,World!"。

在菜单栏 File 项选择 Save as 命令,可将文件改名,另存到任意文件夹。

Jupyter Notebook(此前被称为 IPython Notebook)是一个交互式笔记本,支持运行 40 多种编程语言。它是一个 Web 应用程序,可将代码、文本说明、数学方程、图表等集合在一个文档里。它的优点是表达能力非常强,便于交流。现在很多资料都采用 Jupyter 格式。Jupyter Notebook 成为同行交流的重要工具。

为了便于说明,本书的大部分示例程序都以 Jupyter 格式提供。该格式的程序不便于查看数据变化过程,读者可以将该格式的代码复制到 Spyder 中运行,用 Spyder 提供的单步跟踪等功能来观察数据的变化,以加深对算法运行过程的理解。

有关程序设计工具的使用方法,可以参考相关网站,不难掌握,这里不再赘述。

在 Python 交互式编程界面中输入 quit()语句退出交互式编程模式。在 Conda 命令行管理界面中,用 cd 命令进入工作目录(作者使用的工作目录为 E:\working),输入

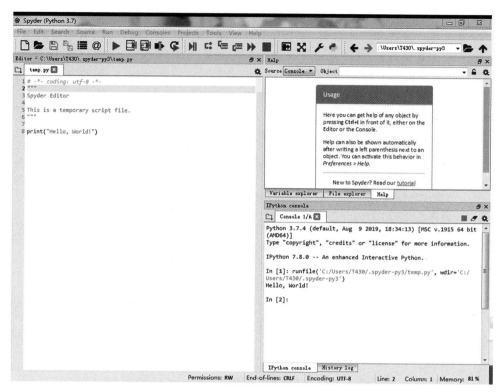

图 1-7　Spyder 集成开发环境并输出 Hello，World！

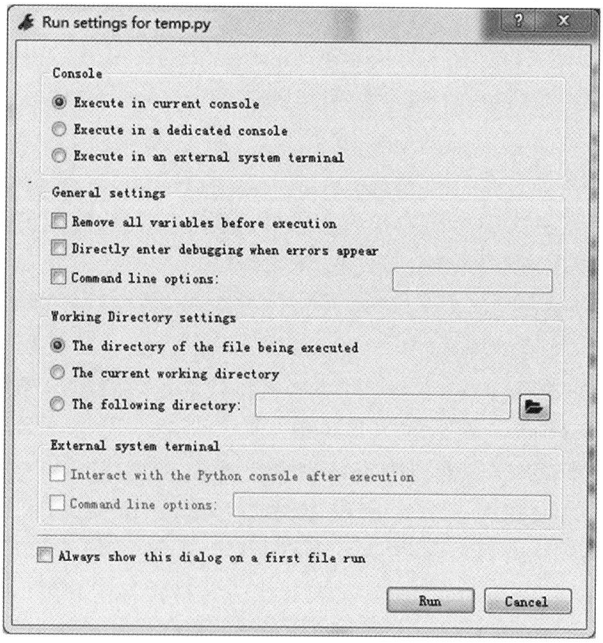

图 1-8　Spyder 环境中初次运行时环境配置界面

jupyter notebook 命令(如图 1-9 所示)。在浏览器中启动 Jupyter Notebook,工作目录初始为空目录,单击右上角的 new 按钮,选择其中的 Python 3 建立一个新的代码文件,以上过程如图 1-10 所示。

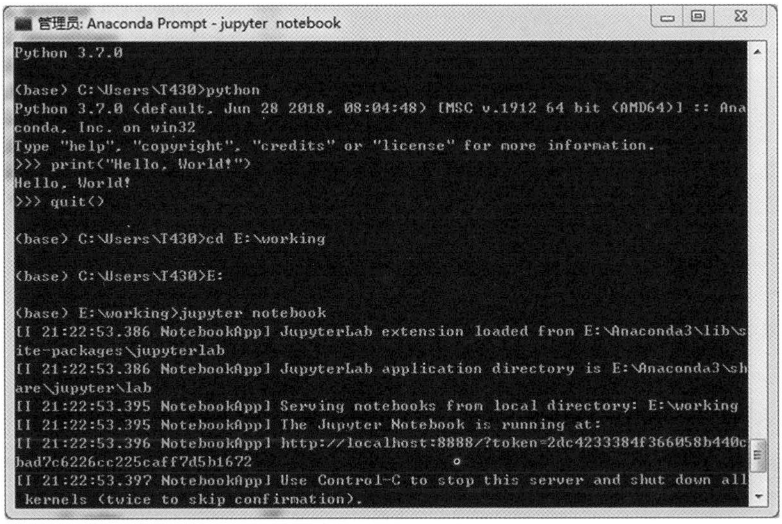

图 1-9 命令行启动 Jupyter Notebook

图 1-10 在浏览器中打开 Jupyter Notebook 并新建一个代码文件

在新打开的窗口的第一行输入 print("Hello,World!")语句,单击工具栏中的 Run 按钮或者按 Shift+Enter 键使程序运行后,会在该行下面输出 Hello,World!,如图 1-11 所示。单击 File 菜单,选择其中的 Rename 项,可以将保存在工作目录下的文件更名为 hello.ipynb。可见在 Jupyter Notebook 中,可以实行交互编程,还可以保存运行过程供以后再次使用。

本节和 1.1.2 节演示了 Python 的命令行交互、Spyder 集成开发环境和 Jupyter Notebook 开发环境编程。

本书的示例主要采用 Spyder 集成开发环境和 Jupyter Notebook 开发环境来完成。需要注意的是,Jupyter Notebook 中可以嵌入详细的说明,便于交流;而 Spyder 集成开发环境可以单步跟踪代码运行情况,观察数据的变化,这样有利于理解算法的运行过程。

图 1-11 Jupyter Notebook 编程环境中的 Hello,World! 程序

当然,两个环境并不矛盾,在一个环境中写的代码很容易移植到另一个环境中运行,读者可以根据需要选择、应用。

关于编程环境的问题,读者可以在需要的时候上网查询更复杂的操作,不难掌握。

下面来安装本书要使用的 sklearn 机器学习扩展库、TensorFlow 2 深度学习框架和MindSpore 深度学习框架。按照支持计算平台的不同(TensorFlow 2 支持 CPU、GPU 和谷歌自研的 TPU 平台,MindSpore 支持 CPU、GPU 和华为自研的昇腾平台),MindSpore和 TensorFlow 2 深度学习框架分为不同的版本。本书面向初学者,示例基于最基本的CPU 平台实现,虽然运行速度较慢,但不影响对原理的理解。因此,这里只介绍安装支持CPU 平台的版本。如果不能一次安装成功,可到网上查阅解决办法。

1)先将下载源更换为清华大学镜像站

在 Conda 命令行管理界面中,输入如下四条命令(可到网上搜索相关内容,直接复制到 Conda 命令行管理界面中执行即可):

```
conda config -- add channels https://mirrors. tuna. tsinghua. edu. cn/anaconda/pkgs/main/
conda config -- add channels https://mirrors. tuna. tsinghua. edu. cn/anaconda/pkgs/free/
conda config -- add channels https://mirrors. tuna. tsinghua. edu. cn/anaconda/cloud/conda
  - forge
conda config -- add channels https://mirrors. tuna. tsinghua. edu. cn/anaconda/cloud/msys2/
conda config -- set show_channel_urls yes
```

成功执行后,即将默认下载源更换为清华大学的镜像站,如图 1-12 所示。最后一条命令是设置提示通道地址。

2)新建一个专用于机器学习的名为 ml 的环境

在 Conda 命令行管理界面中输入并执行 conda create -n ml 命令后,即新建一个名为ml 的环境,如图 1-13 所示。

3)安装扩展库

新建环境是空环境,需要安装各种库,Anaconda 会自动安装各种依赖库。安装库的命令为 conda install ***。

输入并执行 activate ml 命令切换到新建的 ml 环境中。

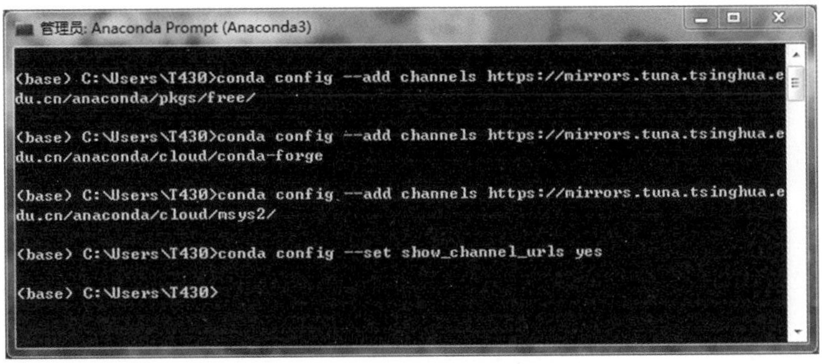

图 1-12 Conda 环境下更换下载源

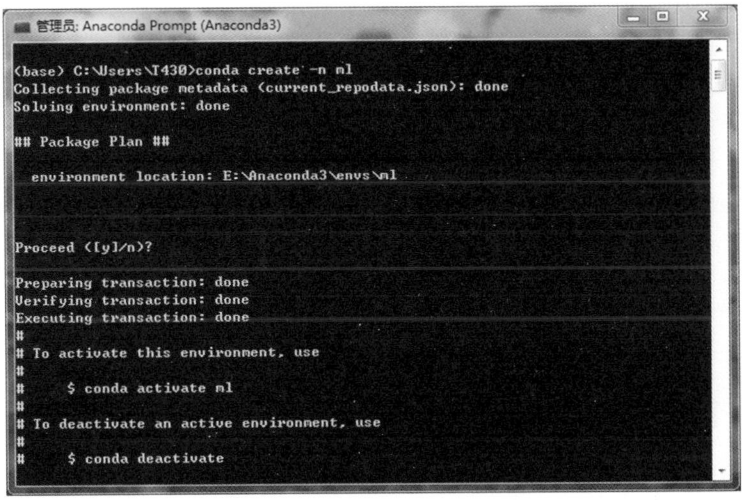

图 1-13 Conda 环境下新建环境

输入并执行以下命令以安装本书示例所使用的库：

```
conda install python = 3.7.5
conda install scikit - learn = 0.23.2
conda install tensorflow = 2.0.0
```

下面介绍如何安装 MindSpore 深度学习框架。因 MindSpore 尚处于快速发展和完善当中，本书基于 MindSpore 实现的示例源码将适时增加和更新，请读者持续关注本书附带的源码资源。

安装目前最新 1.2.1 版本的 MindSpore 深度学习框架的命令为：

```
pip install https://ms - release. obs. cn - north - 4. myhuaweicloud. com/1.2.1/MindSpore/cpu/
windows_x64/mindspore - 1.2.1 - cp37 - cp37m - win_amd64. whl - - trusted - host ms - release.
obs. cn - north - 4. myhuaweicloud. com - i https://pypi. tuna. tsinghua. edu. cn/simple
```

读者可在本书附带的源码资源的"代码适用的环境说明. txt"文件中直接复制得到该命令。

也可以到 MindSpore 官网的安装页面[①],按设备条件生成相应的安装命令,如图 1-14 所示。图中硬件平台的 Ascend 是指华为自研的"昇腾"人工智能处理器,本书的示例不要求安装该处理器,选择 CPU 作为硬件平台即可。截至本书完稿,MindSpore 只支持 3.7.5 版本的 Python。

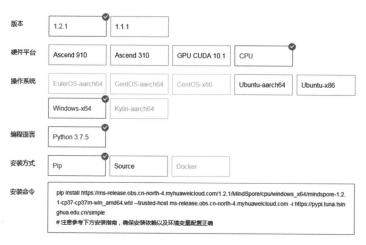

图 1-14　MindSpore 官网的获取安装命令页面

将生成的安装命令复制到 Python 命令行交互式运行环境中执行,如无意外,即可安装 MindSpore 深度学习框架。

安装后,进入 Python 命令行交互式运行环境,如果能用 import 语句导入,则说明安装成功,如图 1-15 所示。

图 1-15　在 Python 命令行交互式运行环境中导入 sklearn、TensorFlow 和
　　　　　MindSpore 模块,并查看版本

---

① https://www.mindspore.cn/install

视频讲解

在新的环境中,还需要安装各种辅助的库,如编程环境 Spyder 和 Jupyter Notebook 等。

1.2　Python 语言相关概念

　　Python 是一种面向对象的解释型计算机程序设计语言,具有跨平台(指 Linux、macOS 以及 Windows 等操作系统)的特点,其代码可以在不同平台上运行。

　　为了使初学者更好地理解 Python 语言,下面讨论几个重要的概念。

1.2.1　程序设计语言

　　程序设计语言是用于编写计算机程序的语言。计算机程序设计语言的发展,经历了从机器语言、汇编语言到高级语言的历程。

　　能够调入计算机内存,并由中央处理器(CPU)直接执行的二进制 0、1 代码组成的指令,称为机器指令。由机器指令写出来的程序就是一串串的 0、1 代码。不同的 CPU 具有不同的指令系统,因此用机器语言编写程序时,编程人员需要熟记所用指令系统的全部指令代码和代码的含义,还需要直接对存储空间进行分配。由机器语言写出的程序虽然能够直接执行,运行效率很高,但很难理解、编写效率很低、维护难度很大、入门门槛很高。

　　由机器语言表述的机器世界与由自然语言(指汉语、英语等人类使用的语言)表述的现实世界之间存在巨大的理解“鸿沟”。程序员的工作就是要把纷繁复杂的现实世界映射到只由 0 和 1 组成的机器世界,并利用计算机的快速计算能力来求解现实世界中的问题,这些问题包括科学计算、过程模拟、工业控制和播放动画等。

　　而程序设计语言就是程序员实现从现实世界到机器世界映射的工具,程序设计语言的发展过程就是不断缩小两个世界之间的“鸿沟”的过程,如图 1-16 所示。

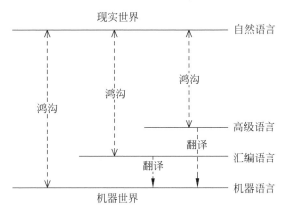

图 1-16　现实世界与机器世界之间的“鸿沟”

　　在机器语言的基础上首先发展出了汇编语言。汇编语言的指令是机器指令的符号化体现,与机器指令存在着直接的对应关系。汇编语言的指令一般使用有实际含义的英文单词来表示,比如,用 JUMP 表示无条件转移指令来代替对应的由 0 和 1 组成的机器指令。因此,汇编语言更接近表述现实世界的自然语言,缩小了机器世界与现实世界之间的"鸿沟"。

当然,汇编语言编写的程序并不能直接由 CPU 执行,因此要使用专门的编译软件翻译成机器能够执行的机器语言程序。

汇编语言相比机器语言更容易理解,编写、维护的难度都有所降低。但汇编语言的指令与机器语言的指令一一对应,所以汇编语言学习和使用的难度仍然很大。

高级语言是从汇编语言发展而来的,形式上更接近自然语言的程序设计语言。如在 Python 里用 if…elif…else 语句来表示根据条件选择执行路径;相应地,C 语言里用 if(…){…}else{…}来表示。高级语言的语句不再跟机器指令一一对应,一条语句可以代替几条、几十条甚至几百条汇编指令或机器指令。同样地,高级语言写的程序不能被机器直接执行,需要有相应的编译软件将它翻译成机器语言程序。高级语言这个工具更容易被人们学习和使用,提供了更接近自然语言的表达模式,有效地缩短了现实世界与机器世界之间的"鸿沟",是目前主要使用的程序设计语言。

1.2.2　面向过程与面向对象程序设计方法

现有的高级程序设计语言可分为两类:面向过程程序设计语言和面向对象程序设计语言。前者包括 C 和 Pascal 等,后者包括 C++、Java 和 Python 等。

面向过程和面向对象与其说是两种程序设计方法,不如说是面对问题的两种思考模式。

顾名思义,面向过程就是以过程为中心,将问题的求解分解成一系列的过程,每个过程解决一个子问题。程序运行时,从初始过程开始,层层推进,直至解决最终问题。面向过程主要关注功能,每个过程具备一个解决某子问题的功能。以简化的图书馆信息处理系统为例,在借书的信息处理过程中,问题的求解分解为输入书名、存书数量是否大于 0、登记读者编号和时间、存书数量减 1、告知读者已借完等过程,如图 1-17 所示。每个过程可用一段子程序来实现,如 Python 的函数。

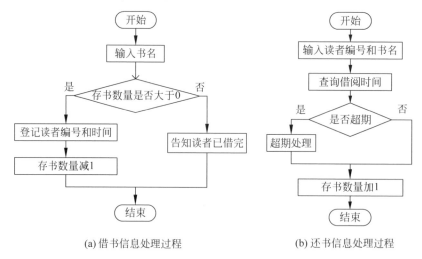

(a) 借书信息处理过程　　　　　(b) 还书信息处理过程

图 1-17　面向过程程序设计方法示例

面向对象是以对象为中心,它先把问题的参与方抽象为一个一个的对象。对象有属性和行为,属性可以表示对象的特征和状态,行为表示对象的功能。如图书馆信息处理系统中,参与借书与还书的读者、管理员和书,可以分别抽象为三类对象,如图 1-18 所示。读者对象有编号、姓名属性,有借书和还书行为。管理员对象有借书管理和还书管理行为。书对象有书名、存书数量、借阅读者编号属性,有查询库存数量、出库、入库行为。在问题域中,读者对象和书对象可能有很多个,分别代表多个读者和多本书,而管理员对象可能只有一个。

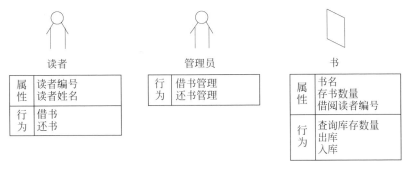

图 1-18 抽象为对象的示例

在建立好对象之后,解决问题的基本方式就是让这些对象相互驱动、相互作用,使每个对象按照设计的目标改变其属性状态。上例中,在借书时,由读者对象驱动管理员对象开始借书管理行为,管理员的借书管理行为又驱动书对象的出库行为,书对象的出库行为又驱动自身的查询库存数量行为,如果存书数量足够,则改变书对象存书数量属性……显然,面向对象思考问题的方式更接近于现实世界的方式。

这两种程序设计方法没有好坏之分,它们各自适用于不同的场合。面向对象方法的程序要事先抽象出代表对象的类,涉及抽象、封装、可重用等概念,比面向过程方法的入门门槛要高得多。但是面向对象的程序可扩展性高,当需要增加功能时,只需要增加对象的属性和行为即可,如上例中,可以给管理员对象增加一个盘点行为,由该行为驱动所有书对象的查询库存数量行为,从而实现查询所有书的库存数量的功能。而面向过程的程序要增加功能,相应的工作一般要复杂得多。

Python 是一门面向对象的程序设计语言,但并不要求机器学习的初学者要全部掌握面向对象程序设计的方方面面。像 sklearn 等扩展库提供了以对象的方式封装的机器学习算法,对初学者来说,只需要掌握其使用方法即可,将在下文结合示例介绍。

1.2.3 平台无关性和解释型语言

如前所述,高级程序设计语言编写的程序需要翻译成机器指令才能运行。翻译得到的机器指令一般要作为文件保存在硬盘上,在需要的时候由操作系统调入内存执行,这样的文件称为可执行文件。可执行文件在 Windows 操作系统中一般是 EXE 和 COM 等格式,在 Linux 操作系统中一般是 ELF 格式,在 macOS 操作系统中一般是 Mach-O 格式,它们不能互用。这种直接翻译成机器指令的语言称为编译型语言,如 C 和 C++ 等。

　　不同操作系统的运行机制不同,因此基于不同操作系统的编程思路和方式有一定的差别。在不同平台(操作系统也习惯性称为平台)上完成相同功能的程序时,从源代码到可执行文件都有不少的差异,这就导致了同样功能的程序需要在不同的平台上重新编写或者适当修改才能实现跨平台应用。

　　为了减少程序员的工作量,提升开发速度,使程序员只需要编写一次代码即可实现跨平台应用,人们采用分层的思路来实现平台无关性。Python 就是实现了平台无关性的高级程序设计语言,其他影响力大的跨平台语言还有 Java,二者实现平台无关性的方法基本相似。它们是在源代码程序与各平台的机器码之间插入了一个虚拟机,也就是说源代码程序不再直接翻译成机器码,而是先编译成虚拟机的字节码,再将字节码解释成各平台可执行的机器码,如图 1-19 所示。

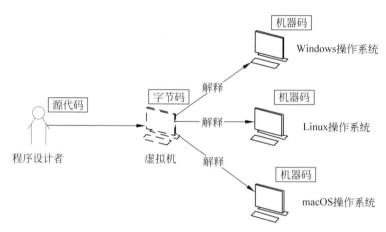

图 1-19　平台无关性与解释型语言

　　此时,程序设计者不再直接面对 Windows、Linux 以及 macOS 等有差异的具体操作系统,而是面对一个完全一样的虚拟机。这个虚拟机里有各种该有的资源,如 CPU、内存、显示设备、打印设备等。程序设计者操作和使用的是虚拟机里的这些虚拟资源。

　　字节码可以看作是虚拟机的机器码。Python 语言写出来的源代码要先通过编译器编译成字节码,在运行时再解释成目标平台的机器码,才能被执行。不同的平台都有相应的官方发布的解释器,它们负责将字节码解释成本平台能够运行的机器码。解释器实际上起到了将虚拟机映射到具体平台的作用。

　　Python 源代码程序是以.py 为扩展名的文本文件,经过编译后得到的字节码文件是以.pyc 为扩展名的文件。

　　当然,解释型语言在获得平台无关性等好处的同时,也会有执行效率降低等不利之处。

1.3　Python 3 语法概要

　　Python 2 版本已经停止更新,目前主流使用的是 Python 3 版本。本节简要介绍 Python 3 的基本语法。

值得注意的是,这里的目标不是全面而详尽地介绍 Python 语言的语法,而是要给初学者建立起 Python 3 的整体概念,避免毫无头绪、产生畏难情绪。初学时,不必太在意细节问题,需要的时候,可以到相关工具网站①即时查阅语法和实例。

本节只介绍 Python 3 语法最基本的内容。更复杂的 Python 3 语法,后文在首次用到时会进行简要介绍。

1.3.1　基础语法

本节讨论 Python 3 最基础的语法,指出初学者写出一个能运行的程序最需要注意的细节。

为了即时显示运行结果并能够保存为文件供读者参考,本书的示例一般采用 Jupyter 格式。

1. 标识符、关键字、变量与模块导入

标识符是编程时使用的名字,用于给变量、函数等命名,作为操作对象的标识。标识符命名的要求是:第一个字符必须是字母或下画线;其他部分由字母、数字和下画线组成。标识符区分字母的大小写。

变量是程序设计的起点,用来存储各种数据。变量名是变量的标识,它的命名要符合标识符的命名要求。

在工作目录下新建一个 ch1 文件夹,如图 1-10 所示,在该文件夹下新建一个 Jupyter 文件,重命名为“基础语法.ipynb”。在该文件中,定义一个名为 mystring 的变量,并给该变量赋值字符串 Hello World!,然后用 print 语句输出,如图 1-20 所示。

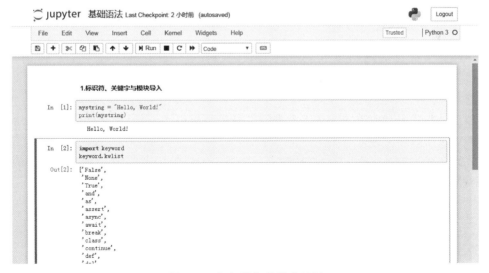

图 1-20　标识符与关键字示例

---

① https://www.runoob.com/python3/python3-tutorial.html,https://www.w3school.com.cn/python/index.asp

运算符"＝"用于将右边的值赋给左边的变量。

Python 3 保留了 35 个标识符作为语法关键字,不能用于命名变量。其中的 import 用来导入模块,用 import…from 来从某个模块中导入某个函数。在"基础语法.ipynb"中,用 import 导入 keyword 模块,并列出所有关键字,如图 1-20 所示。

2. 注释

Python 用"♯"开头来表示单行注释,用"'''"和""""""成对使用表示多行注释。被注释的行会被编译器忽略掉,注释一般用来提示代码的作用等。

良好的注释对于提高代码的可读性非常重要。注释的示例见代码 1-1,具体内容可见随书所附源代码程序。为了便于说明,后续示例一般不再采用截图。

代码 1-1   注释示例(基础语法.ipynb)

```
 1. """
 2. 多行注释
 3. 多行注释
 4. """
 5. '''
 6. 多行注释
 7.
 8. 多行注释
 9. '''
10. ♯ 整行注释
11. print("注释示例") ♯ 行末注释
12. >>> 注释示例
```

3. 代码块与缩进

一段连续执行的语句组成一个代码块,代码块一般用来完成一个具体的功能。Python 语法最具特色的是用缩进来表示代码块,不像其他大多数语言用标识符来表示代码块。

缩进是指代码行前留的空格。缩进的空格数量可以不一样,但是同一个代码块的每行的缩进空格数要一样。

代码与缩进的见代码 1-2。如果前三行组成一个代码块,那么第 3 行因为缩进的空格数不一样而编译不成功,会报错。

代码 1-2   代码块与缩进示例(基础语法.ipynb)

```
 1. print("代码块")
 2. print("代码块")
 3.     print("缩进不同的代码块")
 4. >>> File "< ipython - input - 19 - f622f4861815 >", line 3
 5. >>>     print("缩进不同的代码块")
 6. >>>        ^
 7. >>> IndentationError: unexpected indent
```

4. 数字类型及算术运算

数字(Number)类型是很直观的变量类型。Python 中数字有四种类型：整数、布尔、浮点数和复数。

(1) int (整数)，如 1。

(2) bool (布尔)，如 True。

(3) float (浮点数)，如 1.69、9E-2。

(4) complex (复数)，如 1+3j、2.1+2.1j。

数字类型常用的算术运算包括＋(加)、－(减)、＊(乘)、/(除)、％(取模，返回除法的余数)、＊＊(幂)和//(取整数，向下取接近商的整数)，示例见代码1-3。

代码 1-3 数字类型及算术运算示例(基础语法.ipynb)

```
1. a = 15
2. b = 10
3. print("15 - 10 =", a - b)
4. print("15 / 10 =", a / b)
5. print("15 % 10 =", a % b)
6. print("15 // 10 =", a // b)
7. print("15 ** 2 =", a ** 2)
8. >>> 15 - 10 = 5
9. >>> 15 / 10 = 1.5
10. >>> 15 % 10 = 5
11. >>> 15 // 10 = 1
12. >>> 15 ** 2 = 225
13. c = False
14. print(c)
15. >>> False
16. d = 1.23
17. e = 3E-2
18. print("e = ", e)
19. print("d - e = ", d - e)
20. >>> e = 0.03
21. >>> d - e = 1.2
```

5. 字符串类型

前文的 Hello World!"代码块""d－e＝"等都是字符串(String)。用单引号或双引号成对包围的单个或多个字符是字符串。字符串用"＋"号来连接，用"＊"重复，示例见代码1-4的第3行到第6行。

代码 1-4 字符串示例(基础语法.ipynb)

```
1. s1 = 'This is a string.'
2. s2 = "这是一个字符串。"
```

```
 3. print('s1 + s2 = ', s1 + s2)
 4. >>> s1 + s2 = This is a string.这是一个字符串。
 5. print("s1 * 3 = ", s1 * 3)
 6. >>> s1 * 3 = This is a string. This is a string. This is a string.
 7.
 8. print(s1[0:4])                    # 按步长 1 输出 s1 的前四个字符
 9. >>> 这是一个
10. print(s2[0:4:2])                  # 按步长 2 输出 s1 的前四个字符
11. >>> 这一
12. print(s2[2:-2])                   # 输出 s2 的第 2 个到倒数第 2 个字符
13. >>> 一个字符
14.
15. print(s1[0])
16. >>> T
17. print(s2[1])
18. >>> 是
19.
20. print("is" in s1)
21. >>> True
22. print("字符" not in s2)
23. >>> False
24.
25. print('\'')                       # 不用转义符会报错,也可以用 print("'")输出单引号
26. >>> '
27. print('Hello\b World!')           # 字母 o 会被退格覆盖掉
28. >>> Hell World!
29. print('第一行\n第二行')
30. >>> 第一行
31. >>> 第二行
32. print('第一行的字\r第二行')         # "第一行"会被"第二行"覆盖掉
33. >>> 第二行的字
34. print(r'第一行的字\r第二行')
35. >>> 第一行的字\r第二行
36.
37. name = "小王"
38. ages = 10
39. print("我叫 % s,去年是 % d 岁,明年将是 % d 岁。" % (name, ages, ages + 2))
40. >>> 我叫小王,去年是 10 岁,明年将是 12 岁。
```

截取子字符串的语法为：字符串变量[头下标：尾下标：步长],遵循"左闭右开"原则,即包括头下标的字符,但不包括尾下标的字符。要注意的是,Python 的下标是从 0 开始,负数下标表示反向计数(从后往前计数)。截取子字符串的示例见代码 1-4 的第 8 行到第 13 行。步长默认为 1。

可以直接指明单个下标来取字符,见代码 1-4 的第 15 行到第 18 行。

判断子字符串是否包含在字符串中,要用到成员运算符 in 和 not in,示例见代码 1-4 的第 20 行到第 23 行。

在字符串中使用特殊字符时,要用到反斜杠转义符:\。

常用的转义符有:

$$\verb|\'|: 单引号$$
$$\verb|\"|: 双引号$$
$$\verb|\b|: 退格$$
$$\verb|\n|: 换行$$
$$\verb|\r|: 回车$$

常用转义符的示例见代码 1-4 的第 25 行到第 33 行。

在字符串前加上操作符 r 可以禁止反斜杠发生转义,见第 34、35 行。

如果要在程序的运行过程中动态调整字符串,则需要用到字符串的格式化操作,最基本的格式化操作是将新值插入到字符串中格式化符的位置,如第 37 行到第 40 行所示。第 37 行用到了两个格式化符:%s 和%d,它们分别表示在该位置插入后面括号中对应的字符串和整数。其他常用的格式化符还有表示字符的%c、表示无符号八进制的%o、表示无符号十六进制的%x、表示浮点数的%f、表示科学计数法的浮点数的%e 等。

6. 命令行输入

在命令行程序中,可以通过 input 语句等待并接受用户的输入,示例见代码 1-5。

代码 1-5　命令行输入示例(基础语法. ipynb)

```
1. newinput = input("\n 请输入一个字符串:")
2. >>> 请输入一个字符串:大家好
3. print(newinput)
4. >>> 大家好
```

7. 一句多行和多句一行

Python 通常是一行写一条语句,但如果语句太长,可以使用反斜杠\来实现一条语句写到多行。也可以把多条短语句写到一行里,语句之间用分号隔开,示例见代码 1-6。

代码 1-6　一句多行和多句一行示例(基础语法. ipynb)

```
1. a = 1; b = 2; c = 3
2. d = a + \
3.     b + \
4.     c
5. print(d)
6. >>> 6
```

1.3.2　数据类型与运算符

Python 3 中有六个标准的数据类型,除了已经讨论过的数字和字符串类型外,还有列表(List)、元组(Tuple)、集合(Set)和字典(Dictionary)类型。

列表、元组、集合和字典都可看作是由多个元素组成的序列。下面以示例讨论它们的差别。

　　列表中的元素是有序的、可重复的,而集合中的元素是无序的、不可重复的,示例见代码1-7。第1行和第4行用[]定义了两个列表,虽然它们有相同的元素,但因为顺序不同,所以在第5行用等于运算符"=="进行相同比较时,会得到False的输出。第7行和第10行用{}定义了两个集合,虽然在定义时它们有不同的元素,但因为集合是无序且不可重复(自动去掉重复的元素)的,所以在第11行进行相同比较时,输出为True,即去掉重复元素并忽略元素的顺序后,两者是相同的。集合也可以用set()函数来创建。

代码 1-7　列表与集合的比较示例(数据类型. ipynb)

```
 1. mylist1 = [ 1, 2, 3, 1, 'a']
 2. mylist1
 3. >>> [1, 2, 3, 1, 'a']
 4. mylist2 = [ 1, 2, 'a', 3, 1]
 5. mylist1 == mylist2
 6. >>> False
 7. myset1 = { 1, 2, 3, 1, 'a' }
 8. myset1
 9. >>> {1, 2, 3, 'a'}
10. myset2 = { 1, 'a', 2, 3 }
11. myset1 == myset2
12. >>> True
13. mylist1[0]
14. >>> 1
15. myset1[0]
16. >>> ----------------------------------------------------------------
17. TypeError                          Traceback (most recent call last)
18. < ipython - input - 28 - 55b01520ef43 > in < module >()
19. ----> 1 myset1[0]
20.
21. TypeError: 'set' object does not support indexing
```

　　因为列表中的元素是有序的,因此可以用指定下标的方式取出,如第13行所示;而集合中的元素是无序的,因此用同样的方法会出错,如第15行所示。

　　与列表和集合不同,字典中存储的元素是"键(Key):值(Value)",其中键必须是唯一的。比如,可以定义一个字典来记录每个班的人数,见代码1-8。该示例演示了创建字典、列出指定键的值、列出字典所有键、列出字典所有值和修改指定键的值等。要注意的是,与集合相同,字典也是用大括号{}来定义的。Python规定,如果定义一个空集合,要用set()函数,因为{}创建的是一个空字典。

代码 1-8　字典示例(数据类型. ipynb)

```
1. mydict = { "一班":51, "二班":60, "三班":48, "四班":60 } # 定义一个字典
2. mydict # 列出字典的所有元素
3. >>> {'一班': 51, '二班': 60, '三班': 48, '四班': 60}
```

```
 4. mydict["一班"]  # 列出指定键的值
 5. >>> 51
 6. mydict.keys()  # 列出字典所有的键
 7. >>> dict_keys(['一班', '二班', '三班', '四班'])
 8. mydict.values()  # 列出字典所有的值
 9. >>> dict_values([51, 60, 48, 60])
10. mydict["一班"] = mydict["一班"] + 1  # 修改指定键的值
11. mydict
12. >>> {'一班': 52, '二班': 60, '三班': 48, '四班': 60}
```

元组可以看作是元素不能修改的列表，它用小括号()来创建。

值得注意的是，除元组外，数字和字符串的值也是不可变的；列表、集合和字典的值则是可变的。

运算符用来对变量进行操作。Python 运算符与其他语言的运算符基本相同，除了上一节已经讨论过的算术运算符外，还包括比较运算符、赋值运算符、位运算符、逻辑运算符、成员运算符等。

1. 比较运算符

除了前文已经用过的等于运算符==外，比较运算符（也称关系运算符）还有不等于运算符!=、大于运算符>、小于运算符<、大于或等于运算符>=和小于或等于运算符<=。比较运算的结果是布尔值 True 或 False。

2. 赋值运算符

除了前文已经用过的简单赋值运算符=外，还有加法赋值运算符+=、减法赋值运算符-=、乘法赋值运算符*=、除法赋值运算符/=、取模赋值运算符%=、幂赋值运算符**=和取整除赋值运算符//=。

加法赋值运算符的应用见代码 1-9 的第 1 行到第 4 行。其他赋值运算符的含义类似。

代码 1-9　运算符示例（数据类型.ipynb）

```
 1. a = 2; b = 3
 2. b += a  # 等效于:b = b + a
 3. b
 4. >>> 5
 5.
 6. a & b
 7. >>> 0
 8. a | b
 9. >>> 7
10.
11. a and b - 2
12. >>> 3
13. 0 and b
```

```
14. >>> 0
15. False and b
16. >>> False
17. a and False
18. >>> False
19. not a
20. >>> False
21. not 0
22. >>> True
23.
24. mystring = "abcdef"; mylist1 = [ 1, 2, 3, 1, 'a']; myset1 = { 1, 2, 3, 1, 'a'};
25. mydict = { "一班":51, "二班":60, "三班":48, "四班":60 }; mytuple = ( "a", 1 ,2 )
26. "a" in mystring
27. >>> True
28. a in mylist1
29. >>> True
30. a in myset1
31. >>> True
32. "一班" in mydict
33. >>> True
34. a in mytuple
35. >>> True
```

3. 位运算符

位运算符把数字转换为二进制来进行计算。位运算符有按位与运算符 &、按位或运算符 |、按位异或运算符 ^、按位取反运算符 ~、左移运算符 << 和右移运算符 >>。

位运算符示例见代码 1-9 的第 6 行到第 9 行。2 的二进制表示为：0000 0010，5 的二进制表示为：0000 0101，它们按位与和按位或的结果分别为 0000 0000 和 0000 0111，即十进制的 0 和 7。其他位运算符的含义类似。

4. 逻辑运算符

逻辑运算符有与运算符 and、或运算符 or 和非运算符 not。

对于与运算逻辑表达式：x and y，如果 x 为 False，返回 False；否则它返回 y 的计算值，示例见代码 1-9 的第 11 行到第 18 行。

对于或运算逻辑表达式：x or y，如果 x 是非 0，它返回 x 的值；否则它返回 y 的计算值。

对于非运算逻辑表达式：not x，如果 x 为 True，返回 False；如果 x 为 False，它返回 True，示例见代码 1-9 的第 19 行到第 22 行。

5. 成员运算符

对于字符串、列表、元组、集合和字典等序列类型，可以用成员运算符来判断是否能在序列中找到指定的元素。成员运算符只有两个：in 和 not in，分别表示找到和找不到。示例见代码 1-9 的第 24 行到第 35 行。

运算符的优先级从高到低如表 1-1 所示。用括号能够改变默认的优先级,用括号也可以改善代码的可读性。

表 1-1　运算符的优先级

运　算　符	描　　述
**	指数(最高优先级)
～,+,-	按位翻转,符号运算
* ,/,%,//	乘,除,取模和取整除
+,-	加法,减法
>>,<<	按位右移,按位左移
&	按位与
^,|	按位异或,按位或
<=,<,>,>=	比较运算
==,!=	等于运算
=,%=,/=,//=,-=,+=, * =, ** =	赋值运算
in,not in	成员运算
not,and,or	逻辑运算

1.3.3　函数

函数是完成某个功能的代码段,可被其他代码调用。调用的代码可以将数据传递给函数,函数可将对数据的处理结果返回给调用代码。

函数用 def 关键字来定义,其后接函数名称标识符和小括号对( )。传入的数据称为参数,放在小括号中。小括号后接冒号“:”,表示函数内容开始,函数内容另起一行并缩进。函数以 return 语句结束,如果有返回值,则将返回值接在 return 关键字后面。其他代码在调用时,按照函数定义的参数顺序依次将数据传入函数,或者用赋值符号指定各个参数的值。函数定义和调用的示例见代码 1-10。第 1 行到第 3 行定义了一个减法函数,它的第 2 个参数 b 称为默认参数,其默认值为 0,默认参数在调用时可以不输入新值,见第 10 行。

代码 1-10　函数示例(函数. ipynb)

```
 1. def mysubt( a, b = 0 ):      # 定义一个自己的减法函数,第二个参数为默认值为 0 的默认参数
 2.     c = a - b
 3.     return c
 4. c = mysubt( 2, 1 )          # 按函数定义的参数顺序传入数据
 5. c
 6. >>> 1
 7. d = mysubt(b = 1, a = 2)    # 用赋值符号指定每个参数的值来传入数据
 8. d
 9. >>> 1
10. e = mysubt( 2 )            # 参数采用默认值,不输入新值
11. e
```

```
12. >>> 2
13.
14. s = "全局作用域的值"                    ♯ 全局变量
15. def changeStr( newvalue ):
16.     s = newvalue
17.     print( "在函数内部打印:" + s )
18.     return
19. changeStr( "局部作用域的值" )
20. print( "在函数外部打印:" + s )
21. >>> 在函数内部打印:局部作用域的值
22.     在函数外部打印:全局作用域的值
23.
24. def changeInt ( k ):
25.     k += 1
26.     print( "函数内部的值: % d " % ( k ))
27.     return
28. k = 1106
29. changeInt( k )
30. print( "函数外部的值: % d " % ( k ))
31. >>> 函数内部的值: 1107
32.     函数外部的值: 1106
33. def changeList ( mylist ):
34.     mylist[0] = 0
35.     return
36. newlist = [ 1, 2, 3 ]
37. changeList( newlist )
38. newlist
39. >>> [0, 2, 3]
40.
41. mynewsubt = lambda a, b: a − b
42. mynewsubt( 2, 1 )
43. >>> 1
```

定义在函数内部的变量只能在函数内部被访问,称为局部变量;定义在函数外部的变量可在全局范围内被访问,称为全局变量。全局变量默认不能在函数内部被访问。局部变量和全局变量的示例见代码 1-10 的第 14 行到 22 行。第 14 行和第 16 行各定义了一个同名的变量,但它们作用域的不同。虽然局部变量在函数内部改变了值,但不影响同名的全局变量。

当把数字、字符串和元组这些不可变的数据类型作为函数的参数传递时,它们的值也是不可变的,也就是说,即使函数内部的代码对它的值进行了修改,但在函数外部它仍然是原来的值。示例见代码 1-10 的第 24 行到 32 行。

而列表、集合和字典这些可变的数据类型作为函数的参数传递时,它们的值可以被函数内部的代码改变,见代码 1-10 的第 33 行到 39 行。

当函数内容很简单时,可以使用 lambda 表达式来代替函数定义,称为匿名函数。Lambda 函数只包含一个语句,它的定义非常简洁。代码 1-10 中,第 1 行到第 3 行定义的函数可用第 41 行的 lambda 函数代替。

Python 将一些常用的功能封装成了内置函数,可以直接调用。用 dir 内置函数可以查看所有的内置函数名,见代码 1-11 的第 1 行。用 help 内置函数可以查看内置函数的使用说明,见第 11 行。

代码 1-11 内置函数(函数. ipynb)

```
1. dir(__builtins__)
2. >>> ['ArithmeticError',
3. >>>  'AssertionError',
4. >>>  'AttributeError',
5. >>>  'BaseException',
6. >>>  'BlockingIOError',
7. >>>  'BrokenPipeError',
8. >>>  'BufferError',
9. >>>  'BytesWarning',
10. >>> … …
11. help(len)
12. >>> Help on built - in function len in module builtins:
13. >>>
14. >>> len(obj, /)
15. >>>     Return the number of items in a container.
```

前面用过的 print、input、dir、help 函数都是内置函数。常用的内置函数包括数学运算、集合操作和 I/O 操作等类别。

数学运算类内置函数有求绝对值函数 abs、求幂函数 pow、求四舍五入函数 round、对集合求和函数 sum、取商和余数函数 divmod、创建复数函数 complex、产生一个序列函数 range、转换成浮点数函数 float、转换成整数函数 int、转换为八进制函数 oct、转换为十六进制函数 hex、转换为二进制函数 bin、转换为布尔类型函数 bool 等。

集合操作类内置函数有创建字典函数 dict、创建集合函数 set、创建元组函数 tuple、转换为列表函数 list、生成一个迭代器函数 iter、排序函数 sorted、返回集合中的最大值函数 max、返回集中的最小值函数 min、返回集合长度函数 len、遍历元素执行操作函数 map、转换为字符串函数 str、格式化输出字符串函数 format 等。

I/O 操作类内置函数除了 print 和 input 外,还有创建文件的 file 函数和打开文件的 open 函数等。

其他常用内置函数还有对类和对象进行操作的函数(将在下文讨论)以及返回变量类型函数 type 等。这些函数的具体用法可在需要时用 help 函数或到相关网站查阅。

1.3.4 类和对象

前文简要讨论了面向对象的程序设计思想。面向对象的程序设计方法具体包括创建类、实例化、继承、重载等,它们是实现面向对象程序设计思想的重要手段。Python 从设计之初就是一门面向对象的语言,它支持实现面向对象的各类方法。

这里不准备全面讨论面向对象程序设计方法,仅介绍在 sklearn、TensorFlow 和 MindSpore 等扩展库和框架下实现机器学习和深度学习等应用所必需的基本知识,包括对象的使用和类的创建。

视频讲解

1. 对象的使用

实际上,在 Python 里,一切皆为对象,比如整数 1106、字符串 mbp、列表[1,'abc',5.29]等,都是对象。

前文讨论过,对象有属性和行为,属性可以表示对象的特征和状态,行为表示对象的功能。具有相同类型属性和行为的对象,用一个"类(Class)"来抽象,比如用来定义字符串变量的内置字符串类型,实际上就是一个名为 str 的类。str 类描述了所有字符串(对象)的属性类型和行为。在 Python 里,把类的行为的实现称为方法,方法的定义和应用类似于函数。用 dir()内置函数可以查看 str 类的所有方法,见代码 1-12 第 1 行。以双下画线__开头且结尾的方法__xxx__,是专有方法。如第 6 行所示的 __dir__ 专有方法默认是列出类的所有方法,实际上,dir()内置函数就是调用了类的__dir__专有方法。

代码 1-12　类和对象示例(类和对象. ipynb)

```
1. dir( str )
2. >>> ['__add__',
3. >>> '__class__',
4. >>> '__contains__',
5. >>> '__delattr__',
6. >>> '__dir__',
7. >>> '__doc__',
8. >>> '__eq__',
9. >>> ………
10. >>> 'translate',
11. >>> 'upper',
12. >>> 'zfill']
13.
14. help(str.split)
15. >>> Help on method_descriptor:
16. >>>
17. >>> split(self, /, sep = None, maxsplit = − 1)
18. >>>     Return a list of the words in the string, using sep as the delimiter string.
19. >>>
20. >>>     sep
21. >>>     The delimiter according which to split the string.
22. >>>     None (the default value) means split according to any whitespace,
23. >>>     and discard empty strings from the result.
24. >>>   maxsplit
25. >>>     Maximum number of splits to do.
26. >>>     − 1 (the default value) means no limit.
27.
28. a = str( "aaaa" ) ♯ 从类的实例化来创建对象
29. b = "aaaa" ♯ 作为内置类型,可以用赋值运算符的方式创建对象
30. a == b
31. >>> True
32. a.__eq__(b)
```

```
33. >>> True
34.
```

用 help()内置函数可以查看方法的解释和使用提示,见第 14 行,可见 str 类的 strip 方法是去掉原字符串头尾的空格。

一个类是某一类对象的抽象,因此,该类对象的创建要依据该类来创建,称为实例化。第 28 行创建了一个 str 类的对象,该对象的值为 aaaa。因为 str 类是内置的,Python 提供了更加方便和直观的对象创建方法,即已经多次使用过的赋值方式。第 29 行也创建了一个值为 aaaa 的字符串对象。

作为内置类型,可以用比较运算符==来比较两个字符串是不是相等,见第 30 行。也可以采用调用专有方法__eq__()来进行比较,第 32 行使用点号".":来调用(访问)对象的方法(属性)。实际上,比较运算符也是通过调用专有方法__eq__()来实现比较。

Python 中的对象由对象标识符(Identity)、类型(Type)和值(Value)组成。第 28 行创建的字符串对象,它的标识符为 a,类型为 str,值为 aaaa。

Python 的机器学习扩展库将机器学习的算法已经封装为各种类。使用时,只需要将类实例化,并按使用要求使用即可。下文在讨论各机器学习算法时,将直接介绍它们的使用方法。

除了 str 类,Python 的内置类型实际上也都封装成了类,下面介绍它们的常用方法。

字符串类 str 的常用方法有:在字符串中查找指定子串方法 find、字符串格式化方法 format、检查是否只包含十进制数字方法 isdecimal、检查是否只包含数字方法 isdigit、检查是否只包含空格方法 isspace、合并字符串方法 join、子串替换方法 replace、去掉头尾空格方法 strip、分隔字符串方法 split 等。strip 方法的应用示例见代码 1-13 的第 1 行到第 3 行。

代码 1-13 内置类型的常用方法示例(类和对象. ipynb)

```
1. mystring = " mystring " # 头尾有空格
2. mystring.strip() # 用 strip 方法去掉头尾的空格
3. >>> 'mystring'
4. >>>   '__class__',
5. >>>   '__contains__',
6. >>>   '__delattr__',
7.
8. mylist = [ 1, 2, 3, 4, 5 ]
9. mylist.reverse()
10. mylist
11. >>>   [5, 4, 3, 2, 1]
```

整数类 int、浮点数类 float、复数类 complex 和布尔类 bool 的方法主要是支持各类运算符的专有方法,如加法__add__、减法__sub__等。

列表类型的 list 类的常用方法有:向列表的末尾添加元素方法 append、清除列表方法 clear、复制列表方法 copy、返回子元素出现的次数方法 count、返回子元素的索引方法

index、在指定索引处插入元素方法 insert、删除列表中一个元素方法 pop、从列表中删除指定元素方法 remove、反转列表方法 reverse、列表元素排序方法 sort 等。Reverse 方法应用示例见代码 1-13 的第 8 行到第 11 行。

因为元组是不可变的序列,所以元组类型的 tuple 类没有可对元素进行修改的方法,其他方法与 list 类相似。

集合类型的 set 类的常用方法有:添加元素方法 add、移除所有元素方法 clear、复制集合方法 copy、删除集合中指定元素方法 discard、返回集合交集方法 intersection、随机移除元素方法 pop、移除指定元素方法 remove、返回两个集合的并集方法 union 等。

字典类型的 dict 类的常用方法有:删除字典内所有元素方法 clear、返回指定键的值方法 get、判断键是否在字典中的方法 key_in_dict、删除指定键对应的元素方法 pop 等。

2. 类的创建

如上文所述,对象是类的实例化。sklearn 等扩展库中,将机器学习算法已经封装成为类了,在使用时,只需要实例化它们,得到相应对象。但是,如果要发展新算法或调整原有算法,就需要创建新的类。

在 TensorFlow 2 和 MindSpore 等深度学习框架中,在构建神经网络时,有时需要创建新的类。

在机器学习和深度学习的应用中,类的创建和使用主要涉及类定义、构造方法、继承和方法重写等,下面用一个简单的示例来说明,见代码 1-14。

代码 1-14　类的创建与继承(类和对象. ipynb)

```
1. class circlar_area:              # 定义一个计算圆面积的类
2.     pi = 3.14                    # 圆周率是类的属性
3.     def __init__(self, r):       # 类的构造方法
4.         self.r = r               # 通过构造方法设置圆的半径
5.     def compute(self):           # 该方法计算圆的面积
6.         return self.pi * self.r ** 2
7.
8. circle = circlar_area(1)         # 实例化类得到对象,通过构造方法设置了圆的半径
9. circle.compute()                 # 调用对象的 compute 方法得到圆的面积
10. >>> 3.14
11.
12. class round_area(circlar_area):  # 继承 circlar_area 类,得到计算圆环面积的新类
13.     def __init__(self, r, R):
14.         circlar_area.__init__(self, r)   # 构造方法里要调用父类的构造方法
15.         self.R = R               # 构造方法里设置圆环的另一个半径
16.     def compute(self):           # 重写 compute 方法,实现计算圆环的面积
17.         return abs((self.pi * self.R ** 2) - (self.pi * self.r ** 2))
18.
19. round_ = round_area(1, 2)        # 实例化
20. round_.compute()
21. >>> 9.42
```

该示例先创建了一个用来计算圆面积的类 circlar_area,它有一个属性(圆周率)和两个方法(构造方法__init__和计算面积的方法 compute)。

从该类继承了一个用来计算圆环面积的子类 round_area。子类的构造函数中,要调用父类的构造函数,见第 14 行。

子类重写了父类的方法 compute,以实现计算圆环面积,见第 16 行。

1.3.5 流程控制

程序在执行语句时,一般按语句排列的顺序依次执行。

流程控制是指某条语句根据条件在一些候选代码块中选择某一个代码块作为下一步执行的对象。Python 支持两种基本的流程控制结构:分支结构和循环结构。

1. 分支结构

分支结构根据条件来选择性执行代码块。分支结构主要用 if 语句来实现。

代码 1-15 if 语句的三种形式

```
1. if condition:
2.       statements1
3.
4. if condition:
5.       statements1
6. else:
7.       statements2
8.
9. if condition1:
10.       statements1
11. elif condition2:
12.       statements2
13. else:
14.       statements3
```

if 语句的第一种形式见代码 1-15 的第 1 行和第 2 行,如果 condition 代表的表达式为 True,则在程序执行过程中要执行 statements 代表的代码块;否则,不执行 statements 所代表的代码块,直接执行后续的代码块,如图 1-21(a)所示。

if 语句的第二种形式见代码 1-15 的第 4 行到第 7 行,它是引入了 else 关键字来提供另一条执行路径。如果 condition 代表的表达式为 True,则在程序执行过程中要执行 statements1 代表的代码块;否则,执行 statements2 所代表的代码块,然后再执行后续的代码块,如图 1-21(b)所示。

if 语句的第三种形式见代码 1-15 的第 9 行到第 14 行,它通过引入 elif 关键字来提供再一次条件判断,执行路径再次分岔。判断和执行过程如图 1-21(c)所示。还可以通过 elif 来多次进行条件判断,使执行路径多次分岔。

if 语句三种形式的示例见代码 1-16。

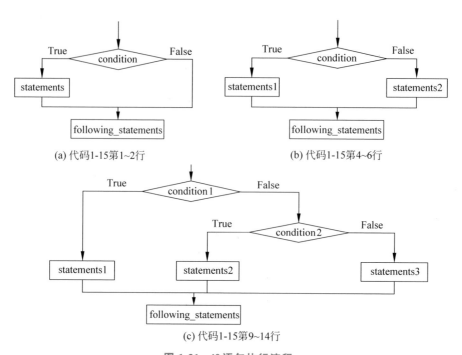

(a) 代码1-15第1~2行　　　　　　　(b) 代码1-15第4~6行

(c) 代码1-15第9~14行

图 1-21　if 语句执行流程

代码 1-16　if 语句示例(流程控制.ipynb)

```
1. # 第一种形式
2. name = "王"
3. room = 0
4. if name == "王":
5.     room = 819
6. print("姓: % s,房间号为: % d" % (name, room))
7. >>> 姓: 王,房间号为: 819
8.
9. # 第二种形式
10. if name == "吴":
11.     room = 819
12. else:
13.     room = 619
14. print("姓: % s,房间号为: % d" % (name, room))
15. >>> 姓: 王,房间号为: 619
16.
17. # 第三种形式
18. if name == "吴":
19.     room = 819
20. elif name == "刘":
21.     room = 719
22. else:
23.     room = 619
24. print("姓: % s,房间号为: % d" % (name, room))
25. >>> 姓: 王,房间号为: 619
```

2. 循环结构

循环结构根据条件来重复执行代码块。Python 中的循环语句有 while 语句和 for 语句。

代码 1-17 循环结构语句

```
1. while condition:
2.     statements
3.
4. while condition:
5.     statements1
6. else:
7.     statements2
8.
9. for var in sequence:
10.     statements
11.
12. for var in sequence:
13.     statements1
14. else:
15.     statements2
```

while 语句见代码 1-17 的第 1 行和第 2 行,while 关键字后是条件 condition。当条件 condition 满足(为 True)时,代码块 statements 会被重复执行,直到 condition 不满足才会执行后续的代码块。执行流程见图 1-22(a)。while 语句示例见代码 1-18 的第 1 行到第 10 行。该示例用 while 语句来打印一系列的整数,它的 condition 是 a <= 10,当该条件满足时,下面的代码块会被执行。下面代码块里有改变 a 值的语句,因此,每执行一次代码块,a 的值都会加 2,于是在第 5 次后,a 的值成了 12,此时 condition 不再满足,于是结束循环。

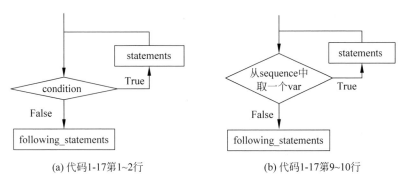

(a) 代码1-17第1~2行　　　　　(b) 代码1-17第9~10行

图 1-22 while 语句和 for 语句执行流程

while 语句还有另一种形式,就是像 if 语句一样在后面用 else 关键字加上一段在退出循环时执行的代码块,见代码 1-17 的第 4 行到第 7 行。

for 语句见代码 1-17 的第 9 行和第 10 行。需要注意的是,for 语句只用于遍历序列,

for 关键字后是一个变量 var,in 关键字后是一个序列 sequence。在执行时,var 要遍历序列中的所有元素,var 每取一个序列中的元素,下面的代码块 statements 要执行一次。for 语句的执行流程见图 1-22(b)。

　　for 语句也可以在后面用 else 关键字加上一段在退出循环时执行的代码块,见代码 1-17 的第 12 行到第 15 行。

代码 1-18　循环结构语句示例(流程控制. ipynb)

```
1.  # 用 while 语句来打印 10 以内的偶数
2.  a = 2
3.  while a <= 10:
4.      print(a)
5.      a += 2
6.  >>>    2
7.  >>>    4
8.  >>>    6
9.  >>>    8
10. >>>    10
11.
12. # 用 for 语句来打印 10 以内的偶数
13. for i in [2, 4, 6, 8 ,10]:
14.     print(i)
15. else:
16.     print("循环结束")
17. >>>    2
18. >>>    4
19. >>>    6
20. >>>    8
21. >>>    10
22. >>> 循环结束
```

　　for 语句应用示例见代码 1-18 的第 12 行到第 22 行。在该例中,序列 sequence 是一个列表,每次从列表中取出一个值赋予变量 i,然后执行下面的代码块。列表中所有的值取完后,会执行 else 关键字后的代码块,再结束循环。

　　除了列表,集合、字符串、字典、元组等数据类型都可以作为序列 sequence。常用内置的 range() 函数来生成数列,如可用 range(2,11,2) 来产生 2,4,6,8 ,10 数字序列。

　　循环结构中常用 break 语句来结束循环,在语句的执行过程中,只要遇到 break 语句,就直接执行后续的语句。

　　循环结构中可用 continue 语句来结束当前循环,进入下一循环。在 while 语句中,continue 的作用就是重新开始条件 condition 的判断;在 for 语句中,continue 的作用就是在序列 suquence 中取下一值。

1.3.6　常用扩展库

　　本书涉及的 Python 扩展库有:

1. NumPy

NumPy 扩展库提供了对数组的支持。在机器学习算法的实践中,样本集一般都看作数组进行操作处理,因此该扩展包在机器学习的应用中有很重要的作用。

2. Pandas

Pandas 是面板数据(Panel Data)的简写,它是 Python 的数据分析工具,支持类似 SQL 的数据增、删、改、查功能。Pandas 结合 NumPy,可以完成大部分的数据准备工作。

3. SciPy

SciPy 包提供对矩阵计算的支持。有些机器学习算法涉及矩阵计算。

4. Scikit-Learn(sklearn)[①]

Scikit-Learn 是一个基于 Python 的机器学习扩展包,它包含六个部分:分类、回归、聚类、数据降维(Dimensionality Reduction)、模型选择(Model Selection)和数据预处理(Preprocessing)。它在学术界和工程界都得到了广泛的应用。在学习相关知识时,不仅可以参考它提供的丰富资源,还可利用它提供的各种工具来快速完成试验,同时它还提供了算法实现的源代码供学习。

5. Matplotlib

Matplotlib 主要用于绘图和绘表,是数据可视化工具,在 Python 程序中经常用来作图示说明。它的官网提供了很多示例[②],读者可以根据图形提示,选择相应的代码进行修改,以适合自己的需要。本书主要用 Matplotlib 来画折线图和点图,相关内容不难学习,读者可以参考一些中文学习网站[③]。

6. SymPy

SymPy 主要用于符号计算,如公式推导等,涉及的领域包括:代数运算、多项式、微积分、方程式求解、离散数学、矩阵、几何、物理学、统计学、画图、打印等。

后文在涉及这些库时,会根据需要作进一步介绍。

1.4 Python 初步应用示例——迭代法

视频讲解

迭代法(Iteration)是现代计算机求解问题的一种基本形式。迭代法不仅是一种算法,更是一种思想。它不像传统数学解析方法那样一步到位,得到精确解,而是步步为营,

---

① http://scikit-learn.org/stable/

② https://matplotlib.org/gallery/index.html

③ https://www.runoob.com/numpy/numpy-matplotlib.html

逐次推进,逐步接近。迭代法又称辗转法或逐次逼近法。

迭代法的核心是建立迭代关系式。迭代关系式指明了前进的方式,只有正确的迭代关系式才能取得正确解。

来看一个示例。假设在空池塘中放入一棵水藻,该类水藻会每周长出三棵新的水藻,问十周后,池塘中有多少棵水藻?

该问题可以用数学方法来直接计算。这里来看看如何用迭代法求解。

第 1 周的水藻数量:1;

第 2 周的水藻数量:$1+1\times3$;

第 3 周的水藻数量:$1+1\times3+(1+1\times3)\times3$;

……

可以归纳出从当前周水藻数量到下一周水藻数量的迭代关系式。设上周水藻数量为 x,从上周到本周水藻将增加的数量为 y,本周的水藻数量为 x',那么在一次迭代中:

$$\begin{cases} y \leftarrow 3x \\ x' \leftarrow x + y \end{cases} \tag{1-1}$$

迭代开始时,水藻的数量为 1,为迭代法的初始条件。

迭代次数为 9(不包括第一周),为迭代过程的控制条件。

该示例实现的代码见代码 1-19,迭代过程共循环 9 次,用 while 语句来循环实现迭代,一般用一轮循环来实现一次迭代。读者可以自己尝试改用 for 语句方式来实现迭代。

代码 1-19　迭代法应用示例(迭代法. ipynb)

```
1. x = 1              # 初始条件:第一周水藻数量
2. times = 1          # 迭代次数
3. while times < 10:  # 迭代过程
4.     y = 3 * x
5.     x = x + y
6.     times += 1
7.     print("第 % d 周的水藻数量:% d" % (times, x))
8. >>>    第 2 周的水藻数量:4
9. >>>    第 3 周的水藻数量:16
10. >>>   第 4 周的水藻数量:64
11. >>>   第 5 周的水藻数量:256
12. >>>   第 6 周的水藻数量:1024
13. >>>   第 7 周的水藻数量:4096
14. >>>   第 8 周的水藻数量:16384
15. >>>   第 9 周的水藻数量:65536
16. >>>   第 10 周的水藻数量:262144
```

迭代法是求解机器学习问题的基本方法,有着广泛的应用,比如机器学习领域大名鼎鼎的梯度下降法就是一种以梯度来建立迭代关系式的迭代法。本节先用解方程的例子来说明它在数值计算领域的应用,为后续讨论梯度下降法打下基础。

用迭代法求下列方程的解:

$$x^3 + \frac{e^x}{2} + 5x - 6 = 0 \tag{1-2}$$

该方程很难用解析的方法直接求解,而可应用迭代法来求解。如何建立迭代关系式呢?

在迭代法求解中,每次迭代都得到一个新的 x 值,将每次迭代得到的 x 值依序排列就可得到数列 $\{x_k\}$。设 x_0 为初值。在用迭代法求解方程时有个常用的迭代关系式建立方法:先将方程 $f(x) = 0$ 变换为 $x = \varphi(x)$,然后建立起迭代关系式:

$$x_{k+1} = \varphi(x_k) \tag{1-3}$$

如果 $\{x_k\}$ 收敛于 x^*,那么 x^* 就是方程的根,因为:

$$x^* = \lim_{k \to \infty} x_{k+1} = \lim_{k \to \infty} \varphi(x_k) = \varphi(\lim_{k \to \infty} x_k) = \varphi(x^*) \tag{1-4}$$

即当 $x = x^*$ 时,有 $f(x) = x - \varphi(x) = 0$。

按式(1-3)建立上例的迭代关系式为:

$$x = \frac{\left(6 - x^3 - \dfrac{e^x}{2}\right)}{5} \tag{1-5}$$

迭代的结束条件是实际应用时需要考虑的问题,在该例中没有明确的结束条件。在无法预估时,可采用控制总的迭代次数的办法;也可以根据数列 $\{x_k\}$ 的变化情况来判断,如将 $|x_{k+1} - x_k|$ 的值小于某个阈值作为结束的标准;还可以将两种办法结合使用。

用迭代法求解式(1-5)的示例代码见代码1-20。该示例采用控制总的迭代次数作为结束的条件。这里将初始值设为0,读者可以设为其他值来观察一下迭代过程,要注意的是,不同的初始值可能会导致数列 $\{x_k\}$ 不收敛。

代码1-20 迭代法求解方程示例1(迭代法.ipynb)

```
1. import math
2. x = 0
3. for i in range(100):
4.     x = (6 - x**3 - (math.e**x)/2.0)/5.0
5.     print(str(i) + ":" + str(x))
6. >>> 0:1.1
7. 1:0.6333833976053566
8. 2:0.9607831386993697
9. 3:0.7612451427547097
10. 4:0.8976785421774022
11. 5:0.8099353339786866
12. 6:0.8689609915826384
13. ...
14. 25:0.8459125885326444
15. 26:0.8459280589817704
16. 27:0.8459178119620006
17. 28:0.8459245992200859
18. 29:0.8459201035986089
19. 30:0.8459230813336305
20. 31:0.8459211089938277
```

运行结果显示从第 28 次迭代开始,收敛于 0.84592。

代码 1-20 的第 1 行导入了 math 库,并在第 4 行使用了它的指数函数。

math 库包含丰富的数学函数,如果内置函数库不够用,可以到 math 库中去找合适的数学函数。

代码 1-21 给出了更常见的采用阈值的方法来控制迭代结束的示例,如果相邻两次迭代 x_k 的差值小于指定的 delta,则通过 break 语句退出迭代。

代码 1-21　迭代法求解方程示例 2(迭代法.ipynb)

```
1. x = 0                    # 初始条件
2. delta = 0.00001          # 控制退出条件
3. times = 0                # 用来显示迭代次数
4. while True:              # 条件为 True,如果没有别的退出手段,while 循环将会无限进行下去
5.     x_old = x
6.     x = (6 - x ** 3 - (math.e ** x)/2.0)/5.0
7.     print(str(times) + ":" + str(x))
8.     times += 1
9.     if abs(x - x_old) < delta:
10.        break            # 如果符合退出条件,则直接退出循环
11. >>>0:1.1
12. 1:0.6333833976053566
13. 2:0.9607831386993697
14. 3:0.7612451427547097
15. 4:0.8976785421774022
16. 5:0.8099353339786866
17. 6:0.8689609915826384
18. …
19. 25:0.8459125885326444
20. 26:0.8459280589817704
21. 27:0.8459178119620006
22. 28:0.8459245992200859
```

运行结果显示在第 28 次循环退出迭代。

第 8 行使用了赋值运算符。

上述两个例子中的迭代关系式可以明确地用数学方法来描述。

还有一类重要的迭代法,它的迭代关系式不依赖问题的数学性能,而是受某种自然现象的启发而得到,称为启发式算法(Heuristic Algorithm),如爬山法、遗传算法、模拟退火算法、蚁群算法等。启发式算法是一种根据经验、以近似随机的试探来搜索空间的方法,它可以在可接受的计算成本内得到最好解,但不保证能得到最优解。

下面介绍用爬山法来寻找上述方程的解值。爬山法的思路很简单,它从起点开始对周边邻近点进行试探,如果有更好的解,则从该点开始进行新一轮的试探,直到没有更好的解为止。

爬山法求解式(1-5)的代码见代码1-22。

代码1-22 迭代法求解方程示例3(迭代法.ipynb)

```
1. import random
2. # 搜索步长
3. delta = 0.001
4. # 通过代入0和1,可估计出解在0和1之间
5.    BOUND = [0, 1]
6.
7. def f(x):
8.    return x ** 3 + (math.e ** x)/2.0 + 5.0 * x - 6
9.
10. def hillClimbing(x, f):
11.    times = 0
12.    print(str(times) + ":" + str(x))
13.    while abs( f(x + delta) ) < abs(f(x)) and x + delta <= BOUND[1] and x + delta >= BOUND[0]:
14.       x = x + delta
15.       times += 1
16.       print(str(times) + ":" + str(x))
17.    while abs( f(x - delta) ) < abs(f(x)) and x - delta <= BOUND[1] and x - delta >= BOUND[0]:
18.       x = x - delta
19.       times += 1
20.       print(str(times) + ":" + str(x))
21.    return x
22.
23. x = random.random() * ( BOUND[1] - BOUND[0] ) + BOUND[0]
24. x_value = hillClimbing(x, f)
```

第3行设定搜索的步长。

第5行设定搜索的范围。通过将0和1代入式(1-2)的左边,可知该方程的解应位于0和1之间。

第7行定义了与待求解方程对应的函数: $f(x) = x^3 + \dfrac{e^x}{2} + 5x - 6$ 。下面的代码就是要找到使该函数值为0的 x 值。

第13行和第17行是分别对当前点相隔delta的邻近点进行试探,如果有更好的点,就一直进行下去。注意到在试探中,对 $f(x)$ 进行了取绝对值操作,因此,要爬的"山顶"就是 $f(x)$ 为0的那一点。同样要注意到,此"山"是一座倒放着的"山",因此,试探是比较新点的函数值是不是小于原来点的函数值。

随机设置初始点,通过多轮迭代,程序能够搜索到接近方程的解的值。求解的精度和迭代的次数与delta值和初始点有关。

由该示例可知,爬山法好像人在黑夜里爬山,无法看到周边的情况,但可以通过棍子来试探周边山体上升的位置,然后到该位置再一次试探周边的位置。易知,爬山法可能跑到局部最优点(3.1节将详细讨论,如图3-5所示),形象地说,就是可以爬到山峰,但不一定是最高的那座山峰。

1.5 TensorFlow 2 和 MindSpore 深度学习框架概要

Google 公司于 2015 年开源了深度学习框架 TensorFlow,推动了深度学习的发展。TensorFlow1.x 版的静态图模式(Graph Execution)虽然运行效率较高,但它采用数据流图的思维模式对初学者不太友好且不能动态调试,使得它在面对后发展起来的其他深度学习框架的竞争时逐渐难以招架。2019 年,Google 公司发布了 TensorFlow 2.0 版,该版本默认采用流行的动态图模式(Eager Execution),克服了上述缺点,得到用户的欢迎。

华为公司于 2020 年开源了自己的深度学习框架 MindSpore,现处于快速发展中。MindSpore 可以在动态图模式(称为 PyNative 模式)和静态图模式(称为 Graph 模式)之间切换,可分别用于开发时编写调试代码和部署时运行代码,兼顾了两种模式的优点。

TensorFlow 2 深度学习框架支持 CPU、GPU 和 Google 自己的 TPU 处理器作为计算平台。MindSpore 深度学习框架支持 CPU、GPU 和华为自己的昇腾 Ascend 处理器作为计算平台。

这两个深度学习框架的功能都很强大,内容庞大,包括数据预处理、模型建立与训练、实际工业部署等方面。对于初学者来说,刚开始不必面面俱到,应集中精力掌握深度学习的基本知识,本书在讨论原理的基础上提供两个框架下的示例代码帮助读者深入理解。实际上,在它们的官网提供了有关框架的详细说明文档,但是要理解这些文档,需要具备深度学习的基本知识,这也正是本书的写作目的。

TensorFlow 2 和 MindSpore 深度学习框架中,张量(Tensor)是基本的数据结构,算子是施加在张量上的各种操作,它们是理解深度学习框架所需的最基本概念。

张量是多维排列的数据。不同维度的张量分别表示不同的数据,零维张量表示标量,一维张量表示向量,二维张量表示矩阵,三维张量可以表示彩色图像的 RGB 三通道等,如图 1-23 所示[①]。

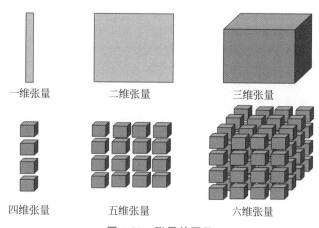

一维张量　　　　二维张量　　　　三维张量

四维张量　　　　五维张量　　　　六维张量

图 1-23　张量的图示

---

① 　https://gitee.com/mindspore/course/tree/master/mindspore

张量数据的类型与 NumPy 的数据类型一致,包括各类整数类型和浮点数类型。在深度学习中,一般将待处理的数据规范化为特定维度的张量,例如,在图像处理时,彩色像素点的红、绿、蓝三色值用一个三维的张量来表示。

对张量可以进行与 NumPy 类似的改变维数 reshape、转置 transpose、切片 slice、索引 index、拼接 concat、分割 split 和排序 topk 等操作,以及常见的加、减、乘、除和比较等运算。

要注意的是,TensorFlow 2 和 MindSpore 框架中,张量的表示方式有差异,读者在使用时应注意区别。

算子的功能与神经网络的操作紧密相关,将在后文逐步展开讨论。

MindSpore 还在发展中,不是所有算子都能得到 Ascend、GPU 和 CPU 的支持,具体支持情况可查阅官网[①]。考虑到大部分初学者的条件,本书的示例以 CPU 作为计算平台。

下面给出一个有关 MindSpore 和 TensorFlow 2 张量与算子的简单示例,见代码 1-23。

代码 1-23 以数组元素的平方为例示意张量与算子的操作(张量与算子操作示例. ipynb)

```
1.  # NumPy 计算
2.  import numpy as np
3.  np_x = np.array([1.0, 2.0, 6.0])
4.  print("numpy output = ", np.square(np_x))   # 或者 np_x ** 2; np_x * np_x; np.power(np_x, 2)
5.  >>> numpy output = [ 1. 4. 36.]
6.
7.  # MindSpore 计算
8.  import mindspore as ms
9.  import mindspore.ops.operations as P
10. ms_x = ms.Tensor([1.0, 2.0, 6.0], ms.float32)        # 生成一个张量
11. square = P.Square()                                   # 实例化求平方算子
12. output = square(ms_x)
13. print("mindspore output = ", output)
14. >>> mindspore output = [ 1. 4. 36.]
15.
16. # TensorFlow 计算
17. import tensorflow as tf
18. tf_x = tf.constant([1.0, 2.0, 6.0])
19. print("tensorflow output = ", tf.pow(tf_x, 2))
20. >>> tensorflow output = tf.Tensor([ 1. 4. 36.], shape = (3,), dtype = float32)
21.
22. # 对 Python 运算符的支持
23. print(np_x ** 2)
24. print(ms_x ** 2)
25. print(tf_x ** 2)
26. >>> [ 1. 4. 36.]
27.     [ 1. 4. 36.]
28.     tf.Tensor([ 1. 4. 36.], shape = (3,), dtype = float32)
```

---

① https://www.mindspore.cn/doc/note/zh-CN/master/operator_list.html

该示例分别演示了在 NumPy、MindSpore、TensorFlow 2 中实现数组元素的平方计算,示例了 MindSpore 和 TensorFlow 2 生成张量并运用算子进行计算的过程。第 11 行实例化求平方的 MindSpore 算子,第 12 行将 MindSpore 张量作为算子的参数进行计算。

第 19 行用 TensorFlow 2 的求平方算子对 TensorFlow 2 张量进行计算。

实际上,MindSpore 和 TensorFlow 2 中的张量也支持 Python 基本运算符,见第 23 至 25 行。

1.6 习题

1. 代码 1-14 通过实现圆和圆环面积的计算,示例了类的定义、构造方法、继承和方法重写。仿照 round_area 类的实现方法,从 circlar_area 类继承一个新类,用于实现圆外切正方形面积的计算。

2. 写出用迭代法求解方程:

$$x^5 + x^4 + e^x - 11x + 1 = 0$$

时的迭代关系式。

3. 接第 2 题,编写代码,用爬山法求解方程。

4. 上网查阅相关资料,在 MindSpore 或 TensorFlow 2 框架下,体验张量及算子的操作。

第 2 章

基 础 知 识

本章从总体上讨论机器学习和深度学习的有关知识,让读者了解它们的全貌。

2.1 机器学习与深度学习

2016 年 3 月,阿尔法围棋程序(AlphaGo)挑战世界围棋冠军李世石,该程序以 4∶1 的总比分取得了胜利。此事震惊世界,2016 年因此被称为人工智能(Artificial Intelligence,AI)"新"元年。随后,该程序在网络上连胜多位中、日、韩围棋高手,更于 2017 年 5 月打败当时世界围棋排名第一的柯洁。

实际上人类在棋类游戏中已经是屡屡失败于计算机了,比如早在 1997 年,当时的国际象棋冠军就被名为"深蓝"的计算机打败。为什么这次会引发这么大的轰动呢?除了围棋变化更多的原因外,更重要的是阿尔法围棋程序已经具备了自我学习和自我进化能力。战胜李世石的第一代阿尔法围棋程序,学习了百万多局人类的棋局;而到了它的升级版,已经完全摆脱人类的思维,从零开始自我学习了三天,就横扫整个围棋界。

机器的这种学习能力,作为人工智能的核心要素,将会对人类社会的生产、生活、军事等活动产生难以估量的影响。

那么,什么是机器学习(Machine Learning,ML)呢?

人类的学习过程中,记忆(即机械的复述)是基础,但更重要的是"举一反三"的能力。当用图片、文字、视频等教人们认识动物时,人们不仅记住了动物的知识,还学会了对真实的动物进行分析、辨认和判别,这是一种学习知识并应用知识的能力。获得这种能力,并用来解决实际问题,正是机器学习的目标。

这种能力对人类来说并不难,人类的学习能力比现在所有机器学习算法的能力都要强得多。但由于计算机具有数据存储和处理方面的优势,一旦它具有了这种能力,就可以高效地替代人完成类似工作,比如,从海量的监视视频中找到某个通缉犯。

要使机器具备这种能力,出现过符号学习(Symbol Learning)和统计学习(Statistical Learning)两类主要方法。符号学习以知识推理为主要工具,在早期推动了机器学习的发展。随着计算能力的大幅度提升,统计学习占据了更多舞台,作出了更多的贡献。现在,人们提到的机器学习,更多的是指统计学习。从统计学习的角度来说,机器学习算法是从现有数据中分析出规律,并利用规律来对未知数据进行预测的算法。机器学习已经发展成为一门多领域交叉的学科,涉及概率论、统计学、微积分、矩阵论、最优化等知识。

1959 年 IBM 公司的计算机科学家亚瑟·塞缪尔编写出了一个跳棋程序,这是机器学习诞生的标志。该程序可以根据每盘的胜负结果来计算棋盘每个位置的重要性,从而提升计算机下棋的水平。在随后的几十年里,机器学习的发展起起落落。近年来异常火热的机器学习在学术界得到特别重视,在产业界更是得到广泛应用,涉及欺诈检测、客户定位、产品推荐、实时工业监控、自动驾驶、人脸识别、情感分析和医疗诊断等领域,相关从业人员报酬不菲。

传统神经网络(Neural Networks,NN)是实现机器学习中的分类、聚类、回归等模型的重要方法。后来,人们发现改进后的多层次的神经网络可以用来自动提取数据特征,从而有效克服人工提取特征的障碍,这种方法逐渐发展为机器学习的一个分支,即深度学习(Deep Learning,DL)。

近年来正是深度学习取得了重大突破,得到了广泛的应用,从而推动机器学习以及人工智能的蓬勃发展。深度学习取得了令人瞩目的成就,以至于在某些情况下,它被看成了一个相对独立的领域。实际上,深度学习中非常重要的梯度下降法、过拟合抑制等基础知识并不能完全脱离机器学习。

机器学习中,另一个相对独立的领域是强化学习(Reinforcement Learning,RL)。与传统机器学习和深度学习不同,强化学习不仅利用数据,还主动探索数据。

机器学习、深度学习和近年来人们常提到的人工智能、模式识别、数据挖掘等都存在着或多或少的关系。

相比机器学习和深度学习,人工智能具有更加广泛的含义,它包括知识表示、智能推理等基础领域和机器人、自然语言处理、计算机视觉等应用领域。而机器学习和深度学习是人工智能的重要实现技术。同样的,机器学习也是模式识别(Pattern Recognition)、数据挖掘(Data Mining)等应用领域的重要支撑技术。

2.2 机器学习应用流程

视频讲解

强化学习的问题及其求解方法都与传统机器学习和深度学习有明显区别,因此,本书在第 8 章集中讨论强化学习相关问题,而在其他章节论述时不考虑强化学习的特殊性。

一个典型的机器学习应用流程包括采集训练数据、特征工程、建立模型和应用四个主要阶段,如图 2-1 所示。

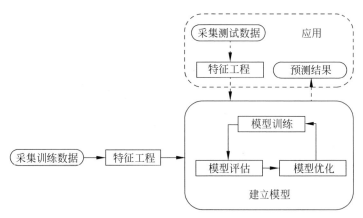

图 2-1 机器学习应用流程

通过各种手段采集到的训练数据,经特征工程处理后,可以得到建立模型所需要的格式化数据。将这些数据用于训练模型,等模型成功建立后,就可以进入应用阶段。

应用阶段又包括采集测试数据、特征工程、预测结果三个阶段,如图 2-1 中虚线框所示。在应用阶段,采集到的测试数据经特征工程处理后,得到应用模型所需要的格式化数据,馈入模型后,得到预测结果。

下面讨论机器学习应用流程中的几个关键问题。

1. 训练数据和测试数据

训练数据是用来帮助机器学习知识、建立起蕴含知识的模型的数据。测试数据是模型服务的对象,对测试数据作出正确的预测是机器学习一系列活动的最终目的。

机器学习模型能够有效预测的前提是训练数据和测试数据符合具有相同的规律性这一基本假设。建立机器学习模型,就是要通过适当的方法显式或隐式地找到这些规律,并用于预测。

数据的类型不仅包括格式化的数据,还包括文本、视频、音频等非格式化的数据。采集这些数据手段多种多样,一般要用到现代化的信息采集设备,如扫描仪、摄像头、传感器等。

训练数据和测试数据一般是多条相同格式的数据组成的集合,因此,也称为训练数据集和测试数据集。

sklearn 扩展库的 datasets 模块提供了数据加载工具和生成实验数据的工具。MindSpore 和 TensorFlow 2 中也有相应的数据处理模块。

2. 特征工程

特征工程的目标是从训练数据中提取出能供模型训练的格式化数据。原始的训练数据一般不能直接用于训练模型,所以,训练数据要经过一定的处理才能适用。

供模型训练的格式化数据一般是一个包括多项分量的向量。也就是说,通过特征工程,每条训练数据都变成了一个向量(称为特征向量)。特征向量的每个分量称为特征。

一般来说,一项特征展现了训练数据某一方面的特征。从训练数据中提取特征是一种创造性的活动,没有固定的规则可循。一般需要先从总体上理解数据,必要时可通过可视化来帮助理解,运用与问题相关的领域知识进行分析和联想,然后处理数据提取出特征。然而,并不是所有提取出来的特征都会对模型预测有正面帮助,因此还需要通过预测结果来对比分析。

在机器学习应用中,特征提取是很重要的环节,它对预测结果影响很大。

对于文本、图像、语音等复杂数据,人工提取特征是非常困难的事情。为了追求好的效果,人们曾经想了很多办法来提取它们的特征,提取出的特征数量越来越多,甚至达到了上万个。近年来,以人工神经网络为基础的深度学习在自然语言处理、图像识别、语音识别等领域的自动提取特征研究取得了的重大突破,使得机器学习的应用门槛大为降低,机器学习得以广泛应用。

测试数据也要经过相同的特征工程,从而提取出符合模型输入需要的特征向量。

sklearn 扩展库的 preprocessing 模块提供了对数据进行预处理的工具,feature_extraction 模块提供了特征提取工具。

有关特征工程的内容,将在第 7 章结合实例讨论。

3. 建立模型

建立模型就是由从训练数据提取得到的特征向量集合生成机器学习模型。生成的模型可以用于对测试数据进行预测。

建立模型,首先要确定建立什么样的模型,即要选择一个合适的模型。机器学习的模型很多,可从多个角度来对它们进行分类。

从学习的过程来看,机器学习可以分为监督学习(Supervised Learning)、无监督学习(Unsupervised Learning)和半监督学习(Semi-supervised Learning)等类别。

1) 监督学习

监督学习学习的对象是有标签的数据,有标签的数据是指已经给出明确标记的数据。监督学习利用有标签的训练数据来学得模型,目标是用该模型给未标记的测试数据打上标签。例如,为了让一个监督学习模型能够正确区分不同水果的图片,先要准备一批已经标记好正确标签的水果图片供模型学习,然后才能用训练好的模型去为新的图片打标签,如图 2-2 所示。监督学习也称为监督训练或有教师学习。

2) 无监督学习

与监督学习不同,无监督学习的训练数据没有标签,它自动从训练数据中学习知识,建立模型。无监督学习也称为无指导学习。在大多数工程应用中,事先标记大量的训练数据是一件代价很大的工作,因此,无监督学习在机器学习中具有重要的作用。

3) 半监督学习

半监督学习是监督学习和无监督学习相结合的一种学习方法,它利用少量已标记样本来帮助对大量未标记样本进行标记。

从完成的任务看,机器学习模型主要可以分为聚类、分类、回归和标注等模型。

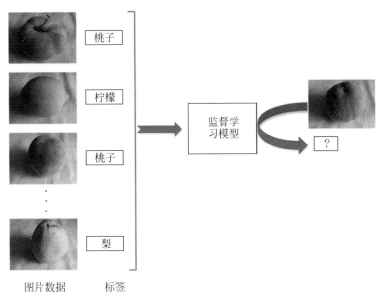

图 2-2 监督学习示例

1）聚类（Clustering）

聚类模型将训练数据按照某种关系划分为多个簇，将关系相近的训练数据分在同一个簇中。聚类属于无监督学习，它的训练数据没有标签，但经预测后的测试数据会被标记上标签，该标签是它所属簇的簇号。

2）分类（Classification）

分类是机器学习应用中最为广泛的任务，它将某个事物判定为预先设定类别之一。分类属于监督学习，数据的标签是预设的类别号。分类模型可分为二分类和多分类。如果预测明天是否下雨，则是一个二分类的问题；如果预测明天是阴、晴还是雨，则是一个三（多）分类问题。

3）回归（Regression）

回归模型预测的不是属于哪一类，而是什么值。回归模型可以看作将分类模型的类别数无限增加，即标签值不再只是几个离散的值了，而是连续的值。如预测明天的气温是多少摄氏度，因为气度可以是连续的值，所以这是回归模型可以解决的问题。回归也属于监督学习。

4）标注（Tagging）

标注模型处理的对象不是单个样本，而是由多个有前后关联关系的样本组成的序列。这种关联关系可分为向后单向的和双向的。向后单向的序列有每天天气温度、股票价格、语音数据等与时间有关的序列；双向的序列有自然语言中的文本句子。

标注模型常用于处理自然语言处理方面的问题，因为一个文本句子中的词出现的位置是有关联的。可以认为标注问题是分类问题的一个推广，它也属于监督学习范畴。

除了以上四类直接面向任务的模型外，还有一些可用于辅助工作的模型，如可用于特征工程中数据预处理的降维（Dimensionality Reduction）模型等。

以上每个类别中,又包括许许多多的具体模型,它们有不同的应用特点,适合不同的场合。除了传统的机器学习模型,近年来随着计算能力的提升和大数据的快速发展,神经网络模型得到了快速的发展。神经网络模型在以上任务中表现优异,得到了广泛的应用。

全面了解各种模型的性质和特点,选择合适的模型来应用,是建立模型的基本要求。如果没有现成的模型适用,则需要重新设计新的模型,这样对设计人员要求很高。在神经网络模型的应用中经常要重新设计新的模型。

sklearn 扩展库的主要模块实现了上述各类模型,包括 cluster、decomposition、gaussian_process、linear_model、manifold、mixture、multicalss、naïve_bayes、neighbors、semi_wupervised、svm、tree、ensemble 等。后文将对它们中常用的模型进行讨论。

建立模型的过程又可分为模型训练、模型评估和模型优化三个主要阶段,如图 2-1 所示。选定模型之后,就可以开始对模型进行训练。训练后的模型要经过评估,达到满意的标准后才能投入应用,如果达不到标准则需要重新训练模型,甚至重新选定模型或设计新的模型。

1) 模型训练

模型训练是用特征工程产生的特征向量集对模型进行训练。经过多轮输入特征向量集的训练,模型内部的参数逐渐固定,模型对输入的响应也逐渐稳定。

受问题规模、训练条件以及算法复杂度等因素的影响,训练可能会需要很长时间。

2) 模型评估

不是每次训练都会成功,比如有的模型受初始条件的影响很大,需要在不同的初始条件下多次训练才可以取最好的结果。训练数据的质量也会直接影响模型的效果。影响模型效果的因素较多,因此,对模型进行评价是十分必要的环节。

那么,对模型进行评价是怎么做的呢?

模型一般不能对所有的数据都准确无误地预测出来,预测数据时会产生一定的误差。在训练数据上产生的误差称为训练误差(Training Error),在测试数据上产生的误差称为测试误差(Test Error)。

最终衡量模型好坏的是测试误差,它可以展现出模型对测试数据的预测能力。因此,建立模型时,一般追求的是测试误差最小的模型。模型对测试数据的预测能力称为泛化能力(Generalization Ability),模型在测试数据上的误差也称为泛化误差(Generalization Error)。"泛化"一词源于心理学,它是指某种刺激形成一定的条件反应后,其他类似的刺激也能形成某种程度的同样反应。

测试数据是模型投入生产之后才能接触到的数据,因此,泛化误差并不能在建立模型阶段就得到,所以,泛化误差不能在建模阶段用来评估模型。

在监督学习任务中,工程上常将已有训练数据划分为不重合的训练集和验证集。用训练集来训练模型,然后用模型在验证集上产生的验证误差作为评估模型指标,直到达到满意的程度后,再提交实际应用。

将训练数据划分为训练集和验证集的方法称为保持法(Holdout Method),一般保留已知样本的 20%~30% 作为验证集。如果数据分布合理,模型在验证集上产生的验证误差通常会接近测试集产生的测试误差。

除了保持法,还经常采用一种称为 K-折交叉验证(K-fold cross-validation)的评估模型预测效果的方法。K-折交叉验证是将总样本数据随机地划分为 K 个互不相交的子集。对于每个子集,将所有其他的数据集作为训练集训练出模型,将该子集作为验证集,并记录验证集每一条数据的预测结果。每个子集都这样处理后,所有的数据都有一个预测值。然后将预测值与真实值进行比对,从而评估模型的效果。这个方法将每一个样本都进行了验证,其评估的准确性一般要高于保持法。一般地,划分的子集越多,K-折交叉验证评估的效果就越好,但训练耗费的时间就越长。如果训练耗时不受限,可以采用单一保留(Leave-one-out)法来交叉验证,即每个验证集只有一条数据,其余全是训练集。

3)模型优化

对评价达不到要求的模型,需要进行优化。

机器学习模型的参数有两种,一种是通过训练从数据中学习得到的,另一种是人为设定的。需要人为设定的参数称为超参数(Huper Parameters)。超参数一般控制模型的主体框架,超参数的改变会对模型建立和预测产生很大的影响。寻找使模型整体最优的超参数的过程,称为超参数调优。

超参数调优需要依靠试验以及人的经验。对模型的理解越深入,对实现模型的算法了解得越详细,积累了越多的调优经验,就越容易快速准确地找到最合适的超参数。

有关超参数调优的内容,将在第 7 章结合实例讨论。

sklearn 的 metrics 模块和 model_selection 模块提供了对模型评估和模型优化的支持。

下面来看一个经过简化的应用示例。这是一个预测未来消费行为的示例,即已经采集了过去消费行为的信息,需要建立一个模型以对未来的消费行为进行预测。该示例简要演示了数据预处理、提取特征、选择模型、训练模型、评估模型、应用等阶段,供读者初步了解机器学习的应用流程。

过去的消费行为信息包括消费者进店的年、月、日、性别(1 男,0 女)和是否消费(1 购,0 不购),共五项,具体如表 2-1 所示。它们是训练数据。

表 2-1 机器学习应用流程示例训练数据

序 号	年	月	日	性 别	是否消费
1	2020	11	1	1	1
2	2020	11	1	0	1
3	2020	11	1	0	1
4	2020	11	1	−1	1
5	2020	11	1	1	1
6	2020	11	1	0	1
7	2020	11	1	0	0
8	2020	11	1	0	1
9	2020	11	2	1	0
10	2020	11	2	1	1
11	2020	11	2	0	0

序　号	年	月	日	性　别	是否消费
12	2020	11	2	1	1
13	2020	11	3	0	0
14	2020	11	3	0	0
15	2020	11	4	1	0
16	2020	11	4	0	1
17	2020	11	5	0	0
18	2020	11	5	0	0
19	2020	11	6	1	1
20	2020	11	6	1	1
21	2020	11	7	0	0
22	2020	11	7	1	0
23	2020	11	7	0	1
24	2020	11	7	0	1
25	2020	11	8	1	1
26	2020	11	8	0	1
27	2020	11	9	0	0
28	2020	11	9	0	0
29	2020	11	10	1	1
30	2020	11	11	1	0
31	2020	11	11	1	−1
32	2020	11	12	0	0

要求对待预测的包含有进店的年、月、日、性别(1 男,0 女)信息的消费者作出是否消费的判断。待预测的测试数据信息如表 2-2 所示,它们是测试数据。

表 2-2　机器学习应用流程示例测试数据

序　号	年	月	日	性　别
1	2020	11	11	1
2	2020	11	14	0
3	2020	11	15	0
4	2020	11	16	1
5	2020	11	18	0
6	2020	11	19	1

显然,该问题是一个二分类的问题。训练数据中,是否消费是标签,而模型则要对每一条测试数据给出是否消费的判断,也就是要贴上是否消费的标签,因此,它属于监督学习。

可以看到表 2-1 中有两条错误的数据,第 4 行数据的性别出现了不可知的−1 值,第 31 行数据的标签值出现了不可知的−1 值。对于不合格的数据,处理的方法有很多,一般的思想是尽可能地利用这些数据,这里为了简化示例,采取直接删除的处理方式。余下的 30 条数据可用作训练数据。示例见代码 2-1,示例中还设置了 6 条测试数据,即待预测是否消费的数据。

代码 2-1　训练数据和测试数据（机器学习应用流程示例. ipynb）

```
1.  # 训练数据分项依次为：年,月,日,性别(1 男,0 女),是否购物(1 购,0 不购)
2.  train_data = [ [2020, 11, 1, 1, 1],
3.               [2020, 11, 1, 0, 1],
4.               [2020, 11, 1, 0, 1],
5.               [2020, 11, 1, -1, 1],
6.               [2020, 11, 1, 1, 1],
7.               [2020, 11, 1, 0, 1],
8.               [2020, 11, 1, 0, 0],
9.               [2020, 11, 1, 0, 1],
10.              [2020, 11, 2, 1, 0],
11.              [2020, 11, 2, 1, 1],
12.              [2020, 11, 2, 0, 0],
13.              [2020, 11, 2, 1, 1],
14.              [2020, 11, 3, 0, 0],
15.              [2020, 11, 3, 0, 0],
16.              [2020, 11, 4, 1, 0],
17.              [2020, 11, 4, 0, 1],
18.              [2020, 11, 5, 0, 0],
19.              [2020, 11, 5, 0, 0],
20.              [2020, 11, 6, 1, 1],
21.              [2020, 11, 6, 1, 1],
22.              [2020, 11, 7, 0, 0],
23.              [2020, 11, 7, 1, 0],
24.              [2020, 11, 7, 0, 1],
25.              [2020, 11, 7, 0, 1],
26.              [2020, 11, 8, 1, 1],
27.              [2020, 11, 8, 0, 1],
28.              [2020, 11, 9, 0, 0],
29.              [2020, 11, 9, 0, 0],
30.              [2020, 11, 10, 1, 1],
31.              [2020, 11, 11, 1, 0],
32.              [2020, 11, 11, 1, -1],
33.              [2020, 11, 12, 0, 0]]
34.  # 测试数据
35.  test_data = [ [2020, 11, 11, 1],
36.              [2020, 11, 14, 0],
37.              [2020, 11, 15, 0],
38.              [2020, 11, 16, 1],
39.              [2020, 11, 18, 0],
40.              [2020, 11, 19, 1]]
41.  # 清除不合格数据
42.  del train_data[30]
43.  del train_data[3]
44.  len(train_data)
45.  >>> 30
```

```
46.
47. # 将训练数据切分为训练集和验证集
48. train_set = []              # 训练集
49. train_labels = []           # 训练集的标签
50. valid_set = []              # 验证集
51. valid_labels = []           # 验证集的标签
52. for i in range(len(train_data)):
53.     if i < 20:              # 将训练数据的前20条作为训练集,后10条作为验证集
54.         train_set.append(train_data[i][:4])
55.         train_labels.append(train_data[i][4])
56.     else:
57.         valid_set.append(train_data[i][:4])
58.         valid_labels.append(train_data[i][4])
```

采用列表的方式来保存数据,列表中的每一个元素是一条数据。第42行和第43行删除指定序号的列表元素。

采用保持法来评估模型,将前20条数据作为训练集,后10条数据作为验证集,见第47行至58行。

不提取特征,直接用原始数据来训练模型,示例如代码2-2所示。

代码2-2 原始数据训练模型(机器学习应用流程示例.ipynb)

```
1. from sklearn import tree               # 导入决策树模块
2. clf = tree.DecisionTreeClassifier()    # 创建一个分类决策树对象
3. clf = clf.fit(train_set, train_labels) # 训练模型
4. print(valid_labels)
5. print(clf.predict(valid_set))          # 用训练好的模型来预测验证集,验证误差率为0.5
6. >>> [0, 1, 1, 1, 1, 0, 0, 1, 0, 0]
7. >>> [1 0 0 1 0 0 0 1 1 0]
8. print(clf.predict(test_data))          # 用训练好的模型来预测测试集
9. >>> [1 0 0 1 0 1]
```

第1行从sklearn机器学习库中导入决策树模块。该模块包含一些称为树的模型,它们是监督学习模型。该模型可用来完成分类和回归任务,这里先不展开讨论,具体详情在第5章进行讨论。

第2行创建一个标识符名为clf的分类决策树对象。在sklearn库的tree模块中,已经将分类决策树模型封装成了DecisionTreeClassifier类,在使用时,只需要实例化该类生成对象即可。

第3行调用clf对象的fit方法来训练模型,该方法的输入参数是训练集以及对应的标签。

训练完成后,就可以用该模型来预测了。第5行用clf对象的predict方法来预测验证集,并将预测结果输出。第6行输出的是验证集的真实标签值,第7行输出的是验证集的预测标签值,可见有5个预测错误,验证误差率为0.5,基本属于瞎猜,没有实际效果。

第 8 行预测测试集。

要如何才能更好地利用消费者进店的年、月、日信息呢？按一般的常识，消费者可能在周末的消费意愿要高一些，因此，可以提取出是否周末的特征来训练模型，见代码 2-3。

代码 2-3 提取是否周末特征训练模型（机器学习应用流程示例. ipynb）

```
 1. import datetime            ♯ 导入 datetime 模块,该模块用来处理与日期和时间有关的计算
 2.
 3. ♯ 定义一个判断是否为周末的函数
 4. def isweekend( date ):
 5.     theday = datetime.date( date[0], date[1], date[2] )   ♯ 创建一个 date 对象
 6.     if theday.isoweekday() in { 6, 7 }:   ♯ 如果 date 是周末则返回1,否则返回 0
 7.         return 1
 8.     else:
 9.         return 0
10. isweekend([2020, 11, 15])
11. >>> 1
12.
13. ♯ 提取出是否周末的特征,加上性别,作为训练数据,然后切分训练集和验证集
14. train_set1 = []
15. valid_set1 = []
16. for i in range(len(train_data)):
17.     if i < 20:
18.         weekend = isweekend(train_data[i][:3])
19.         train_set1.append( [weekend, train_data[i][3]] )
20.     else:
21.         weekend = isweekend(train_data[i][:3])
22.         valid_set1.append( [weekend, train_data[i][3]] )
23.
24. clf = clf.fit(train_set1, train_labels)
25. print(valid_labels)
26. clf.predict(valid_set1)            ♯ 验证误差率为 0.2
27. >>> [0, 1, 1, 1, 1, 0, 0, 1, 0, 0]
28. >>> [1 1 1 1 1 0 0 1 1 0]
29.
30. test_set1 = []
31. for i in range(len(test_data)):      ♯ 对测试数据也要进行相同的特征提取,生成测试集
32.     weekend = isweekend(test_data[i][:3])
33.     test_set1.append( [weekend, test_data[i][3]] )
34. print(clf.predict(test_set1))
35. >>> [1 1 1 1 0 1]
```

第 1 行导入 datatime 模块，该模块用来处理与日期和时间有关的计算。

第 4 行定义一个判断是否为周末的函数，它输入的参数是一个包括年、月、日的列表。

第 5 行实例化 date 类，创建一个名为 theday 的 date 对象。

第 6 行调用 theday 的 isoweekday 方法来得到该对象代表的日期是周几，并用集合运算 in 来判断是否是周末，如果是，则返回 1；否则返回 0。

第 10 行是调用函数的示例，根据返回值可知 2020 年 11 月 15 日是周末。

第14行到第22行利用该函数生成包括是否周末特征和性别的训练集和验证集。

第24行利用新的训练集来训练模型。

第26行预测验证集并输出,可知验证误差率为0.2,可见在验证集上的预测效果有了明显的提高。

接下来对测试集进行预测,同样需要对测试集提取特征。

由上面示例可知,如果提取了是否为周末的特征,那么预测成功率将会大幅提高。

实际上,对训练数据的统计显示,男性每进一次店有消费行为的概率为0.75,不分周末还是平时;而女性在周末进店有消费行为的概率为0.66,非周末进店有消费行为的概率为0.34。因此,如果不提取是否为周末的特征,模型无法充分利用日期信息进行学习。

2.3　机器学习算法概要

2.2节示例了从训练数据中建立模型的方法,但并没有讨论模型是如何建立起来的。实际上,如何从训练数据中建立各类模型是机器学习的重点和难点。从训练数据中建立模型,是通过相应的算法来实现的,学习并熟悉机器学习算法是切实掌握机器学习原理的关键。

一个机器学习算法一般要先从训练数据中学习到一个模型,再用于后续的预测。算法和模型一般是一一对应的,因此,本书不特别区分机器学习算法和机器学习模型概念上的差别。

2.3.1　机器学习算法术语

如2.2节所示,在建立模型的过程中,各类数据起着不同的作用。为方便描述机器学习算法中不同位置和不同作用的数据,统一将有关数据的术语表示如下。

1) 数据集(Data Set)、训练集(Training Set)、验证集(Validation Set)和测试集(Test Set)

数据集是机器学习过程中的所有数据的集合。数据集分为训练数据集合(样本集)和测试数据集合。测试数据集合即为测试集,是需要应用模型进行预测的那部分数据,是机器学习所有工作的最终服务对象。为了防止训练出来的模型只对训练数据有效,一般将训练数据集合又分为训练集和验证集,训练集用来训练模型,而验证集一般只用来验证模型的有效性,不参与模型训练。它们的关系如图2-3所示。

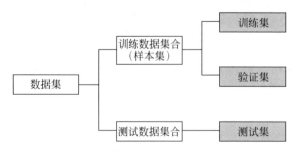

图 2-3　数据集、训练集、验证集和测试集关系示意

在监督模型中,训练集和验证集都是事先标记好的有标签数据,测试集是无标签的数据。在无监督模型中,训练集、验证集和测试集都是无标签的数据。

2) 实例(Instance)、属性(Attribute)、特征(Feature)、特征值(Feature Value)和特征向量(Feature Vector)

实例是一个完整的训练或测试数据,如一张图片、一段文本句子、一条音频等。实例一般由多个属性表示,如表 2-1 所示的训练数据,包括消费者的性别及进店的年、月、日四项属性;再如一张 8×8 的图片,有 64 个属性,如果是黑、白两色的,每个属性的取值为二维的,可设为 0 或 1;再如一段长为 20 个汉字的句子,则有 20 个属性,当采用 GB 2312 编码时,每个属性有 6763 个可能的取值。实例一般有多个属性,因此用多维的向量来表示,并用粗体的小写字母来标记,如 $\boldsymbol{x}_i$,下标 i 表示实例的序号。在本书中,向量、矩阵和集合一般用粗体来表示。

传统机器学习算法一般不直接对实例的属性进行处理,而是对从属性中提炼出来的特征进行处理。例如,2.2 节的示例中,从年、月、日中提取出是否周末的特征;再如,从图片里提取出的水果长度与宽度之比的特征等。在传统机器学习算法的应用里,提取特征是非常关键的环节,不同的特征对预测效果有不同程度的影响。特征所取的具体值称为特征值。具体应用到机器学习算法时,实例通常不是由属性向量表示,而由多个特征值组成的特征向量表示。用特征向量来表示实例时,也用 $\boldsymbol{x}_i$ 表示。用带括号的上标来区分实例的不同特征,如 $x_i^{(j)}$ 表示第 i 个实例的第 j 维特征。因此,有 m 个特征的第 i 个实例可表示为 $\boldsymbol{x}_i = \{x_i^{(1)}, x_i^{(2)}, \cdots, x_i^{(m)}\}$。

3) 标签(Label)和样本(Sample)

在监督学习中,训练数据集合不仅包括实例,还包括事先标记好的标签。在分类、聚类和标注模型中,标签是离散编号值;在回归模型中,标签是连续值。对训练集来说,标签是指导训练的结论;对测试集来说,标签是要预测的目标。

在分类、聚类和回归任务中,标签值一般是一维的标量,一般用 y_i 表示;在标注任务中,标签值是一个序列,可看成是向量,一般用粗体 $\boldsymbol{y}_i$ 表示。测试集中的数据只包括实例,标签是需要预测的。在分类、聚类和回归任务中用 $\hat{y}_i$ 来表示待预测的标签值;在标注任务中用粗体 $\hat{\boldsymbol{y}}_i$ 来表示待预测的标签序列。

样本是一份可用来训练的完整数据。在监督学习中,样本由实例及其标签组成,用 $\boldsymbol{s}_i = (\boldsymbol{x}_i, y_i)$ 或 $\boldsymbol{s}_i = (\boldsymbol{x}_i, \boldsymbol{y}_i)$ 表示第 i 个样本,而实例 $\boldsymbol{x}_i$ 也称为未标记的样本。在无监督学习中,样本没有标签,可直接用实例表示,即 $\boldsymbol{s}_i = \boldsymbol{x}_i$。

本书用大写的加粗字母 $\boldsymbol{S} = \{\boldsymbol{s}_i\}$ 表示样本集。所有样本的集合即为训练数据(如图 2-3 所示),并根据不同用途划分为训练集和验证集。本书用 $x_m^{(n)}$ 表示第 m 个实例的第 n 维特征值,用 X 表示特征空间。

习惯上也将测试数据称为测试样本。测试样本是待预测的、没有标记的无标签样本。

为方便读者查阅,本书所默认使用的符号如表 2-3 所示。如无特别说明,这些符号具有表中列出的含义。

表 2-3　本书默认使用的符号

标　记	含　义	字　体
$\boldsymbol{x}_i$	第 i 个实例,向量	粗体,斜体
y_i	分类、聚类和回归模型中,第 i 个实例的标签,标量	斜体
$\boldsymbol{y}_i$	标注模型中,第 i 个实例的标签,向量	粗体,斜体
$\hat{y}_i$	分类、聚类和回归模型中,第 i 个实例待预测的标签,标量	斜体
$\hat{\boldsymbol{y}}_i$	标注模型中,第 i 个实例待预测的标签,向量	粗体,斜体
$\boldsymbol{s}_i$	第 i 个样本,向量	粗体,斜体
$\boldsymbol{S}$	样本集	粗体,斜体
$x_m^{(n)}$	第 m 个实例的第 n 维特征值,标量	斜体
$\mathbb{X}$	特征空间	双线字体

视频讲解

2.3.2　机器学习模型实现算法分类

先明确机器学习算法各类任务中的样本集。

设样本集 $\boldsymbol{S}=\{\boldsymbol{s}_1,\boldsymbol{s}_2,\cdots,\boldsymbol{s}_m\}$ 包含 m 个样本。在分类任务和回归任务中,每个样本 $\boldsymbol{s}_i=(\boldsymbol{x}_i,y_i)$ 包括一个实例 $\boldsymbol{x}_i$ 和一个标签 y_i,实例由 n 维特征向量表示,即 $\boldsymbol{x}_i=(x_i^{(1)},x_i^{(2)},\cdots,x_i^{(n)})$。在聚类任务中,样本即实例,不包括标签,$\boldsymbol{s}_i=\boldsymbol{x}_i=(x_i^{(1)},x_i^{(2)},\cdots,x_i^{(n)})$。在标注任务中,样本 $\boldsymbol{s}_i=(\boldsymbol{x}_i,\boldsymbol{y}_i)$ 包括一个观测序列 $\boldsymbol{x}_i=(x_i^{(1)},x_i^{(2)},\cdots,x_i^{(n)})$ 和一个标签序列 $\boldsymbol{y}_i=(y_i^{(1)},y_i^{(2)},\cdots,y_i^{(n)})$。

机器学习按照模型的表述方式可分为决策函数、概率模型和神经网络三类。

1. 决策函数模型

决策函数模型将实例 $\boldsymbol{x}=(x^{(1)},x^{(2)},\cdots,x^{(n)})$ 与标签 y 之间的关系看作一种映射,用函数 $Y=f(X)$ 来表示,其中 X 是定义域,它是所有实例特征向量的集合,Y 是值域 $\mathbf{R}$。该函数称为决策函数(Decision Function)。

在分类、聚类和回归任务中,模型从样本集学习到该映射,并依据该映射对测试样本 $\boldsymbol{x}$ 给出预测值 $\boldsymbol{y}$,用 $y=f(\boldsymbol{x})$ 表示。在分类任务中,标签是预先确定的有限个离散值,因此该映射是从实例特征向量集合到有限个离散的映射。在回归任务中,标签是无限多的连续值,因此该映射是从实例特征向量集合到连续值的映射。在聚类任务中,标签在训练之前是不确定的(有的算法要事先指定标签的数量),需要算法在训练过程中分析训练样本的分布情况并建立簇结构,从而建立映射关系,依据映射关系给簇内样本分配标签。

常用的决策函数分类模型有决策树、随机森林、逻辑回归、Softmax 回归、支持向量机等。

常用的决策函数聚类模型有 k 均值、DBSCAN、AGNES 等。

常用的决策函数回归模型有决策树、线性回归、多项式回归、局部回归、支持向量机等。

2. 概率模型

概率模型将实例 $x=(x^{(1)},x^{(2)},\cdots,x^{(n)})$ 与标签 y 看作是两个随机变量的取值,随机变量记为 X 和 Y。

机器学习算法能够有效的前提是假设同类数据(包括训练数据和测试数据等)具有相同的统计规律。对监督学习来说,假设输入的随机变量 X 和输出的随机变量 Y 遵循联合概率分布 $P(X,Y)$。$P(X,Y)$ 表示分布函数或分布概率函数。模型的训练集和测试集被看作是依联合概率分布 $P(X,Y)$ 独立同分布产生的。对无监督学习来说,假设输入的随机变量 X 服从概率分布 $P(X)$,模型的训练集和测试集是依 $P(X)$ 独立同分布产生的。

聚类任务输入的是无标签的样本,算法要自行分析样本数据的分布结构而形成由条件概率表述的模型 $\hat{P}(Y|X)$,并对测试样本 x 给出预测簇标签$\hat{y}$。有些聚类算法标签值的个数是超参数,要由用户事先指定。有些聚类算法则可以自行确定标签值的个数。常用的概率聚类模型为高斯混合聚类模型。

在分类任务中,用条件概率分布函数 $\hat{P}(Y|X)$ 来描述从输入到输出的概率映射关系,在训练时,算法要从训练数据中学习到该分布函数。在预测时,对测试样本 x,模型计算所有候选标签 y 的条件概率 $\hat{P}(y|x)$,取最大值时对应的 y 为测试样本 x 的预测标签值$\hat{y}$。常用的概率分类模型有朴素贝叶斯模型、逻辑回归模型。

在标注任务中,输入的 $x=(x^{(1)},x^{(2)},\cdots,x^{(n)})$ 表示一个可观测的序列,该序列的元素存在一定的关联关系。比如天气温度、股票价格、语音数据等,可以看作向后单向关联关系的序列。而文字句子中的字一般与上文、下文双向语境都有关。标注任务的输出是与 x 对应的标签序列 $y=(y^{(1)},y^{(2)},\cdots,y^{(n)})$,标签取值于标签值空间。标签值空间一般远小于观测值空间。也就是说,标注模型输出的也是一个序列,它与输入序列等长。例如,在自然语言处理的词性标注任务中,需要对每一个词标出它的词性,假如输入的序列是"我 爱 自然 语言 处理",输出的正确序列是"代词 动词 名词 名词 动词",如图 2-4 所示。输出序列是对应的输入词的词性标签。

输入序列 ⟶　我　爱　自然　语言　处理

输出序列 ⟶代词　动词　名词　名词　动词

图 2-4　标注序列示例

在训练时,算法要学习从序列 x 到序列 y 的条件概率 $\hat{P}(y^{(1)},y^{(2)},\cdots,y^{(n)}|x^{(1)},x^{(2)},\cdots,x^{(n)})$。在预测时,按照该条件概率模型以概率最大的方式对新的输入序列找到相应的输出标签序列。具体来讲,就是对一个输入序列 $x=(x^{(1)},x^{(2)},\cdots,x^{(n)})$ 找到使条件概率 $\hat{P}(y^{(1)},y^{(2)},\cdots,y^{(n)}|x^{(1)},x^{(2)},\cdots,x^{(n)})$ 最大的标记序列$\hat{y}=(\hat{y}^{(1)},\hat{y}^{(2)},\cdots,\hat{y}^{(n)})$。常用的概率标注模型有隐马尔可夫模型、条件随机场模型等。

概率模型又可以分为生成模型(Generative Model)和判别模型(Discriminative Model)。

生成模型学习到的是联合概率分布 $P(X,Y)$,然后由联合概率分布求出条件概率分

布作为预测模型:

$$P(Y \mid X) = \frac{P(X,Y)}{P(X)} \tag{2-1}$$

其中,$P(X)$一般较为容易估计。

判别模型直接学习到条件概率分布 $P(Y\mid X)$ 作为预测模型。

生成模型是包含所有特征以及标签的全概率模型,它学习到了全面的信息,可以计算出任意给定条件下的概率值,因此可以用于多方面的概率预测问题。而判别模型针对性强,直接面对问题,模型的适应性有限。

3. 神经网络模型

人工神经网络(Artificial Neural Network,ANN)简称神经网络(NN),是一种模仿脑结构及其功能的信息处理系统。神经网络在机器学习的分类、聚类、回归和标注任务中都有重要作用。

人工神经元(简称神经元)是神经网络的基本组成单元,它是对生物神经元的模拟、抽象和简化。现代神经生物学的研究表明,生物神经元是由细胞体、树突和轴突组成的,如图 2-5 所示。一个神经元通常包含一个细胞体和一个轴突,但有一个或多个树突。

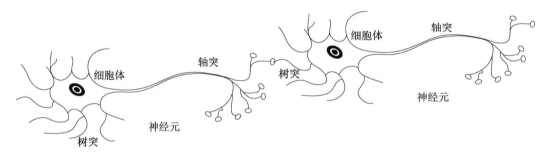

图 2-5　生物神经元组成示意图

生物神经元是人脑处理信息的最小单元。树突负责接收来自其他神经元的信息。细胞体负责处理接收到的信息,它通过树突收到来自外界的刺激信息并兴奋起来,当兴奋程度超过某个限度时,会被激发并通过轴突输出神经脉冲信息。发送信息的轴突与别的神经元的树突相连,实现信息的单向传递。轴突末端常有分支,连接多个其他神经元的树突,可以将输出的信息分送给多个其他神经元。

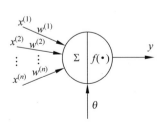

图 2-6　人工神经元 M-P 模型
示意图

受生物神经元对信息处理过程的启迪,人们提出了很多人工神经元模型,其中最有影响力的是心理学家 McCulloch 和数学家 W. Pitts 在 1943 年提出的人工神经元 M-P 模型,如图 2-6 所示。

图 2-6 中,$x^{(i)}$ 表示来自其他神经元的输入信息,$i=1,2,\cdots,n$。$w^{(i)}$ 表示输入信息对应的连接系数值。$\sum$ 表示对输入信息进行加权求和。θ 是一个阈值,模拟生物神经元的兴奋"限度"。输入信息经过加权求和后,与阈值进行比

较,该信息处理过程是一个对输入信息的线性组合过程,可描述如式(2-2)所示:

$$I = \sum_{i=1}^{n} w^{(i)} x^{(i)} - \theta \tag{2-2}$$

对输入信息进行线性组合后,再通过一个映射,得到输出 y,式(2-3)所示:

$$y = f(I) \tag{2-3}$$

其中,$f(\cdot)$ 称为激励函数或转移函数,它一般采用非线性函数。

就 M-P 模型而言,神经元只有兴奋和抑制两种状态,因此,它的激励函数 $f(\cdot)$ 定义为如图 2-7 所示的单位阶跃函数,输出 y 只有 0 和 1 两种信号。

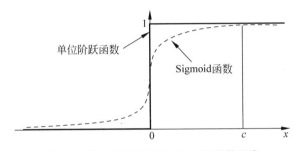

图 2-7　单位阶跃函数和 Sigmoid 函数示意

单位阶跃函数 $u(\cdot)$ 不连续,在优化计算时难以处理,常用近似的阈值函数来代替它,例如图 2-7 中虚线所示的 Sigmoid 函数:

$$g(x) = \frac{1}{1 + e^{-x}} \tag{2-4}$$

Sigmoid 函数的形态接近单位阶跃函数,取值范围是 $(0,1)$。

单个神经元的作用有限,只能处理线性问题。但如果将神经元连接成神经网络,并采用非线性的激励函数,则会具有强大的处理非线性问题的能力。借助近年来计算能力的高速发展,这种非线性处理能力的提升使得神经网络快速发展,神经网络在机器学习领域异军突起。

理论上,可以通过将神经元的输出连接到另外神经元的输入而形成任意结构的神经网络。但目前应用较多的是层状结构,如图 2-8 所示,其中一个小圆圈表示一个神经元。

层状结构由输入层、隐层和输出层构成,其中隐层可以有多个。

从信息处理方向来看,神经网络分为前馈型和反馈型两类。前馈型网络的信息处理

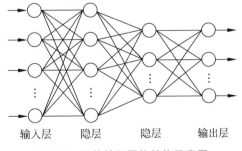

图 2-8　层状神经网络结构示意图

方向是从输入层到输出层逐层向前传递的。输入层只接收信息,隐层和输出层具有处理信息的能力。相邻层之间的节点是全连接关系,同层节点、跨层节点之间没有连接关系。有些特别设计的前馈神经网络会在个别同层节点之间或者个别跨层节点之间引入连接关

系,如深度学习中的残差网络。

反馈型网络存在信息处理反向传递,即存在从前面层到后面层的反向连接。反向传递会使得信息处理过程变得非常复杂,难以控制。

经过设计的神经网络可以用来完成机器学习的分类、聚类、回归和标注任务。

神经网络的网络结构可以看作是有向图,用 S 表示。神经网络中,每条连接都有一个连接系数,每个隐层节点和输出层节点都有一个阈值,这些参数(包括连接系数和阈值)用 W 表示。可以用 $N(S,W)$ 表示神经网络。

一般地,网络结构 S 是预先设计好的,不存在学习问题。神经网络的参数 W 是通过训练从训练样本集中学习到的。如果通过学习参数 W 不能达到预想要求,则可能需要重新设计网络结构 S。目前在神经网络方面的研究大多针对某一具体问题提出一个新的有针对性的网络结构 S,还没有一个通用的能解决不同问题的网络结构。

训练好的神经网络可以对测试样本作出合理的反馈。要注意的是,尽管多层神经网络在工程应用上取得了巨大的成功,但目前在理论上却难以完全解释清楚。虽然有很多学者尝试破解它们,但至今没有取得突破性进展。

在传统神经网络模型中,常用于处理分类和回归问题的有 BP 神经网络,用于处理聚类问题的有 SOM 神经网络。

2.2 节的示例,演示了传统机器学习模型(包括传统神经网络模型)解决问题的"人工提取特征+模型"的方法,也就是说,传统的机器学习模型需要在训练模型之前通过特征工程提取特征。而提取出合适的特征并不是一件容易的事,尤其是在图像、文本、语音等领域,即使是成功的模型,也难以推广应用。

正是在以神经网络为基础的深度学习为特征提取问题提供了有效的解决方法之后,机器学习才得以异军突起,得到广泛应用。深度学习带来的革命性变化弥合了从底层具体数据到高层抽象概念之间的鸿沟(该鸿沟类似于图 1-16 所示的现实世界与机器世界之间的映射鸿沟),使得学习过程可以自动从大量训练数据中提取特征,不再需要过多的人工干预,实现了端到端(End to End)学习。

深度学习在机器视觉、语音识别、自然语言处理、推荐系统和数据挖掘等领域都取得了突破性的进展,成为在这些领域解决问题的有力工具。

深度学习并不特指某个算法,而是一类神经网络算法的统称。深度学习的具体算法一般是与某类具体应用紧密相关的,如图像识别问题与卷积神经网络、序列标注问题与循环神经网络等,还没有一个通用的模型或结构。

2.4　本书内容安排

本书内容安排以机器学习的主要任务为主线,第 1 章是环境和语言的准备知识;第 2 章是机器学习的基础知识;第 3~6 章是面向聚类和降维、回归、分类、标注任务;第 7 章是面向机器学习工程应用中的特征工程和超参数调优任务;第 8 章是面向序列决策任务;第 9 章是对抗样本,初步探讨机器学习的安全问题。

本书没有刻意用专门的章节来讨论神经网络和深度学习,而是将它们的内容按任务要求分解到第 4～6 章。

第 3、4、5、6 章在讨论聚类和降维、回归、分类、标注任务时,又将模型分为决策函数模型、概率模型和神经网络模型三类分别讨论,具体内容安排如表 2-4 所示。机器学习的基础理论知识也循序渐进地分解到这些章节中逐步讨论。

表 2-4 第 3 章到第 6 章主要内容

	聚类(第 3 章)	回归(第 4 章)	分类(第 5 章)	标注(第 6 章)
决策函数模型	k-means DBSCAN OPTICS 二分 k-means AGNES Mean Shift	线性回归 多项式回归 局部加权线性回归 K 近邻	决策树 随机森林	
概率模型	高斯混合模型		朴素贝叶斯	隐马尔可夫模型 条件随机场
神经网络模型		全连接层神经网络	卷积神经网络	循环神经网络
机器学习基础理论知识	维数灾难 与 PCA 降维	梯度下降法 欠拟合 过拟合	误差反向传播学习 常用激活函数 常用损失函数 步长优化 动量优化	

第 7 章在讨论特征工程的辅助技术时,特别对文本特征的提取进行专门的讨论。

第 8 章讨论强化学习以及深度强化学习的初步内容,主要涉及强化学习的动态规划法、蒙特卡罗法、时序差分法以及深度强化学习的 DQN 和策略梯度法等。

第 9 章对机器学习的一个安全问题进行讨论,即如何生成干扰机器学习模型的对抗样本,主要涉及白盒攻击的 FGM、FGSM 和 DeepFool 算法和黑盒攻击的迁移攻击和通用对抗扰动等。

第 3 章

聚类与降维

人们在面对大量未知事物时,往往会采取分而治之的策略,即先将事物按照相似程度分成多个组,然后按组对事物进行处理。机器学习里的聚类就是用来完成对事物进行分组的任务。Cluster 常翻译为簇或簇类,聚类算法是对样本进行分簇(组)的算法。本章将讨论 k-means、DBSCAN、OPTICS、Mean Shift 和 GaussianMixture 聚类算法,其中 GaussianMixture 聚类算法属于概率模型,其他算法属于决策函数模型。

降维(Dimensionality Reduction)是处理维数灾难的一种方法,它将高维空间中的样本点映射到低维空间中,以减少样本的特征数量。通过将高维降到二维或者三维,可以直观地看到样本点在空间中的分布,有助于人们对样本数据的理解并选择适用的机器学习算法。本章将讨论 PCA 降维算法。

聚类和降维是无监督学习的两个重要内容。在无监督学习中,训练样本没有标签,等同于实例,因此,在本章不对样本和实例进行特别区分。

视频讲解

3.1　k 均值聚类算法

k 均值聚类算法(k-means Clustering Algorithm)是一种迭代求解算法。迭代求解算法的讨论见 1.4 节。

聚类算法对样本集按相似性进行分簇,因此,聚类算法能够运行的前提是要有样本集以及能对样本之间的相似性进行比较的方法。

样本的相似性差异称为样本距离,相似性比较称为距离度量。

设样本特征维数为 n,第 i 个样本表示为 $\boldsymbol{x}_i = \{x_i^{(1)}, x_i^{(2)}, \cdots, x_i^{(n)}\}$。因此,样本可以

看成 n 维空间中的点。当 $n=2$ 时,样本可以看成是二维平面上的点。二维平面上两点 $\boldsymbol{x}_i$ 和 $\boldsymbol{x}_j$ 之间的距离常用式(3-1)来计算:

$$L_2(\boldsymbol{x}_i,\boldsymbol{x}_j) = \sqrt[2]{(x_i^{(1)} - x_j^{(1)})^2 + (x_i^{(2)} - x_j^{(2)})^2}$$
$$= \sqrt[2]{\sum_{l=1}^{2}(x_i^{(l)} - x_j^{(l)})^2} \tag{3-1}$$

该距离度量方法称为欧氏距离(Euclidean Distance)。k 均值聚类算法常采用欧氏距离作为样本距离度量准则。

将式(3-1)表示的二维平面上两点间欧氏距离的计算公式推广到 n 维空间中两点 $\boldsymbol{x}_i$ 和 $\boldsymbol{x}_j$ 的欧氏距离计算公式:

$$L_2(\boldsymbol{x}_i,\boldsymbol{x}_j) = \sqrt[2]{\sum_{l=1}^{n}(x_i^{(l)} - x_j^{(l)})^2} \tag{3-2}$$

设样本总数为 m,样本集为 $\boldsymbol{S} = \{\boldsymbol{x}_1,\boldsymbol{x}_2,\cdots,\boldsymbol{x}_m\}$。$k$ 均值聚类算法对样本集分簇的个数是事先指定的,即 k。设分簇后的集合表示为 $\boldsymbol{C} = \{\boldsymbol{C}_1,\boldsymbol{C}_2,\cdots,\boldsymbol{C}_k\}$,其中每个簇都是样本的集合。

k 均值聚类算法的基本思想是让簇内的样本点更"紧密"一些,也就是说,让每个样本点到本簇中心的距离更近一些。该算法常采用该距离的平方之和作为"紧密"程度的度量标准,因此,使每个样本点到本簇中心的距离的平方和尽量小是 k-means 算法的优化目标。

每个样本点到本簇中心的距离的平方和也称为误差平方和(Sum of Squared Error, SSE)。从机器学习算法的实施过程来说,这类优化目标一般统称为损失函数(Loss Function)或代价函数(Cost Function)。

当采用欧氏距离,并以误差平方和 SSE 作为损失函数时,一个簇的簇中心按如下方法计算。

对于第 i 个簇 $\boldsymbol{C}_i$,簇中心 $\boldsymbol{u}_i = (u_i^{(1)},u_i^{(2)},\cdots,u_i^{(n)})$ 为簇 $\boldsymbol{C}_i$ 内所有点的均值,簇中心 $\boldsymbol{u}_i$ 第 j 个特征为:

$$u_i^{(j)} = \frac{1}{|\boldsymbol{C}_i|}\sum_{\boldsymbol{x}\in\boldsymbol{C}_i}x^{(j)} \tag{3-3}$$

其中,$|\boldsymbol{C}_i|$ 表示簇 $\boldsymbol{C}_i$ 中样本的总数。

SSE 的计算方法为:

$$\text{SSE} = \sum_{i=1}^{m}\left[\text{dist}(\boldsymbol{x}_i,\boldsymbol{u}_{C_{(i)}})\right]^2 \tag{3-4}$$

其中,$\text{dist}(\bullet)$ 是距离计算函数,常用欧氏距离 L_2;$\boldsymbol{u}_{C_{(i)}}$ 表示样本 $\boldsymbol{x}_i$ 所在簇的中心。

k 均值聚类算法基本流程如图 3-1 所示。

k 均值聚类算法以计算簇中心并重新分簇为一个周期进行迭代,直到簇稳定(分配结果不再发生变化)为止。下面来看一个对二维平面上的点进行聚类的例子。本书附属资源文件 kmeansSamples.txt 存放了 30 个点的坐标。代码 3-1 查看各点坐标。

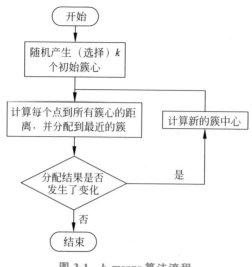

图 3-1　k-means 算法流程

代码 3-1　kmeansSamples.txt 文件中的点坐标(kmeans 算法及示例.ipynb)

```
 1. >>> import numpy as np
 2. >>> samples = np.loadtxt("kmeansSamples.txt")
 3. >>> print(samples)
 4. [[ 8.76474369 14.97536963]
 5.  [ 4.54577845 7.39433243]
 6.  [ 5.66184177 10.45327224]
 7.  [ 6.02005553 18.60759073]
 8.  [12.56729723 5.50656992]
 9.  [ 4.18694228 14.02615036]
10.  [ 5.72670608 8.37561397]
11.  [ 4.09989928 14.44273323]
12. ...
```

第 2 行用 NumPy 库的 loadtxt()函数将 kmeansSamples.txt 文件中的数据加载到列表 samples 中。该函数可以对文本格式的文件(包括 TXT、CSV 等后缀的文件)进行去注释、指定分隔符、选择指定行和列等操作,并将数据加载到指定的列表中。

对以上 30 个点进行 k-means 聚类。第一次迭代先随机产生 3 个簇中心:[[−1.93964824 2.33260803][7.79822795 6.72621783][10.64183154 0.20088133]],然后进行分簇,如图 3-2 所示,图中三角形表示簇中心所在位置,三种不同大小的圆点表示不同的三个簇。第一次迭代后,计算得到 SSE 值为 1674.1944460020268。

第二次迭代计算得到簇中心:[[−1.37291143 3.62583718][6.49809152 12.82443961][5.55255572 −0.06114142]],分簇如图 3-3 所示。可以看到,经过一次迭代之后,分簇更为合理。第二次迭代后,计算得到 SSE 值为 641.6091611948824。

第三次迭代计算得到簇中心:[[−2.0989295 3.9554255][6.25766711 13.77999631][6.07984882 1.54796222]],分簇如图 3-4 所示。第三次迭代后,计算得到 SSE 值为 595.6061857081733。

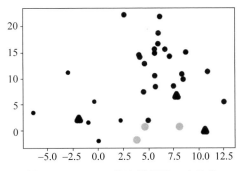

图 3-2 *k*-means 算法举例第 1 次迭代

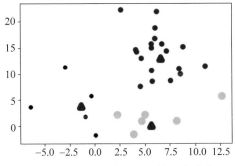

图 3-3 *k*-means 算法举例第 2 次迭代

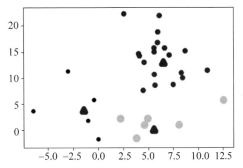

图 3-4 *k*-means 算法举例第 3 次迭代

实现上述算法的代码见代码 3-2。

代码 3-2 *k*-means 示例代码（*k*-means 算法及示例. ipynb）

```
1. def L2(vecXi, vecXj):
2.     '''
3.     计算欧氏距离
4.     para vecXi: 点坐标,向量
5.     para vecXj: 点坐标,向量
6.     retrurn: 两点之间的欧氏距离
7.     '''
8.     return np. sqrt(np. sum(np. power(vecXi - vecXj, 2)))
9.
10. from sklearn. metrics import silhouette_score, davies_bouldin_score
11. def kMeans(S, k, distMeas = L2):
12.     '''
13.     k 均值聚类算法
14.     para S: 样本集,多维数组
15.     para k: 簇个数
16.     para distMeas: 距离度量函数,默认为欧氏距离计算函数
17.     return sampleTag: 一维数组,存储样本对应的簇标记
18.     return clusterCents: 一维数组,各簇中心
19.     retrun SSE:误差平方和
```

```
20.         '''
21.         m = np.shape(S)[0]                    # 样本总数
22.         sampleTag = np.zeros(m)
23.
24.         # 随机产生 k 个初始簇中心
25.         n = np.shape(S)[1]                    # 样本向量的特征数
26.         clusterCents = np.mat([[ - 1.93964824, 2.33260803], [7.79822795, 6.72621783],
                [10.64183154, 0.20088133]])   # 为可重复实验, 注释掉随机产生簇中心的代码, 改为
                                               # 指定三个簇中心
27.         # clusterCents = np.mat(np.zeros((k, n)))
28.         # for j in range(n):
29.         #     minJ = min(S[:, j])
30.         #     rangeJ = float(max(S[:, j]) - minJ)
31.         #     clusterCents[:, j] = np.mat(minJ + rangeJ * np.random.rand(k, 1))
32.
33.         sampleTagChanged = True
34.         SSE = 0.0
35.         while sampleTagChanged:               # 如果没有点的分配结果改变, 则结束
36.             sampleTagChanged = False
37.             SSE = 0.0
38.
39.             # 计算每个样本点到各簇中心的距离
40.             for i in range(m):
41.                 minD = np.inf
42.                 minIndex = - 1
43.                 for j in range(k):
44.                     d = distMeas(clusterCents[j, :], S[i, :])
45.                     if d < minD:
46.                         minD = d
47.                         minIndex = j
48.                 if sampleTag[i] != minIndex:
49.                     sampleTagChanged = True
50.                 sampleTag[i] = minIndex
51.                 SSE += minD ** 2
52.             print(clusterCents)
53.             # 为了演示分簇过程, 在每次迭代中都画出簇心和簇成员
54.     plt.scatter(clusterCents[:, 0].tolist(), clusterCents[:, 1].tolist(), c = 'r', marker = '^',
        linewidths = 7)
55.     plt.scatter(S[:, 0], S[:, 1], c = sampleTag, linewidths = np.power(sampleTag + 0.5, 2))
                                               # 用不同大小的点来表示不同簇的点
56.             plt.show()
57.             print("SSE:" + str(SSE))
58.             print("SC:" + str(silhouette_score(S, sampleTag, metric = 'euclidean')))
                # 聚类算法评价指标(在后文讨论)
59.             print("DBI:" + str(davies_bouldin_score(S, sampleTag)))    # 聚类算法评价指
                # 标(在后文讨论)
60.
61.             print(" ----------------------- ")
```

```
62.
63.        # 重新计算簇中心
64.        for i in range(k):
65.            ClustI = S[np.nonzero(sampleTag[:] == i)[0]]
66.            clusterCents[i,:] = np.mean(ClustI, axis = 0)
67.    return clusterCents, sampleTag, SSE
68.
69. import matplotlib.pyplot as plt
70. samples = np.loadtxt("kmeansSamples.txt")
71. clusterCents, sampleTag, SSE = kMeans(samples, 3)
72. plt.show()
73. print(clusterCents)
74. print(SSE)
75. >>>
76. [[ - 1.93964824  2.33260803]
77.  [ 7.79822795  6.72621783]
78.  [10.64183154  0.20088133]]
```

```
79.
80. SSE:1674.1944460020268
81. SC:0.3633082354377029
82. DBI:0.8056369072268063
83. - - - - - - - - - - - - - - - - - - - - - -
84. [[ - 1.37291143  3.62583718]
85.  [ 6.49809152  12.82443961]
86.  [ 5.55255572  - 0.06114142]]
```

```
87.
88. SSE:641.6091611948824
```

89. SC:0.4332385538550796
90. DBI:0.8403130057712209
91. ------------------------
92. [[− 2.0989295 3.9554255]
93. [6.25766711 13.77999631]
94. [6.07984882 1.54796222]]

95.
96. SSE:595.6061857081733
97. SC:0.41650941198623903
98. DBI:0.8981951114181145
99. ------------------------
100. [[− 2.0989295 3.9554255]
101. [6.35277204 14.13475541]
102. [5.86069591 2.38315796]]

103.
104. SSE:587.9589447573272
105. SC:0.41650941198623903
106. DBI:0.8981951114181145
107. ------------------------
108. [[− 2.0989295 3.9554255]
109. [6.35277204 14.13475541]
110. [5.86069591 2.38315796]]
111. 587.9589447573272

　　经过4个周期的迭代,簇结构不再发生变化,算法结束。最后一个周期产生的簇为最终聚类结果。每个迭代得到的SSE值分别约为：1674,641,595,587。可见随着簇结构的优化,损失函数值一直下降。

在 sklearn 的 cluster 模块中提供了实现 $k\text{-}means$ 算法的 KMeans 类,在 Scikit-Learn 官方网站可直接阅读源代码[①]。KMeans 类及常用方法原型见代码 3-3。

代码 3-3 sklearn 中的 KMeans 类及常用方法

```
1. class sklearn.cluster.KMeans(n_clusters = 8, init = 'k-means++', n_init = 10, max_iter =
   300, tol = 0.0001, precompute_distances = 'auto', verbose = 0, random_state = None, copy_x
   = True, n_jobs = None, algorithm = 'auto')
2.
3. fit(X[, y, sample_weight])              ♯ 分簇训练
4. fit_predict(X[, y, sample_weight])      ♯ 分簇训练并给出每个样本的簇号
5. predict(X[, sample_weight])             ♯ 在训练之后,对输入的样本进行预测
6. transform(X)                            ♯ 计算样本点 X 与各簇中心的距离
```

n_clusters 是指定超参数 k 的值。其他输入参数和返回值,在网站上有详细介绍,建议直接看原版文档,这里仅讨论几个实例化时常用的重要参数。

1) init 参数

在上文 $k\text{-}means$ 算法实现示例中,初始簇中心采用随机产生的办法(代码 3-2 为了实验的可复现,指定了初始簇中心)。采用随机产生初始簇中心的方法,可能会出现运行结果不一致的情况。这是由于最优化计算中的局部最优问题而产生的。

从示例可以看出,在确定了样本集和分簇数后,$k\text{-}means$ 算法的任务就成了使 SSE 最小的优化计算。最优化计算是机器学习中极为重要的基础,各类算法大都可归结为一个最优化问题。最优化问题的基本内容将在后续章节中进行必要的讨论。

在最优化问题中,常常会出现所谓的局部最优解,如图 3-5 所示。局部最优解是在小范围内的最优解。全局最优解是在问题域内的最优解。

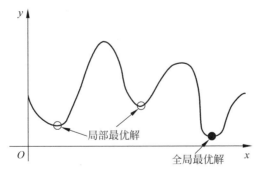

图 3-5 全局最优解和局部最优解

在 $k\text{-}means$ 算法中,如果初始点选取不好,就会陷入局部最优解,而无法得到全局最优解。如果多次运行代码 3-2,可以发现每次的分簇结果和 SSE 值未必相同。这是因为不同的初始簇中心使得算法可能收敛到不同的局部极小值。

---

① https://scikit-learn.org/stable/modules/generated/sklearn.cluster.KMeans.html

不能收敛到全局最小值,是最优化计算中常常遇到的问题。有一类称为凸优化的优化计算,不存在局部最优问题。凸优化是指损失函数为凸函数的最优化计算。凸函数没有局部极小值这样的小"洼地",因此是最理想的损失函数。如果能将优化目标转化为凸函数,就可以解决局部最优问题。有关机器学习中的最优化计算和凸优化的详细讨论,在需要时,读者可以参考原版书[①]中有关内容。

不幸的是,SSE 一般不是凸函数,所以人们采用了许多尽量避免陷入局部极小值的方法。方法之一就是设置初始簇中心。

KMeans 类通过 init 参数提供了三种设置初始簇中心的方法,分别为 k-means++、random 和用户指定。其中 k-means++方法就是一种尽量避免陷入局部极小值的方法。

k-means++通过一个算法来产生初始簇中心,其基本思想是使初始簇中心尽量分散开,从而尽可能使算法取得全局最优解。

random 由算法随机产生簇中心。

用户指定通过一个 ndarray 数组将用户设置好的初始簇中心传入算法。

2)n_init 参数

n_init 参数提供了另一种使算法尽量取得全局最优解的方法,它指定算法重复运行次数。它在不指定初始簇中心时,通过多次重复运行算法,最终选择最好的结果作为输出。

3)max_iter 参数和 tol 参数

max_iter 参数和 tol 参数是迭代的退出条件(见 1.4 节)。max_iter 参数指定一次运行中的最大迭代次数,当达到最大次数时结束迭代。在大规模数据集中,算法往往要耗费大量的时间,可通过指定迭代次数来折衷耗时和效果。tol 参数指定连续两次迭代变化的阈值,如果损失函数的变化小于阈值,则结束迭代。在大规模数据集中,算法往往难以完全收敛,即达到连续两次相同的分簇需要耗费很长时间,因此可以通过指定阈值来折衷耗时和效果。

下面继续讨论有关 k-means 算法在具体应用中的两个问题。

1)超参数 k 值的确定

k-means 算法需要事先指定簇数量 k 值,它是超参数。在很多应用场合,该值是明确的;在另一些应用场合,该值并不能事先确定,使得该算法的应用受到一定限制。

可以对不同的 k 值逐次运行算法,取"最好结果"。要注意的是,这个"最好结果"并非 SSE 的算法指标,而是要根据具体应用来确定。这是因为,当 k 值增大时,一般来说,每个簇内的平均样本数会减少,各簇更加紧密,SSE 值将会减少。当 k 值增加到与样本数量相同时,SSE 将减少为 0,但此时并没有意义。

不考虑应用场景,就算法本身的一些评价指标而言,人们提出了一些通过"拐点"确定 k 值的方法。如图 3-6 所示,横坐标是 k 值,纵坐标为 SSE 值。SSE 值在 k 小于 4 时下降显著;而在大于 4 时,下降缓慢。因此,认为在分簇数为 4 时,簇结构已经相对稳定,于是确定 k 值为 4。

---

① 指《机器学习(Python+sklearn+TensorFlow 2.0)微课视频版》,后同。

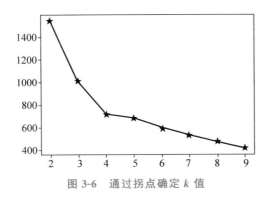

图 3-6 通过拐点确定 k 值

2）特征归一化

k-means 算法对样本不同特征的分布范围非常敏感。例如,在样本的特征数量为 2 时,第 0 个特征的变化范围是 $[0,1]$,第 1 个特征的变化范围是 $[0,1000]$,如果两个特征发生相同比例的变化,那么在计算欧氏距离时,显然第 1 个特征带来的影响要远远大于第 0 个特征带来的影响。如果以厘米(cm)为单位来测量人的身高,以克(g)为单位测量人的体重,每个人表示为一个二维向量。已知小明(160,60000),小王(160,59000),小李(170, 60000)。根据常识可以知道小明和小王体型相似;但是如果根据欧氏距离来判断,小明和小王的"距离"要远远大于小明和小李之间的"距离",即小明和小李体型相似。这是因为不同特征的度量标准之间存在差异而导致判断出错。

为了使不同变化范围的特征能起到相同的影响力,可以对特征进行归一化(Standardize)的预处理,使之变化范围保持一致。常用的归一化处理方法是将取值范围内的值线性缩放到 $[0,1]$ 或 $[-1,1]$。对第 j 个特征 $x^{(j)}$ 来说,如果它的最大值和最小值分别是 $\text{max}x^{(j)}$ 和 $\text{min}x^{(j)}$,则对于某值 $x_i^{(j)}$ 来说,其 $[0,1]$ 归一化结果为:

$$\text{Standard}(x_i^{(j)}) = \frac{x_i^{(j)} - \min x^{(j)}}{\max x^{(j)} - \min x^{(j)}} \tag{3-5}$$

实现式(3-5)的代码并不复杂,推荐直接调用 sklearn. preprocessing. MinMaxScaler 类来实现,示例代码及运行结果见代码 3-4。

代码 3-4 特征归一化示例(Standardize. ipynb)

```
1. from sklearn.preprocessing import MinMaxScaler
2. import numpy as np
3. #对数据进行归一化
4. X = np.array([[ 0., 1000.],
5.               [ 0.5, 1500.],
6.               [ 1., 2000.]])
7. min_max_scaler = MinMaxScaler()
8. X_minmax = min_max_scaler.fit_transform(X)
9. X_minmax
10. >>> array([[0. , 0. ],
11.            [0.5, 0.5],
12.            [1. , 1. ]])
```

```
13. ♯ 将相同的缩放应用到其他数据
14. X_test = np.array([[ 0.8, 1800.]])
15. X_test_minmax = min_max_scaler.transform(X_test)
16. X_test_minmax
17. >>> array([[0.8, 0.8]])
18. ♯ 缩放因子
19. min_max_scaler.scale_
20. >>> array([1. , 0.001])
21. ♯ 最小值
22. min_max_scaler.min_
23. >>> array([ 0., -1.])
```

sklearn 的 preprocessing 模块提供了一些通用的对原始数据进行特征处理的工具。第 7 行实例化该模块的 MinMaxScaler 类创建它的一个对象 min_max_scaler。第 8 行调用它的方法 fit_transform 来实现输入特征数据的归一化。

3.2 聚类算法基础

前文对 k-means 算法的讨论初步介绍了聚类算法,本节进一步介绍聚类的基础知识。

3.2.1 聚类任务

聚类是将样本集划分为若干个子集,每个子集称为"簇",同簇内的样本具有某些相同的特点。具体来讲,聚类任务分为分簇过程和分配过程,如图 3-7 所示。

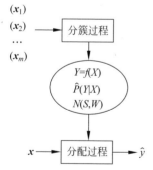

图 3-7 聚类任务的模型

设样本集 $S=\{x_1,x_2,\cdots,x_m\}$ 包含 m 个未标记样本,样本 $x_i=(x_i^{(1)},x_i^{(2)},\cdots,x_i^{(n)})$ 是一个 n 维特征向量。

聚类在分簇过程的任务是建立簇结构,即要将 S 划分为 k(有的聚类算法将 k 作为需事先指定的超参数,有的聚类算法可以自动确定 k 的值)个不相交的簇 $C_1,C_2,\cdots,C_k,C_l\cap C_l'=\varnothing$ 且 $\bigcup_{l=1}^{k}C_l=S$,其中 $1\leqslant l,l'\leqslant k,l\neq l'$。记簇 C_l 的标签为 y_l,簇标签共有 k 个,且互不相同。

记测试样本为 $x=(x^{(1)},x^{(2)},\cdots,x^{(n)})$。聚类在分配阶段的任务是根据簇结构将测试样本 x 分配到一个合适的簇(簇标签为 $\hat{y}$)中。

可以从决策函数、概率和神经网络三类模型来描述分簇过程和分配过程。

在分簇过程,决策函数聚类模型要建立起合适的从样本到簇标签的映射函数 $Y=f(X)$,X 是定义域,它是所有样本特征向量的集合;Y 是值域,它是所有簇标签的集合(在聚类算法里,簇标签没有实际含义,一般只是算法自动产生的簇的编号)。概率聚类模型要建立起正确的条件概率 $\hat{P}(Y|X)$。神经网络聚类模型要利用一定的网络结构 N,生

成能够反映分簇结构的网络参数 W，即得到合适的网络模型 $N(S,W)$。

在分配过程，决策函数聚类模型依据决策函数 $Y=f(X)$ 给予测试样本 x 一个簇标签 $\hat{y}$；概率聚类模型依据条件概率 $\hat{P}(Y|X)$ 计算在给定 x 时取每一个 $\hat{y}$ 的条件概率值，取最大值对应的 $\hat{y}$ 作为输出；神经网络聚类模型将 x 馈入已经训练好的网络 $N(S,W)$，从输出得到标签 $\hat{y}$。

决策函数聚类模型有 k-means、DBSCAN、OPTICS、Mean Shift 等。概率聚类模型有高斯聚类模型等。用于聚类的神经网络有自组织特征映射（Self-Organizing Feature Map,SOFM）网络，因为并不常用，因此本书不对其进行讨论，感兴趣的读者可参考原版书。

聚类不仅可以是单独的任务，也可以对数据进行预处理，作为其他机器学习任务的前驱任务。

3.2.2 聚类算法评价指标

聚类算法的评价有两类指标：外部指标和内部指标。

外部指标是根据参照物给出的指标，这个参照物是预先给出的样本分组，也就是说外部指标是拿分簇算法运行的结果去跟预先确定的分组情况进行比较，目标是衡量分簇结果与预先分组情况的差异。预先知道样本分组的情况很少见，此处不过多讨论外部指标，如有需要可参考原版书的相关内容。

内部指标关注分簇后的内部结构，目标是衡量簇内结构是否紧密、簇间距离是否拉开等。内部指标应用广泛，是用来评估聚类算法是否合适的常用标准。

先讨论三个常见的内部指标。

设样本集为 $S=\{x_1,x_2,\cdots,x_m\}$。若某聚类算法给出的分簇为 $C=\{C_1,C_2,\cdots,C_k\}$，定义：

（1）样本 x_m 与同簇 C_i 其他样本的平均距离：

$$a(x_m)=\frac{\sum\limits_{1\leqslant n\leqslant|C_i|}\mathrm{dist}(x_m,x_n)}{|C_i|-1}, \quad x_m,x_n\in C_i \tag{3-6}$$

该距离也称为 x_m 的簇内平均不相似度（Average Dissimilarity）[2]。

（2）样本 x_m 与不同簇 C_j 内样本的平均距离：

$$d(x_m,C_j)=\frac{\sum\limits_{1\leqslant n\leqslant|C_j|}\mathrm{dist}(x_m,x_n)}{|C_j|}, \quad x_m\notin C_j,x_n\in C_j \tag{3-7}$$

该距离也称为 x_m 与簇 C_j 的平均不相似度。

（3）样本 x_m 与簇的最小平均距离：

$$b(x_m)=\min_{C_j}d(x_m,C_j), \quad x_m\in C_i,C_j\neq C_i \tag{3-8}$$

该距离取 x_m 与所有其他不同簇的平均距离中的最小值。

（4）簇内样本平均距离：

$$\text{avg}(\boldsymbol{C}_i) = \frac{\sum\limits_{1 \leqslant m < n \leqslant |\boldsymbol{C}_i|} \text{dist}(\boldsymbol{x}_m, \boldsymbol{x}_n)}{\binom{|\boldsymbol{C}_i|}{2}}$$

$$= \frac{2}{|\boldsymbol{C}_i|(|\boldsymbol{C}_i|-1)} \sum\limits_{1 \leqslant m < n \leqslant |\boldsymbol{C}_i|} \text{dist}(\boldsymbol{x}_m, \boldsymbol{x}_n) \qquad (3\text{-}9)$$

（5）簇中心距离：

$$d_{\text{cen}}(\boldsymbol{C}_i, \boldsymbol{C}_j) = \text{dist}(\boldsymbol{u}_i, \boldsymbol{u}_j) \qquad (3\text{-}10)$$

其中，$\boldsymbol{u}_i$ 和 $\boldsymbol{u}_j$ 是 $\boldsymbol{C}_i$ 和 $\boldsymbol{C}_j$ 的中心。

基于式(3-6)～式(3-10)的距离，可定义以下两个常用的较容易理解的聚类算法的内部评价指标。

1. 轮廓系数（Silhouette Coefficient，SC）

单一样本 $\boldsymbol{x}_m$ 的轮廓系数为：

$$s(\boldsymbol{x}_m) = \frac{b(\boldsymbol{x}_m) - a(\boldsymbol{x}_m)}{\max\{a(\boldsymbol{x}_m), b(\boldsymbol{x}_m)\}} \qquad (3\text{-}11)$$

一般使用的轮廓系数是对所有样本的轮廓系数取均值。SC 值高表示簇内密集、簇间疏散。该指标在 slkearn. metrics 包中有实现，函数原型为：silhouette_score()。

2. DB 指数（Davies-Bouldin Index，DBI）

$$R_{ij} = \frac{\text{avg}(\boldsymbol{C}_i) + \text{avg}(\boldsymbol{C}_j)}{d_{\text{cen}}(\boldsymbol{C}_i, \boldsymbol{C}_j)} \qquad (3\text{-}12)$$

$$\text{DBI} = \frac{1}{k} \sum_{i=1}^{k} \max_{j \neq i} R_{ij} \qquad (3\text{-}13)$$

式(3-12)的分子是两个簇内样本平均距离之和，分母是两簇的中心距离。该指数越小说明簇内样本点越紧密，簇的间隔越远。该指标在 slkearn. metrics 包中也有实现，函数原型为：davies_bouldin_score()。

在代码 3-2 所示的 k-means 示例中，每次循环除了优化目标 SSE 值，还计算并输出了轮廓系数和DBI，如第 58～59 行代码。从输出可以看到，SC 和 DBI 的值并不都是随着迭代次数的增加而改善。

在 slkearn. metrics 模块中还提供了一个称为 CH 系数的内部评价指标，它是用簇内样本和簇间样本的协方差来评估分簇效果，它的值越高说明簇内样本点越紧密、簇间隔越大，它的函数原型为：sklearn. metrics. calinski_harabasz_score()。

下面的示例（见代码 3-5）用代码 3-2 所用的数据集来讨论内部评价指标 SSE、SC、DBI 和 CH，以及 KMeans 类实例化的 init 参数和 n_init 参数。在示例中，分别通过设置 init 参数为 k-means＋＋和"随机"两种初始簇中心方式，设置 n_init 参数控制重复运行次数,进行多次试验,并以运行时间和 SSE、SC、DBI、CH 指标来分析结论。

代码 3-5　SC、DBI 和 CH 评价指标示例(聚类算法内部评价指标示例.ipynb)

```python
1. import numpy as np
2. from time import time
3. import matplotlib.pyplot as plt
4. from sklearn import metrics
5. from sklearn.cluster import KMeans
6.
7. #np.random.seed(719)                              # 指定随机数种子,确保每次运行可重复观察
8.
9. samples = np.loadtxt("kmeansSamples.txt")   # 加载数据集
10.
11. print(54 * '_')
12. print('init\t\ttime\tinertia\tSC\tDB\tCH')  # 打印表头
13.
14. n_init = 1                                        # 指定 kmeans 算法重复运行的次数
15.
16. estimator = KMeans(init = 'k-means++', n_clusters = 3, n_init = n_init)
                                                      # 以 k-means++ 方式指定初始簇中心
17. t0 = time()                                       # 开始计时
18. estimator.fit(samples)
19. print('% -9s\t%.2fs\t% i\t%.3f\t%.3f\t%.3f'
20.        % ('k-means++', (time() - t0), estimator.inertia_,
21.           metrics.silhouette_score(samples, estimator.labels_, metric = 'euclidean'),
22.           metrics.davies_bouldin_score(samples, estimator.labels_),
23.           metrics.calinski_harabasz_score(samples, estimator.labels_)))
24.
25. estimator = KMeans(init = 'random', n_clusters = 3, n_init = n_init)
                                                      # 以随机方式指定初始簇中心
26. t0 = time()
27. estimator.fit(samples)
28. print('% -9s\t%.2fs\t% i\t%.3f\t%.3f\t%.3f'
29.        % ('random', (time() - t0), estimator.inertia_,
30.           metrics.silhouette_score(samples, estimator.labels_, metric = 'euclidean'),
31.           metrics.davies_bouldin_score(samples, estimator.labels_),
32.           metrics.calinski_harabasz_score(samples, estimator.labels_)))
33.
34. plt.scatter(samples[:,0], samples[:,1], c = estimator.labels_, linewidths = np.power
    (estimator.labels_ + 0.5, 2))                    # 用不同大小的点来表示不同簇的点
35. plt.scatter(estimator.cluster_centers_[:,0], estimator.cluster_centers_[:,1], c = 'r',
    marker = '^', linewidths = 7)                    # 打印簇中心
36. plt.show()
37. >>>
```

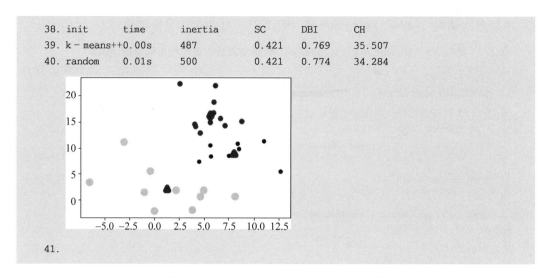

```
38. init        time      inertia      SC       DBI       CH
39. k - means++0.00s      487       0.421     0.769     35.507
40. random     0.01s      500       0.421     0.774     34.284
41.
```

第 20 行和第 29 行中的 estimator. inertia_为 KMeans 计算得到的 SSE 值。

经过多次试验,可以发现,k-means＋＋初始簇中心的方式一般要优于随机方式,各评价指标要好一些,但运行时间一般略长一些。也就是说,k-means＋＋初始簇中心的方式在避免陷入局部极值的问题上有一定作用。

因为数据量较少,如果设置为多次运行,两种初始簇中心的方式一般都能使算法找到最优解。

SC、DBI 和 CH 评价指标是经常讨论的聚类算法内部评价指标,实际上,它们只适合应用于凸簇,而不适合用来衡量非凸簇的聚集程度。

凸集和非凸集的示意如图 3-8 所示。

在欧氏空间中,凸集在直观上就是一个向四周凸起的图形。在一维空间中,凸集是一个点,或者一条连续的非曲线(线段、射线和直线);在二维空间中,就是上凸的图形,如锥形扇面、圆、椭圆、凸多边形等;在三维空间中,凸集可以是一个实心的球体等。总之,凸集就是由向周边凸起的点构成的集合。

簇的成员的集合为凸集的簇,称为凸簇。以图 3-9 所示的非凸簇来简要讨论下 SC 和DBI 的适用性。

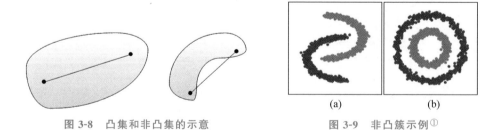

图 3-8　凸集和非凸集的示意　　　　　　图 3-9　非凸簇示例①

---

① 图片来自：https://scikit-learn. org/stable/auto_examples/cluster/plot_cluster_comparison. html

对于图 3-9 所示的非凸簇,同簇内的样本间的距离很大,也就是说,簇内平均不相似度 $a(\boldsymbol{x}_m)$ 可能比 $b(\boldsymbol{x}_m)$ 还大,所以,由式(3-11)定义的 SC 甚至可能取负值。

式(3-12)定义了 DBI,该式的分母为两个簇中心的距离,对图 3-9(b)的两个圆环簇来说,它们的中心可能很近,并不能真实反映簇的间距。

下面讨论一个适合用来对非凸簇进行评价的指标。

实际上,衡量聚类效果的有两个因素,分别是簇内密集程度和簇间隔程度。由于非凸簇的分布特点导致簇内密集程度不再适合用簇内所有样本间的距离来衡量,簇间隔程度也不再适合用簇中心的距离来衡量。

(1)定义众距离 Z 来衡量簇内密集程度。记 MinPts_distance$(\boldsymbol{x}_m)$ 为样本点 $\boldsymbol{x}_m$ 到它的第 MinPts 近邻居样本点的距离,则簇 $\boldsymbol{C}_i$ 的众距离 Z_i 为:

$$Z_i = \frac{\sum \text{MinPts\_distance}(\boldsymbol{x}_m)}{|\boldsymbol{C}_i|}, \quad \boldsymbol{x}_m \in \boldsymbol{C}_i \tag{3-14}$$

MinPts 可以根据样本密集程度取 $1,2,3$ 等值。

(2)定义群距离 Q 来衡量簇的间隔程度。下面给出两种群距离的定义。

① 两个簇的群距离 Q 是它们的样本点之间的距离的最小值:

$$Q(\boldsymbol{C}_i, \boldsymbol{C}_j) = \min_{\boldsymbol{x}_m \in \boldsymbol{C}_i, \boldsymbol{x}_n \in \boldsymbol{C}_j, \boldsymbol{C}_i \neq \boldsymbol{C}_j} d(\boldsymbol{x}_m, \boldsymbol{x}_n) \tag{3-15}$$

② 也可以用点到簇的距离来定义群距离,记样本 $\boldsymbol{x}_m$ 到不同簇 $\boldsymbol{C}_j$ 的距离为:

$$q(\boldsymbol{x}_m, \boldsymbol{C}_j) = \min_{\boldsymbol{x}_n \in \boldsymbol{C}_j} d(\boldsymbol{x}_m, \boldsymbol{x}_n), \quad \boldsymbol{x}_m \in \boldsymbol{C}_i, \boldsymbol{C}_j \neq \boldsymbol{C}_i \tag{3-16}$$

即样本点到不同簇内点的最小值。簇 $\boldsymbol{C}_i$ 到 $\boldsymbol{C}_j$ 的群距离 $Q(\boldsymbol{C}_i, \boldsymbol{C}_j)$ 为它们的均值:

$$Q(\boldsymbol{C}_i, \boldsymbol{C}_j) = \frac{1}{|\boldsymbol{C}_i|} \sum_{\boldsymbol{x}_m \in \boldsymbol{C}_i} q(\boldsymbol{x}_m, \boldsymbol{C}_j) \tag{3-17}$$

要注意的是,在此定义下,簇之间的群距离并不都是对称的,即 $Q(\boldsymbol{C}_i, \boldsymbol{C}_j) \neq Q(\boldsymbol{C}_j, \boldsymbol{C}_i)$。

把所有簇的众距离的均值除以所有簇间群距离的均值的结果作为评价聚类效果的指标,称为 ZQ 系数:

$$\text{ZQ} = \frac{\dfrac{1}{k}\displaystyle\sum_{i=1}^{k} Z_i}{\dfrac{1}{k(k-1)}\displaystyle\sum_{i \neq j} Q(\boldsymbol{C}_i, \boldsymbol{C}_j)} \tag{3-18}$$

ZQ 系数小,表示簇内密集、簇间疏散。

实现 ZQ 系数的代码见代码 3-6,其中,MinPts 取值 1,群距离采用式(3-15)的定义。代码中的向量平方、开方、求和、求最小值、求均值等计算采用 NumPy 模块中的 square、sqrt、sum、min、mean 等函数来完成。第 32 行和第 39 行的 np.inf 表示无穷大值。

代码 3-6 ZQ 系数(zqscore.py)

```
1. import numpy as np
2.
3. def ZQ_score(X, labels):
4.     '''
5.     计算 ZQ 系数。
```

```
6.        para X: 数组形式的样本点集,每一行是一个样本点。
7.        para labels: 数组形式的测试标签集。
8.        retrurn: ZQ 系数。
9.        '''
10.       n_samples = len(X)                    # 标本总数
11.       label = list(set(labels))             # 标签列表
12.       n_labels = len(label)                 # 标签数
13.
14.       # 把样本及标签分簇存放
15.       X_i = []
16.       y_i = []
17.       for i in label:
18.           X_i.append([])
19.           y_i.append([])
20.
21.       for i in range(n_samples):
22.           j = label.index(labels[i])        # 该样本在 label 标签列表中的下标
23.           X_i[j].append(X[i])
24.           y_i[j].append(labels[i])
25.
26.       # 计算簇内众 Z 距离
27.       Z_dist = np.zeros(shape = (n_labels)) # 存放每个簇的 Z 距离
28.       for i in range(n_labels):
29.           n_cluster = len(X_i[i])
30.           sample_z_dist = []                # 用来记录簇内每个样本的最近邻距离
31.           for j in range(n_cluster):
32.               min_dist = np.inf
33.               for k in range(n_cluster):
34.                   if j == k:
35.                       continue
36.                   dist = np.sqrt(np.sum(np.square(X_i[i][j] - X_i[i][k]))) # 两个
                        # 样本间的欧氏距离
37.                   if dist < min_dist:
38.                       min_dist = dist
39.               if min_dist == np.inf:
40.                   sample_z_dist.append(0)    # 簇内只有一个元素时
41.               else:
42.                   sample_z_dist.append(min_dist)
43.           Z_dist[i] = np.mean(sample_z_dist)
44.
45.       # 计算簇间群 Q 距离
46.       Q_dist = np.zeros(shape = (n_labels, n_labels)) # 二维数组,用来存放簇之间的
    Q 距离
47.       for i in range(n_labels):
48.           for j in range(n_labels):
49.               if i == j:
50.                   continue
51.               i2j_min_dist = []             # 用来记录第 i 个簇内样本点到第 j 个簇的最小距离
52.               for sample1 in X_i[i]:
```

```
53.            min_dist = np.inf
54.            for sample2 in X_i[j]:
55.                dist = np.sqrt(np.sum(np.square(sample1 - sample2)))   # 两个
    # 样本间的欧氏距离
56.                if dist < min_dist:
57.                    min_dist = dist
58.            if min_dist < np.inf:
59.                i2j_min_dist.append(min_dist)
60.            Q_dist[i,j] = np.min(i2j_min_dist)   # 群距离是样本点之间距离的最小值
61.            # Q_dist[i,j] = np.min(i2j_min_dist)   # 群距离用点到簇的距离来定义
62.
63.    return np.mean(Z_dist) / ( np.sum(Q_dist) / ( n_labels * (n_labels -1) ) )
```

下面示例 ZQ 系数的应用，见代码 3-7。

代码 3-7　ZQ 评价指标示例（聚类算法内部评价指标示例.ipynb）

```
1. from zqscore import ZQ_score
2. from sklearn.datasets import make_circles
3. noisy_circles = make_circles(n_samples = 1000, factor = .5, noise = .05, random_state =
   15)   # 生成圆环型的实验数据
4. X = noisy_circles[0]
5. plt.axes(aspect = 'equal')
6. plt.scatter(X[:, 0], X[:, 1], marker = 'o', c = noisy_circles[1])
7. plt.show()
8. print("SC:\t" + str(metrics.silhouette_score(X, noisy_circles[1], metric = 'euclidean')))
9. print("DBI:\t" + str(metrics.davies_bouldin_score(X, noisy_circles[1])))
10. print("CH:\t" + str(metrics.calinski_harabasz_score(X, noisy_circles[1])))
11. print("ZQ:\t" + str(ZQ_score(X, noisy_circles[1])))
```

```
12. >>>
13. >>> SC:0.1132345379746796
14. >>> DBI:300.6033581127579
15. >>> CH:0.009910351299218752
16. >>> ZQ:0.09342900522589306
17.
18. clus = KMeans(n_clusters = 2, random_state = 0).fit(X)
19. plt.axes(aspect = 'equal')
```

```
20. plt.scatter(X[:, 0], X[:, 1], marker = 'o', c = clus.labels_)
21. plt.show()
22. print("SC:\t" + str(metrics.silhouette_score(X, clus.labels_, metric = 'euclidean')))
23. print("DBI:\t" + str(metrics.davies_bouldin_score(X, clus.labels_)))
24. print("CH:\t" + str(metrics.calinski_harabasz_score(X, clus.labels_)))
25. print("ZQ:\t" + str(ZQ_score(X, clus.labels_)))
```

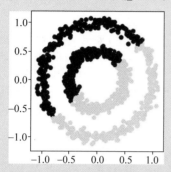

```
26. >>>
27. >>> SC:0.35418150800364173
28. >>> DBI:1.1828798822247686
29. >>> CH:576.2343653533658
30. >>> ZQ:1.1687170232174913
```

第 1 行从同目录下的 zqscore.py 文件中引入计算 ZQ 系数的 ZQ_score 函数。第 3 行产生二维平面上的圆环型的实验数据。sklearn 扩展库的 datasets 模块提供了很多加载既有实验数据和产生新实验数据的函数[①]。make_circles()函数产生的实验数据包括样本点以及它们的簇标签(图形如第 12 行的输出所示)。

该示例先用实验数据及其原始簇标签来计算 SC、DBI、CH 和 ZQ 四个指标(第 13 行到第 16 行),然后用 k-means 算法对它们进行簇数为 2 的聚类(第 18 行),用得到的结果(图形如第 26 行输出所示)来计算上述四个指标(第 27 行到第 30 行),最后进行对比分析。

一般认为,将整个圆环上的样本点作为一个簇,比从半环处切开成簇更加合理,ZQ 系数较好地反映了这一观点,而其他三个指标的评价结果与此相反。

对聚类算法的评价需要综合考量,涉及因素比较多,尤其是在数据量大、特征维数多的情况下,不能仅依靠单一指标就给出结论。

聚类算法评价指标还有助于探索样本数据在空间中的分布,帮助选择合适的聚类算法。

3.3 PCA 降维算法

视频讲解

为了方便演示,本书中示例的数据量一般都非常小。实际生产中的数据量往往非常大,有的样本的特征数量甚至达到了上万维,可能带来维数灾难(Curse of Dimensionality)问

---

① https://scikit-learn.org/stable/datasets.html

题。维数灾难是指在涉及向量计算的问题中,当维数增加时,空间的体积增长得很快,使得可用的数据在空间中的分布变得稀疏,向量的计算量呈指数增长的一种现象。维数灾难涉及数值分析、抽样、组合、机器学习、数据挖掘和数据库等诸多领域。

降维不仅可以减少样本的特征数量,还可以用来解决特征冗余(不同特征有高度相关性)等其他数据预处理问题。可视化并探索高维数据集也是它的一个重要应用,这对于后文将要讨论的不同聚类算法的适用性问题十分重要。

降维算法是专门用于降维的算法,可以分为线性和非线性的。线性的降维算法是基于线性变换来降维,主要有奇异值分解(Singular Value Decomposition,SVD)、主成分分析(Principal Components Analysis,PCA)等算法。主成分分析是最常用的降维算法,本节先简要讨论它的含义,然后示例它的应用。对原理感兴趣的读者,可参考原版书。

顾名思义,主成分分析是指找出主要成分来代替原有数据。用二维平面上的例子来简要说明其过程,如图 3-10 所示。在二维平面上有 x_1,x_2,x_3,x_4 四个点,坐标分别是 $(4,2)$、$(0,2)$、$(-2,0)$ 和 $(-2,-4)$,它们满足中心化要求,即 $\sum_{i=1}^{4} x_i = 0$。对于不满足中心化要求的点,可通过减所有点的均值来满足该要求。

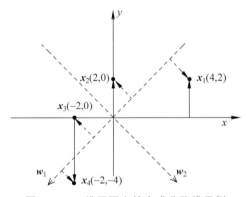

图 3-10 二维平面上的主成分降维示例

现在要将这四个点从二维降为一维,怎么降呢?一个很自然的想法是直接去掉每个点的一个坐标。比如,去掉 y 轴上的坐标,只保留 x 轴上的坐标。这实际上是用各点在 x 轴上的投影来代替原来的点,带来的误差为它们在 y 轴上的投影向量,如图中从 x 轴指向各点的带箭头实线所示,其中 x_3 点在 x 轴上,因此没有误差向量。

降维必定会带来误差,如何使总体误差最小是降维算法追求的目标。用所有误差向量的模的平方之和作为损失函数来衡量降维带来的误差(类似于误差平方和损失函数 SSE)。

试着同步旋转 x 和 y 轴,使得去掉 y 轴上的坐标带来的损失函数最小。比如 x 和 y 坐标轴保持正交旋转到图中的 w_1 和 w_2 坐标轴,降维的结果是只保留各点在 w_1 上的投影,放弃在 w_2 上的投影,所带来的误差向量如图中带箭头的虚线所示。

此例从二维降到一维,即用点到线的投影来代替平面上的点。如果在三维立体空间中,可将空间中的点投影到一个平面上或者一条线上。进一步推广,可以将多维空间中的点投影到一个低维的超平面上。

在 sklearn 扩展库的 decomposition 模块实现了 PCA 算法。先用它来印证上述分析过程,见代码 3-8。

代码 3-8　二维平面上的主成分降维示例(二维平面上的主成分降维示例.ipynb)

```
1. x = [[4,2], [0,2], [-2,0], [-2,-4]]              # 平面上四个点的坐标
2.
3. from sklearn.decomposition import PCA
4.
5. pca = PCA(n_components = 2)                       # 只旋转,不降维
6. pca.fit(x)
7. print("新的轴向量: ")
8. print(pca.components_)
9. print("各维度投影方差占比分布: ")
10. print(pca.explained_variance_ratio_)
11. print("各点在新轴上的投影: ")
12. print(pca.transform(x))
13. >>>
14. 新的轴向量:
15. [[-0.70710678 -0.70710678]
16. [ 0.70710678 -0.70710678]]
17. 各维度投影方差占比分布:
18. [0.83333333 0.16666667]
19. 各点在新轴上的投影:
20. [[-4.24264069 1.41421356]
21. [-1.41421356 -1.41421356]
22. [ 1.41421356 -1.41421356]
23. [ 4.24264069 1.41421356]]
24.
25. pca = PCA(n_components = 1)                       # 降到一维
26. pca.fit(x)
27. print("新的轴向量: ")
28. print(pca.components_)
29. print("各维度投影方差占比分布: ")
30. print(pca.explained_variance_ratio_)
31. print("各点在新轴上的投影: ")
32. print(pca.transform(x))
33. >>>
34. 新的轴向量:
35. [[-0.70710678 -0.70710678]]
36. 各维度投影方差占比分布:
37. [0.83333333]
38. 各点在新轴上的投影:
39. [[-4.24264069]
40. [-1.41421356]
41. [ 1.41421356]
42. [ 4.24264069]]
```

第 5 行实例化 PCA 类,当把参数 n_components 设为与原特征数相同时,它只旋转,

不降维。

第 6 行用四个点的坐标来训练算法。

第 8 行通过属性 components_输出旋转后的轴向量,如第 15、16 行所示,第一个轴向量可以写成分数形式 $\left(-\dfrac{1}{\sqrt{2}},-\dfrac{1}{\sqrt{2}}\right)$,可见它的方向与 x,y 轴夹角为 45 度。

第 12 行用 transform 方法对四个点计算新的投影,如第 20 行到第 23 行所示。读者可以用几何知识验证一下。

第 10 行通过属性 explained_variance_ratio_观察各维度投影方差的占比分布,可以理解为各维度的成分比例,它是按从大到小的排列输出,属性 components_输出的新轴向量排列顺序要与它对应。输出如第 18 行所示。

第 25 行将参数 n_components 设为 1,即降到一维。对比第 14 行的输出和第 34 行的输出,可以看到,它将第二个轴上的新投影直接丢弃了,保留了主要成分。

下面来看一个可视化降维高维特征的示例。为了方便对比观察,不采用过高维的数据,而只用三维的数据示例,具体流程是先生成三维空间中分布的点,然后降到二维,观察并分析其过程。

在三维空间中生成四个簇,并查看它们的分布,见代码 3-9。

代码 3-9 在三维空间中产生簇(高维数据可视化降维示例.ipynb)

```
1.  import numpy as np
2.  import matplotlib.pyplot as plt
3.  from mpl_toolkits.mplot3d import Axes3D
4.  from sklearn.datasets import make_blobs
5.
6.  # 在三维空间中产生四个簇,共 1000 个样本
7.  X, _ = make_blobs(n_samples = 10000, n_features = 3, centers = [[0,0,0], [1,1,0.5], [3,
    3,3], [2,5,10]], cluster_std = [0.3, 0.1, 0.7, 0.5])
8.  fig = plt.figure()
9.  ax = Axes3D(fig)
10. plt.scatter(X[:, 0], X[:, 1], X[:, 2], marker = '+')
```

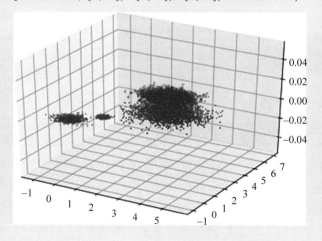

```
11. >>>
12. # 看一下它们在三个面上的投影
13. plt.scatter(X[:, 0], X[:, 1], marker = ' + ')
14. plt.show()
```

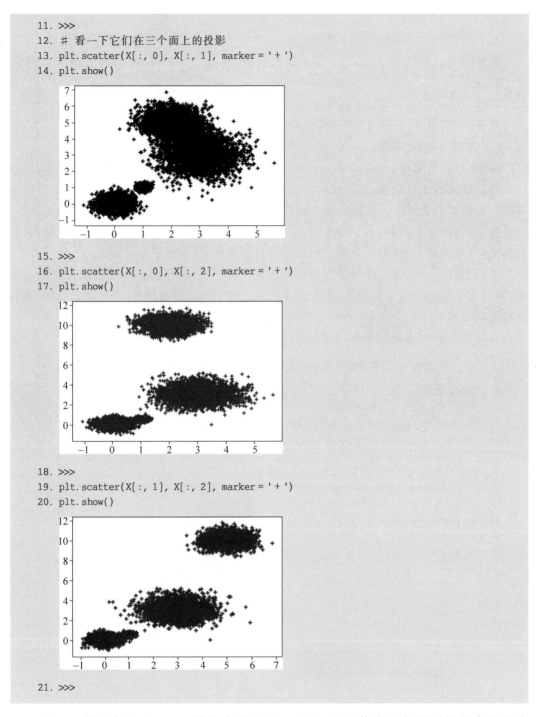

```
15. >>>
16. plt.scatter(X[:, 0], X[:, 2], marker = ' + ')
17. plt.show()
```

```
18. >>>
19. plt.scatter(X[:, 1], X[:, 2], marker = ' + ')
20. plt.show()
```

```
21. >>>
```

sklearn 扩展库的 datasets 模块中的 Make_blobs()函数产生各向同性的高斯分布(即常说的正态分布)的样本数据。本例中,用它在三维空间中以指定标准差在指定的中心产生了四个簇,如第 7 行所示。第 8 行到第 10 行画出三维的分布图。然后分别看一下它们在三个面上的投影,可见每个面上的投影都有两个簇重叠的情况,不好区分。

用 PCA 对它们进行降维,共进行了三次,见代码 3-10。第一次降到一个二维的平面上,可见可以较好地分开为四个簇。第二次和第三次通过指定 n_components 为一个小数来要求降维后保留的主成分占比。第二次要求保留 90%(第 11 行),此时,降到一维就可以达到要求了。第三次要求保留 99%(第 18 行),此时,不能降低维数,否则就达不到该要求。

代码 3-10　PCA 降维三维空间中的点(高维数据可视化降维示例. ipynb)

```
 1. pca = PCA(n_components = 2)
 2. pca.fit(X)
 3. print(pca.explained_variance_ratio_)
 4. >>> [0.92755398 0.06230942]
 5. X_new = pca.transform(X)
 6. plt.scatter(X_new[:, 0], X_new[:, 1],marker = '+')
 7. plt.show()
 8. >>>
```

```
 9.
10.
11. pca = PCA(n_components = 0.9)          # 指定保留的主成分占比
12. pca.fit(X)
13. print(pca.explained_variance_ratio_)
14. print("降维后的特征数: " + str(pca.n_components_))
15. >>> [0.92755398]
16. 降维后的特征数: 1
17.
18. pca = PCA(n_components = 0.99)         # 指定保留的主成分占比
19. pca.fit(X)
20. print(pca.explained_variance_ratio_)
21. print("降维后的特征数: " + str(pca.n_components_))
22. >>> [0.92755398 0.06230942 0.0101366 ]
23. 降维后的特征数: 3
```

该示例中,通过保留主要成分,将数据降至二维,可以直观地观察到数据的分布情况。在进行聚类和分类时,如果能提前观察到样本在空间的大概分布,就更容易选择合适的算法。

3.4　划分聚类、密度聚类和模型聚类算法

前文讨论了k-means算法的分簇思路,人们从不同的角度提出了更多的聚类算法。聚类算法可以分为不同的类别,各有不同的应用场合和优势。本节讨论划分聚类、密度聚类和模型聚类。

划分聚类、密度聚类和模型聚类是比较有代表性的三种聚类思路。

1. 划分聚类

划分(Partitioning)聚类是基于距离的,它的基本思想是使簇内的点距离尽量近、簇间的点距离尽量远。k-means算法就属于划分聚类。划分聚类适合如图3-8所示的凸样本点集合的分簇。

2. 密度聚类

密度(Density)聚类是基于密度进行分簇。这里的密度是指某样本点给定邻域内的其他样本点的数量。密度聚类的思想是当邻域的密度达到指定阈值时,就将邻域内的样本点合并到本簇内,如果本簇内所有样本点的邻域密度都达不到指定阈值,则本簇划分完毕,进行下一个簇的划分。密度聚类对图3-9所示的非凸簇很有效,像k-means等基于距离划分聚类的方法则难以正确划分此类簇(如代码3-7所示的示例)。密度聚类还可以用来对离群点进行检测。

密度聚类的经典算法有DBSCAN(Density-Based Spatial Clustering of Applications with Noise)和OPTICS(Ordering Points to Identify the Clustering Structure)。

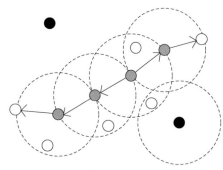

图3-11　DBSCAN算法中的核心点、边界点和噪声点示例

1) DBSCAN算法

DBSCAN算法将所有样本点分为核心点、边界点和噪声点,分别如图3-11中灰色点、白色点和黑色点所示。

核心点是这样的点:在指定大小的邻域内有不少于指定数量的点。指定大小的邻域,一般用邻域半径eps来确定。指定数量用min_samples来表示。图3-11中,用相同半径eps的圆来表示领域,将min_samples确定为4,那么图中4个灰色的点为核心点。边界点是处于核心点的邻域内的非核心点,如图中的白色点所示。噪声点是邻域内没有核心点的点,如图中黑色的点。

DBSCAN算法需要预先指定eps和min_samples两个参数,即超参数。该算法寻找一个簇的过程是先对样本点按顺序排查,如果能找到一个核心点,就从该核心点出发,找出所有直接和间接与之相邻的核心点,以及这些核心点的所有边界点,这些核心点和边界点就形成一个簇。接着,从剩下的点中再找另一个簇,直到没有核心点为止。余下的点为

噪声点。

　　sklearn 的 cluster 模块实现了该算法,类原型见代码 3-11。应用该算法时,一般要指定 eps 和 min_samples 两个参数(默认为 0.5 和 5)。

代码 3-11　sklearn 中的 DBSCAN 类

```
1. class sklearn.cluster.DBSCAN(eps = 0.5, min_samples = 5, metric = 'euclidean', metric_
   params = None, algorithm = 'auto', leaf_size = 30, p = None, n_jobs = None)
2.
3. fit(X[, y, sample_weight])
4. fit_predict(X[, y, sample_weight])
5. get_params([deep])
6. set_params( ** params)
```

　　metric 为距离度量方法,默认为欧氏距离。fit()方法用来完成分簇。其应用方法可参考 sklearn 的 Demo[①]。

　　代码 3-12 示例了用 DBSCAN 对本书附属资源的文件 kmeansSamples.txt 中 30 个点的聚类。

代码 3-12　DBSCAN 应用示例(DBSCAN.ipynb)

```
1. from sklearn.cluster import DBSCAN
2. import numpy as np
3. samples = np.loadtxt("kmeansSamples.txt")
4. clustering = DBSCAN(eps = 5, min_samples = 5).fit(samples)
5. clustering.labels_
6. >>> array([ 0, 0, 0, 0, -1, 0, 0, 0, 1, 1, 1, 1, 0, 0, 0, 0, -1, 1, 1, 0, 0, 1, 0, 0, 0, 0,
   0, 1, -1, 0], dtype = int64)
7. import matplotlib.pyplot as plt
8. plt.scatter(samples[:,0], samples[:,1], c = clustering.labels_ + 1.5, linewidths = np.
   power(clustering.labels_ + 1.5, 2))
9. plt.show()
10. >>>
```

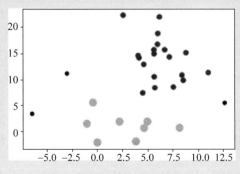

```
11.
```

---

①　https://scikit-learn.org/stable/auto_examples/cluster/plot_dbscan.html#sphx-glr-auto-examples-cluster-plot-dbscan-py

第6行是各样本点的标签值,-1表示噪声标签。

DBSCAN算法善于发现任意形状的稠密分布数据集,但它的结果对邻域参数eps和min_samples敏感。不像k-means算法只需要调整一个参数,DBSCAN算法需要对两个参数进行联合调参,复杂度要高得多。

参数eps和min_samples分别取(2,2)、(5,4)、(6,3)时示例的聚类结果如图3-12所示。不同大小的圆点代表不同的簇。最小的点代表噪声点。

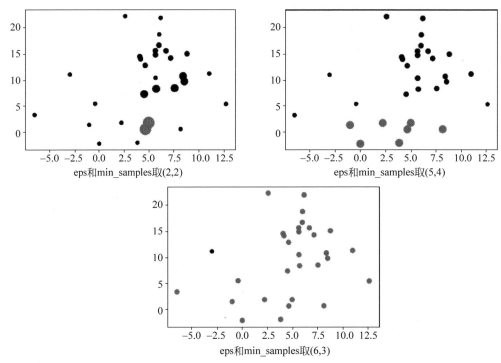

图3-12 DBSCAN算法示例取不同参数值时的对比图(见彩插)

在固定参数eps时,参数min_samples过大会导致核心点过少,使得一些小簇被放弃,噪声点增多;而参数min_samples过小会导致某些噪声进入簇中。在固定参数min_samples时,参数eps过大会将噪声点纳入簇中;过小会使核心点减少,噪声点增多。

在实际应用中,如果能确定聚类的具体评价指标,如簇数、噪声点数限制和SC、DBI、CH和ZQ等,则可以对参数eps和min_samples的合理取值依次运行DBSCAN算法,取最好的评价结果。如果数据量特别大,则可以将参数空间划分为若干网格,每个网格取一个代表值进行聚类。这种超参数调优方法称为网格调参,sklearn对此方法提供了支持,有关内容将在7.2节中讨论。

2) OPTICS算法

OPTICS算法的基本思想是在DBSCAN算法的基础上,将每个点离最近的核心点密集区的可达距离都计算出来,然后根据预先指定的距离阈值把每个点分到与密集区对应的簇中,可达距离超过阈值的点是噪声点。点到核心点密集区的可达距离是它到该区内所有核心点的距离的最小值。

图 3-11 中,4 个灰色的核心点组成一个核心点密集区。显然,这 4 个核心点到该核心点密集区的可达距离为 0。OPTICS 算法要计算所有点到每一个核心点密集区的可达距离,并记录最小的那个可达距离。

可达距离值示例如图 3-13 所示。可以看到,可达距离形成两个凹陷,分别对应两个簇。如果以图中的虚线距离作为距离阈值来划分,则虚线以上的点为噪声点,它们离密集区过远,而虚线以下的点聚集在两个区域,分别对应两个簇。

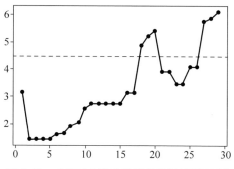

图 3-13 OPTICS 算法计算的可达距离示例

引入可达距离可以直观地看到样本点的聚集情况。OPTICS 算法巧妙地解决了确定 eps 参数值的问题。

sklearn 增加了对 OPTICS 算法的支持,同样位于 cluster 包中,见代码 3-13。

代码 3-13 sklearn 中的 OPTICS 类

```
1. class sklearn.cluster.OPTICS(min_samples = 5, max_eps = inf, metric = 'minkowski', p = 2,
   metric_params = None, cluster_method = 'xi', eps = None, xi = 0.05, predecessor_correction
   = True, min_cluster_size = None, algorithm = 'auto', leaf_size = 30, n_jobs = None)
2.
3. fit(X, y = None)
4. fit_predict(X, y = None)
5. get_params(deep = True)
6. set_params( ** params)
```

其中,max_eps 参数为邻域半径,min_samples 参数为核心点最小邻域点数,eps 参数为分簇的距离阈值(图 3-13 中的虚线代表的距离)。应用该算法时,一般将邻域半径 max_eps 参数默认为无穷大值,这样可以将所有点都包含在计算范围内。

对文件 kmeansSamples.txt 中 30 个点用 OPTICS 算法进行聚类分析,见代码 3-14。

代码 3-14 OPTICS 算法应用示例(OPTICS.ipynb)

```
1. from sklearn.cluster import OPTICS, cluster_optics_dbscan
2. import matplotlib.pyplot as plt
3. import numpy as np
4. samples = np.loadtxt("kmeansSamples.txt")
```

```
5.  clust = OPTICS(max_eps = np.inf, min_samples = 5, cluster_method = 'dbscan', eps = 4)
6.  clust.fit(samples)
7.  clust.ordering_
8.  >>> array([ 0, 13, 14, 15, 20, 29, 7, 5, 23, 3, 2, 6, 12, 22, 24, 25, 1, 26, 19, 21, 17, 8,
     9, 10, 18, 11, 27, 28, 4, 16])
9.  reachability = clust.reachability_[clust.ordering_]
10. Reachability
11. >>> array([ inf, 3.17458968, 1.42768959, 1.42768959, 1.42768959,
12.        1.42768959, 1.59655377, 1.65018931, 1.89652558, 2.03045666,
13.        2.54510242, 2.72758242, 2.72758242, 2.72758242, 2.72758242,
14.        2.72758242, 3.11074555, 3.14659536, 4.86176447, 5.2144061 ,
15.        5.42638897, 3.90666353, 3.90666353, 3.45290884, 3.45290884,
16.        4.06306139, 4.06306139, 5.75576757, 5.86039336, 6.09507337])
17. labels = clust.labels_[clust.ordering_]
18. labels
19. >>> array([ 0, 0, 0, 0, 0, 0, 0, 0, 0, 0, 0, 0, 0, 0, 0, 0, 0, 0, − 1, − 1, 1, 1, 1, 1, 1,
     − 1, − 1, − 1, − 1, − 1])
20. plt.plot(list(range(1, 31)), reachability, marker = '.', markeredgewidth = 3, linestyle = '−')
21. plt.show()
```

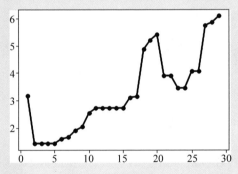

```
22. >>>
23. clust.labels_
24. >>> array([ 0, 0, 0, 0, − 1, 0, 0, 0, 1, 1, 1, 1, 0, 0, 0, 0, − 1, 1, 1, − 1, 0, − 1, 0, 0,
     0, 0, 0, 1, − 1, 0])
25. plt.scatter(samples[:, 0], samples[:, 1], c = clust.labels_ + 1.5, linewidths = np.power
    (clust.labels_ + 1.5, 2))
26. plt.show()
```

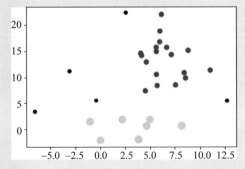

```
27. >>>
```

第 5 行配置了初始参数,读者可以设置其他值来看看聚类的效果。第 7 行输出的是按先后次序排列的结果队列。第 10 行输出的是结果队列中各点的可达距离。第 18 行输出的是按可达距离进行分簇的结果,可见分为 0、1 两个簇,－1 表示噪声点。第 23 行输出的是按原始顺序排列的各点的簇号。最后第 27 行是用图显示的最终分簇结果。

3. 模型聚类

模型(Model)聚类假定每个簇符合一个分布模型,找到这个分布模型,就可以对样本点进行分簇。

在机器学习领域,这种先假定模型符合某种概率分布(或决策函数),然后在学习过程中学习到概率分布参数(或决策函数参数)的最优值的模型,称为参数学习模型。而前文讨论的 k-means、DBSCAN 等模型,不需要在学习之前假定分布(或决策函数)的模型,称为非参数学习模型。

模型聚类主要包括概率模型和神经网络模型两大类,前者以高斯混合模型(Gaussian Mixture Models,GMM)为代表,后者以自组织映射网络(Self Organizing Map,SOM)为代表。下面简要讨论高斯混合模型的基本思想。

用多个简单的模型来拟合一个复杂的模型是常用的机器学习方法。高斯混合模型采用多个分布的混合来拟合不能用单一分布来描述的样本集。

记随机变量 X 服从含有未知变量 $\tau = (\mu, \sigma^2)$ 的高斯分布,其概率密度为:

$$f(x \mid \tau) = \frac{1}{\sqrt{2\pi}\sigma} e^{-\frac{(x-\mu)^2}{2\sigma^2}} \tag{3-19}$$

高斯混合模型 $P(x \mid \boldsymbol{\theta})$ 是多个高斯分布混合的模型:

$$P(x \mid \boldsymbol{\theta}) = \sum_{i=1}^{K} \alpha_i f(x \mid \tau_i) \tag{3-20}$$

其中,K 是混合的高斯分布的总数;τ_i 是第 i 个高斯分布的未知变量,记 $\boldsymbol{\tau} = (\tau_1, \tau_2, \cdots, \tau_K)$;$\alpha_i$ 是第 i 个高斯分布的混合系数,$\alpha_i > 0$;$\sum \alpha_i = 1$,α_i 可看作概率值,记 $\boldsymbol{\alpha} = (\alpha_1, \alpha_2, \cdots, \alpha_K)$。记 $\boldsymbol{\theta} = (\boldsymbol{\alpha}, \boldsymbol{\tau})$。

用于聚类任务时,高斯混合模型认为样本是由 $P(x \mid \boldsymbol{\theta})$ 产生的,产生的过程是先按概率 $\boldsymbol{\alpha}$ 选择一个高斯分布 $f(x \mid \tau_j)$,再由该高斯分布生成样本。由同一高斯分布产生的样本属于同一簇,即高斯混合模型中的高斯分布与聚类的簇一一对应。在分簇过程(图 3-7 所示)中,算法的任务是从训练集中学习到模型参数 $\boldsymbol{\theta} = (\boldsymbol{\alpha}, \boldsymbol{\tau})$。在分配过程,模型计算测试样本由每个高斯分布产生的概率,取最大概率对应的高斯分布的簇作为分配的簇。

一般采用 EM(Expectation-Maximization,期望最大化)算法来学习模型,需要深入研究 EM 算法的读者可以参考原版书。

Sklearn. mixture. GaussianMixture 类实现了高斯混合模型,其原型见代码 3-15。

代码 3-15   sklearn 中的 GaussianMixture 类

```
1. class sklearn.mixture.GaussianMixture(n_components = 1, * , covariance_type = 'full', tol = 
   0.001, reg_covar = 1e-06, max_iter = 100, n_init = 1, init_params = 'kmeans', weights_init 
   = None, means_init = None, precisions_init = None, random_state = None, warm_start = 
   False, verbose = 0, verbose_interval = 10)[source]
2. 
3. fit(X[, y])
4. predict(X)
```

n_components 参数是分簇的个数,即高斯分布的个数,是超参数。

下面用该实现来验证高斯混合聚类的实现过程,先用 datasets 模块中的 make_blobs 在平面上生成两个高斯分布的簇,再用 mixture 模块中的 GaussianMixture 去学习,见代码 3-16。

代码 3-16   高斯混合聚类验证(GaussianMixture.ipynb)

```
 1. # 以(0,0)和(10,10)为中心,以 1.2 和 1.8 为标准差,分别生成两个簇
 2. X1, y1 = make_blobs(n_samples = 300, n_features = 2, centers = [[0,0]], cluster_std = [1.2])
 3. X2, y2 = make_blobs(n_samples = 600, n_features = 2, centers = [[10,10]], cluster_std = [1.8])
 4. plt.scatter(X1[:, 0], X1[:, 1], marker = 'o', color = 'r')
 5. plt.scatter(X2[:, 0], X2[:, 1], marker = '+', color = 'b')
 6. plt.show()
```

```
 7. >>>
 8. 
 9. # 合并样本点,对高斯混合模型进行训练
10. X = np.vstack((X1, X2))
11. gm = GaussianMixture(n_components = 2, random_state = 0).fit(X)
12. print('均值: ' + str(gm.means_))
13. print('协方差: ' + str(gm.covariances_))
14. >>>均值: [[10.06436709 9.92971751]
15. [-0.01042938 0.0122576 ]]
16. 协方差: [[[ 3.30748342 -0.0189866 ]
17. [-0.0189866 3.28092042]]
18. [[ 1.38696931 -0.02175968]
19. [-0.02175968 1.26746825]]]
20. 
21. # 按预测结果用不同的标记显示各点
```

```
22. y_pred = gm.predict(X)
23. C1 = [ ]
24. C2 = [ ]
25. for i in range(len(X)):
26.     if y_pred[i] == 1:
27.         C1.append(list(X[i]))
28.     else:
29.         C2.append(list(X[i]))
30. C1 = np.array(C1)
31. C2 = np.array(C2)
32. plt.scatter(C1[:, 0], C1[:, 1], marker = 'o', color = 'r')
33. plt.scatter(C2[:, 0], C2[:, 1], marker = '+', color = 'b')
34. plt.show()
```

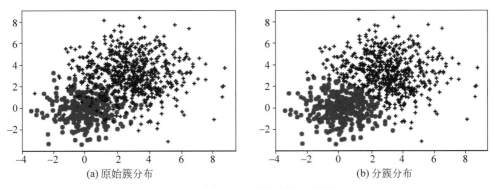

```
35. >>>
```

本次示例中,生成的两个簇是完全间隔开的,观察模型学习到的均值(第 14 行)和方差(第 16 行),对比生成时设定的均值和标准差(第 2、3 行),可见误差很小。

如果将两个簇的一部分重合,比如将第 3 行的簇中心设为(3,3),重新运行程序,可得原始簇分布图和分簇结果分布图如图 3-14 的(a)和(b)所示。

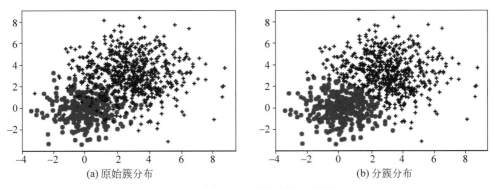

(a) 原始簇分布　　　　　　　　　　(b) 分簇分布

图 3-14　高斯混合聚类示例(见彩插)

可见,高斯混合聚类对重合部分的点并不能很好地进行预测,分簇结果有一条明显的分界线,容易理解,该分界线是两个模型计算概率值相等的地方。

新的均值为：

```
[[3.0551578 3.22641624]
 [0.24980259 0.07975279]]
```

新的协方差矩阵为：

```
[[[ 3.18963888 - 0.38221445]
  [ - 0.38221445 3.18689817]],
 [[ 1.69908699 0.11174126]
  [ 0.11174126 1.6890054 ]]].
```

可见均值和方差都发生了一定的偏移。

对文件 kmeansSamples. txt 中 30 个点进行高斯混合聚类分析，见代码 3-17。

代码 3-17　GaussianMixture 算法应用示例(GaussianMixture. ipynb)

```
36. from sklearn.mixture import GaussianMixture
37. import numpy as np
38. samples = np.loadtxt("kmeansSamples.txt")
39. gm = GaussianMixture(n_components = 2, random_state = 0).fit(samples)
40. labels = gm.predict(samples)
41. import matplotlib.pyplot as plt
42. plt.scatter(samples[:,0],samples[:,1],c = labels + 1.5,linewidths = np.power(labels +
    1.5, 2))
43. plt.show()
```

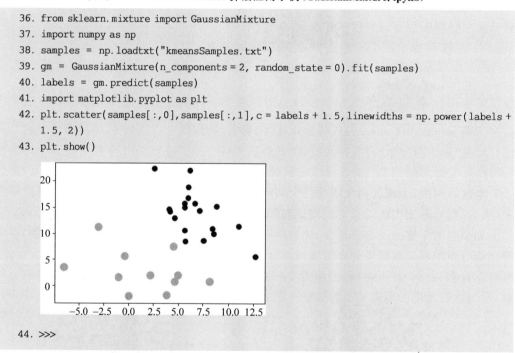

```
44. >>>
```

下面给出一个从多方面综合分析划分聚类、密度聚类和模型聚类，以及聚类算法内部评价指标的示例。该示例先生成三种二维平面上的实验数据和一种高维空间中的实验数据，然后分别用 k-means、DBSCAN 和 GaussianMixture 三种算法对它们进行聚类，并计算 SC、DBI、CH 和 ZQ 四个指标。该示例展示了实验样本点的分布与聚类算法适用性、评价指标值有效性的关系。示例的实现代码见附属资源中的文件"聚类算法综合比较示例. ipynb"，该代码不难理解，且与前文的示例有多处重复，故不再占用篇幅展示。

三种二维平面上的实验样本分布如图 3-15 所示，它们分别是圆环、高斯分布和月牙形状的，由 datasets 模块中相应的函数产生。

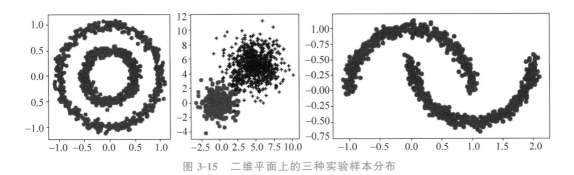

图 3-15　二维平面上的三种实验样本分布

高维空间中的实验样本通过 PCA 降维后,在二维平面上的分布如图 3-16 所示。它是由 datasets 模块中的 make_gaussian_quantiles() 函数在四维空间中以原点 $(0,0,0,0)$ 为中心,按高斯分布随机产生的,由内向外分为 9 层的类球状分布。随后去掉第 1~6 层和第 8 层,只保留内核的第 0 层和外面的第 7 层。可以将此数据想象成一个带核的空心四维类球体。

算法运行后的聚类效果及各评价指标值如表 3-1 所示。

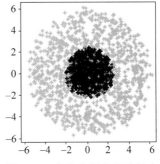

图 3-16　高维空间中实验样本降维后的分布

表 3-1　聚类综合示例结果

算法	圆　环	高斯分布	月　牙	四维类球体
k-means	SC:0.35418150800 DBI:1.1828798822 CH:576.234365353 ZQ:1.16871702321	SC:0.595507603 DBI:0.54554156 CH:2088.867795 ZQ:0.789103847	SC:0.4894026970788733 DBI:0.7797138414306899 CH:1487.6573120666626 ZQ:1.4870808283885213	SC:0.14673718069 DBI:2.0836980081 CH:411.728662603 ZQ:2.59313957972
DBSCAN	SC:−0.0688868183 DBI:150.72658703 CH:0.60426715731 ZQ:0.07193600153	SC:0.497113248 DBI:3.39191627 CH:800.1776282 ZQ:1.228896011	SC:0.33345414657834466 DBI:1.1539812259101607 CH:663.1677674098607 ZQ:0.062324294160229914	SC:0.16606150306 DBI:98.110576302 CH:0.18240617409 ZQ:0.21742577037

续表

算法	圆　环	高斯分布	月　牙	四维类球体
Gaussian-Mixture	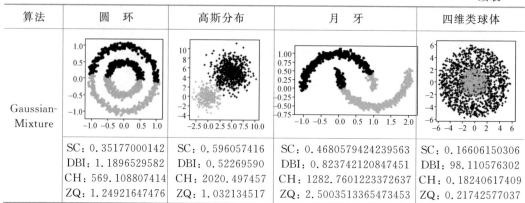			
	SC：0.35177000142 DBI：1.1896529582 CH：569.108807414 ZQ：1.24921647476	SC：0.596057416 DBI：0.52269590 CH：2020.497457 ZQ：1.032134517	SC：0.4680579424239563 DBI：0.823742120847451 CH：1282.7601223372637 ZQ：2.5003513365473453	SC：0.16606150306 DBI：98.110576302 CH：0.18240617409 ZQ：0.21742577037

　　DBSCAN 算法对非凸簇(四维类球体也是非凸簇)有较好的聚类效果。GaussianMixture 算法对高斯分布的簇有较好的聚类效果,四维类球体样本集也是按高斯分布产生的,因此,它可以很好地学习到模型参数。高斯分布的样本集在实际工程中比较常见。

　　预先探索样本集在空间中的分布对于选择合适的聚类算法很重要。除了通过降维来直观地观察样本集在空间中的分布外,聚类内部评价指标也可以帮助分析。比如在面对大数据量的聚类任务时,可以先随机抽取或者划分网格抽取小部分样本进行试分簇,如果发现运行 DBSCAN 算法后的 ZQ 指标改善较多,而其他指标变差,则样本集可能是非凸的分布。

3.5　层次聚类算法

　　在聚类算法中,有一类研究执行过程的算法,它们以其他聚类算法为基础,通过不同的运用方式试图达到提高效率、避免局部最优等目的。这类算法主要有网格聚类和层次聚类算法。

　　网格(Grid)聚类算法强调的是分批统一处理以提高效率,具体的做法是将特征空间划分为若干个网格,网格内的所有样本点看成一个单元进行处理。网格聚类算法要与划分聚类或密度聚类算法结合使用。网格聚类算法处理的单元只与网格数量有关,与样本数量无关,因此在数据量较大时,网格聚类算法可以极大地提高效率。网格聚类算法的思路容易理解,实现简单,不再赘述。

　　层次(Hierarchical)聚类算法强调的是聚类执行的过程,分为自底向上的凝聚方法和自顶向下的分裂方法。凝聚方法先将每一个样本点当成一个簇,然后根据距离和密度等度量准则进行逐步合并。分裂方法先将所有样本点放在一个簇内,然后再逐步分解。前者的典型算法有 AGNES 算法,后者的典型算法有二分 k-means 算法。

1. 二分 k-means 算法

　　二分 k-means(Bisecting k-means)算法[5]的基本思想是“分裂”,它首先将所有点看成一个簇,然后将该簇一分为二,之后选择其中一个簇继续分裂。选择哪一个簇进行分裂,取决于对其进行的分裂是否可以最大限度地降低 SSE 值。如此分裂下去,直到达到指定的簇数目 k 为止。

用 cluster 模块中的 KMeans 类作为基本分簇算法来实现二分 k-means 算法的代码见代码 3-18。该代码还对二分 k-means 算法进行了简单的应用示例。

代码 3-18 二分 k-means 算法实现及应用示例(二分 k-means 算法.ipynb)

```
1.  import numpy as np
2.  import matplotlib.pyplot as plt
3.  from sklearn.cluster import KMeans
4.  samples = np.loadtxt("kmeansSamples.txt")
5.  n_clusters = 3              # 分簇的数量
6.  n_init = 1                  # 指定 k-means 算法重复运行次数
7.  estimator = KMeans(init = 'k - means++', n_clusters = 1, n_init = n_init)  # 设置 n_
    # clusters = 1 是为了计算 SSE 值
8.  estimator.fit(samples)
9.  samples = [samples]
10. SSE = [estimator.inertia_]   # 记录下簇的 SSE 值
11. # 分裂主循环
12. while len(SSE) < n_clusters:
13.     max_changed_SSE = 0
14.     tag = -1
15.     for i in range(len(SSE)):  # 对每个簇进行试分簇,计算 SSE 的减少量
16.         estimator = KMeans(init = 'k - means++', n_clusters = 2, n_init = n_init).fit
    (samples[i])              # 二分簇
17.         changed_SSE = SSE[i] - estimator.inertia_
18.         if changed_SSE > max_changed_SSE:  # 比较 SSE 值是不是减少了
19.             max_changed_SSE = changed_SSE
20.             tag = i
21.     # 正式分簇
22.     estimator = KMeans(init = 'k - means++', n_clusters = 2, n_init = n_init).fit
    (samples[tag])
23.     indexs0 = np.where(estimator.labels_ == 0)   # 标签为 0 的样本在数组中的下标
24.     cluster0 = samples[tag][indexs0]  # 从簇中分出标签为 0 的新簇
25.     indexs1 = np.where(estimator.labels_ == 1)
26.     cluster1 = samples[tag][indexs1]  # 从簇中分出标签为 1 的新簇
27.
28.     del samples[tag]
29.     samples.append(cluster0)
30.     samples.append(cluster1)
31.     del SSE[tag]
32.     estimator = KMeans(init = 'k - means++', n_clusters = 1, n_init = n_init).fit(cluster0)
33.     SSE.append(estimator.inertia_)   # 新簇的 SSE 值
34.     estimator = KMeans(init = 'k - means++', n_clusters = 1, n_init = n_init).fit(cluster1)
35.     SSE.append(estimator.inertia_)
36. # 简单应用示例
37. markers = [ 'o', '+', '^', 'x', 'D', '*', 'p' ]
38. colors = [ 'g', 'r', 'b', 'c', 'm', 'y', 'k' ]
39. linestyle = [ '-', '--', '-.', ':' ]
40. if len(samples) <= len(markers):
```

```
41.    for i in range(len(samples)):
42.        plt.scatter(samples[i][:, 0], samples[i][:, 1], marker = markers[i], c = colors[i])
43.    plt.show()
```

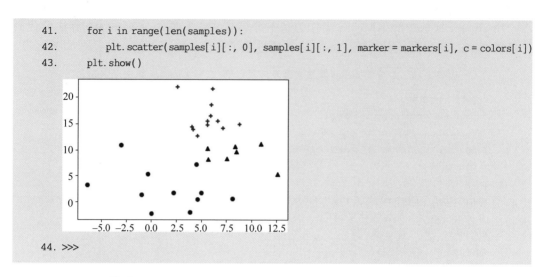

```
44. >>>
```

2. AGNES 算法

AGNES(AGglomerative NESting)算法[6]先将每个样本点看成一个簇,然后根据簇与簇之间的距离度量,将最近的两个簇合并,一直重复合并到指定的簇数目 k 为止。

该算法的思路很简单,应用的关键在于处理簇与簇之间不同的距离度量方法带来的影响差异问题。

设有两个簇 C_i 和簇 C_j,用 $\mathrm{DIST}(C_i, C_j)$ 表示簇之间的距离,用 $\mathrm{dist}(x_i, x_j)$ 表示点之间的距离。

1)簇最小距离

$$\mathrm{DIST}_{\min}(C_i, C_j) = \min_{\substack{x_k \in C_i \\ x_l \in C_j}} \mathrm{dist}(x_k, x_l) \tag{3-21}$$

簇最小距离是两个簇成员之间的最小距离。

2)簇最大距离

$$\mathrm{DIST}_{\max}(C_i, C_j) = \max_{\substack{x_k \in C_i \\ x_l \in C_j}} \mathrm{dist}(x_k, x_l) \tag{3-22}$$

与簇最小距离相反,簇最大距离是两个簇成员之间的最大距离。

3)簇平均距离

$$\mathrm{DIST}_{\mathrm{avg}}(C_i, C_j) = \frac{1}{|C_i||C_j|} \sum_{\substack{x_k \in C_i \\ x_l \in C_j}} \mathrm{dist}(x_k, x_l) \tag{3-23}$$

簇平均距离是两个簇成员之间距离的平均值。

sklearn 扩展库的 cluster 模块的 AgglomerativeClustering 类实现了 AGNES 算法,类原型和方法见代码 3-19。

代码 3-19　sklearn 中的 AGNES 算法

```
1. class sklearn.cluster.AgglomerativeClustering(n_clusters = 2, affinity = 'euclidean',
   memory = None, connectivity = None, compute_full_tree = 'auto', linkage = 'ward', pooling_
   func = 'deprecated', distance_threshold = None)
```

```
2.
3. fit(X[, y])
4. fit_predict(X[, y])
5. get_params(deep = True)
6. set_params( ** params)
```

n_clusters 是指定的分簇数。

linkage 是簇距离度量方法，支持 ward、complete、average 和 single 四种方法。complete、average 和 single 分别对应簇最大距离、簇平均距离和簇最小距离。

ward 方法与其他方法不一样，它不是按距离合并簇，而是合并使得偏差（样本点与簇中心的差值）平方和增加最小的两个簇。它先要对所有簇进行两两试合并，并计算偏差平方和的增加值，然后取增加最小的两个簇进行合并。

sklearn 官方网站对 linkage 的不同设值的影响进行了分析[①]，结果如图 3-17 所示，可

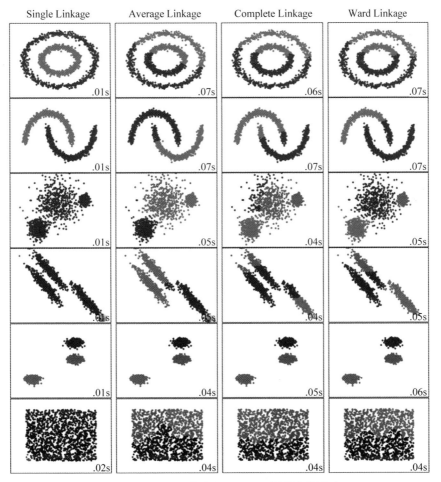

图 3-17 AGNES 算法中 linkage 不同设值的影响

---

① https://scikit-learn. org/stable/auto_examples/cluster/plot_linkage_comparison. html

视频讲解

见采用簇最小距离时,其分簇效果接近于密度聚类。其示例代码(plot_linkage_comparison. ipynb)的关键部分已经在前面的例子中多次应用过,读者应该不难理解,因此不再分析。

3.6 Mean Shift 算法及其在图像分割中的应用示例

除了前文讨论过的几类典型的聚类算法外,人们还提出了很多聚类算法,限于篇幅,不能在本章一一讨论。本章最后介绍在图像处理领域有较多应用的 Mean Shift 算法,并简单示例它在图像分割中的有趣应用。

Mean Shift 算法是根据样本点分布密度进行迭代的聚类算法,它可以发现在空间中聚集的样本簇。簇中心是样本点密度最大的地方。Mean Shift 算法寻找一个簇的过程是先随机选择一个点作为初始簇中心,然后从该点开始,始终向密度大的方向持续迭代前进,直到到达密度最大的位置。然后将剩下的点重复以上过程,找到所有簇中心。

如何找到密度大的方向并确定前进多少呢?设第 i 个簇在第 t 轮迭代时簇中心位于 $\boldsymbol{x}_i^t$,则第 $t+1$ 轮迭代簇中心位置 $\boldsymbol{x}_i^{t+1}$ 为:

$$\boldsymbol{x}_i^{t+1} = \frac{\sum\limits_{\boldsymbol{x}_j \in \boldsymbol{N}(x_i^t)} K(\boldsymbol{x}_j - \boldsymbol{x}_i^t)\boldsymbol{x}_j}{\sum\limits_{\boldsymbol{x}_j \in \boldsymbol{N}(x_i^t)} K(\boldsymbol{x}_j - \boldsymbol{x}_i^t)} \tag{3-24}$$

其中,$\boldsymbol{N}(\boldsymbol{x}_i^t)$ 是以 $\boldsymbol{x}_i^t$ 为中心、指定长度 bandwidth 为半径的邻域;$\boldsymbol{x}_j$ 是该邻域内的样本点。K 是核函数。

简要讨论一下式(3-24)的含义。先假定核函数 K 的值取常数 1,此时式(3-24)为:

$$\boldsymbol{x}_i^{t+1} = \frac{\sum\limits_{\boldsymbol{x}_j \in \boldsymbol{N}(x_i^t)} \boldsymbol{x}_j}{\sum\limits_{\boldsymbol{x}_j \in \boldsymbol{N}(x_i^t)} 1} = \frac{\sum\limits_{\boldsymbol{x}_j \in \boldsymbol{N}(x_i^t)} \boldsymbol{x}_j}{m} \tag{3-25}$$

其中,分母 m 是邻域 $\boldsymbol{N}(\boldsymbol{x}_i^t)$ 中样本点的个数,分子表示邻域内各点的和。下面用仅包含两个点 $\boldsymbol{x}_1$ 和 $\boldsymbol{x}_2$ 的邻域来说明式(3-25)的含义,如图 3-18 所示。

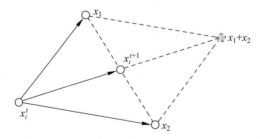

图 3-18 Mean Shift 算法簇中心迭代示意

当邻域中只有两个点 $\boldsymbol{x}_1$ 和 $\boldsymbol{x}_2$ 时,式(3-25)为:

$$\boldsymbol{x}_i^{t+1} = \frac{\boldsymbol{x}_1 + \boldsymbol{x}_2}{2} \tag{3-26}$$

如果以 $\boldsymbol{x}_i^t$ 为原点,则式(3-26)可用图 3-18 所示的向量加法来表示。可见从 $\boldsymbol{x}_i^t$ 到 $\boldsymbol{x}_i^{t+1}$ 的方向是邻域内两个样本点向量和的方向,可认为是邻域内样本点密集的方向,前进的距离是两个样本点向量和的一半。如果邻域内有多个点,则按向量加法全部计算。

式(3-24)中,$K(\boldsymbol{x}_j - \boldsymbol{x}_i^t)\boldsymbol{x}_j$ 可看作是对向量 $\boldsymbol{x}_j$ 进行了一次系数为核函数 $K(\boldsymbol{x}_j - \boldsymbol{x}_i^t)$ 的加权运算。核函数 $\boldsymbol{K}$ 是 $(\boldsymbol{x}_j - \boldsymbol{x}_i^t)$ 的函数,比如常用的高斯核函数:

$$G(\boldsymbol{x}_j - \boldsymbol{x}_i^t) = e^{\left(-\frac{(x_j - x_i^t)^{\mathrm{T}}(x_j - x_i^t)}{2\tau^2}\right)} \tag{3-27}$$

其中,τ 为预设的参数。$\boldsymbol{x}_j$ 到 $\boldsymbol{x}_i^t$ 的距离越大,高斯核函数的值越小。因此,式(3-24)可以看作是对邻域内所有样本点求加权后的均值。通过加权,使得不同距离的样本点对 $\boldsymbol{x}_i^{t+1}$ 有不同的影响。式(3-24)称为均值漂移向量(Mean Shift Vector)。

被簇中心扫过的点计入该簇中心的簇,如果一个点被多个簇中心扫过,则计入被扫过次数最多的簇中心的簇。

sklearn 扩展库的 cluster 模块中实现 Mean Shift 算法的类原型如代码 3-20 所示。

代码 3-20　sklearn 中的 Mean Shift 算法

```
1. class sklearn.cluster.MeanShift( * , bandwidth = None, seeds = None, bin_seeding = False,
   min_bin_freq = 1, cluster_all = True, n_jobs = None, max_iter = 300)
2.
3. fit(X, y = None)
4. fit_predict(X, y = None)
5. predict(X)
6. get_params(deep = True)
7. set_params( ** params)
```

bandwidth 是 Mean Shift 算法的超参数,需要用户指定。bandwidth 决定了邻域的大小,对算法的效果影响很大。如果用户不指定该参数,MeanShift 类在实例化时,会调用 estimate_bandwidth()函数来估计它的值。

对文件 kmeansSamples. txt 中的 30 个点进行 Mean Shift 聚类分析,见代码 3-21。

代码 3-21　Mean Shift 算法应用示例(MeanShift. ipynb)

```
1. import numpy as np
2. from sklearn import cluster
3. import matplotlib.pyplot as plt
4. samples = np.loadtxt("kmeansSamples.txt")
5.
6. # 估计 bandwidth
7. bandwidth = cluster.estimate_bandwidth(samples, quantile = 0.2)
8. print(bandwidth)
9. >>> 4.528776571054436
10.
11. ms = cluster.MeanShift(bandwidth = bandwidth, bin_seeding = True).fit(samples)
12. print(ms.cluster_centers_)
13. markers = [ 'o', '+', '^', 'x', 'D', '*', 'p' ]
14. colors = [ 'g', 'r', 'b', 'c', 'm', 'y', 'k' ]
15. linestyle = [ '-', '--', '-.', ':' ]
```

```
16. if len(np.unique(ms.labels_)) <= len(markers):
17.     for i in range(len(samples)):
18.         plt.scatter(samples[i, 0], samples[i, 1], marker = markers[ms.labels_[i]], c = colors[ms.labels_[i]])
19.     plt.show()
20. >>> [[ 6.278276 13.65518989]
21. [ 2.48936265 0.43984307]
22. [ -2.54974089 3.54244933]
23. [12.56729723 5.50656992]
24. [ -2.92514764 11.0884457 ]]
25.
```

可见分成了 5 个簇,其中两个簇只包含一个点,可视为离群点。

在一篇 Mean Shift 算法的重要论文[7]中,作者 Comaniciu 成功将它应用到图像平滑和图像分割中。

在计算机中,一幅完整的图像是由像素点组成,像素点包括由高(Height)、宽(Width)组成的位置信息和由红、绿、蓝组成的 RGB 三通道(Channel)色彩信息。如代码 3-22 第 8 行的输出所示,代码表示每个像素点的颜色分别用代表红、绿、蓝 3 种原色的亮度数据来合成表示。第 5 行用 Matplotlib 扩展库中的 image 函数读入一幅 jpg 图片,第 7 行显示它的存放形式、形状和(0,0)像素点的三原色值,可见是用 NumPy 的数组存储,该图片的高为 934 像素,宽为 734 像素。每个像素点的颜色由一个三维的数组来表示,分别表示红、绿、蓝三原色的值,它们的取值范围为 0~255。由第 8 行输出可知,(0,0)位置的像素点的三原色的值为[43 36 26]。

有很多 Python 扩展库提供了对图像处理的支持,它们存储图像数据的格式不尽相同。为方便读者理解,本示例采用了用 NumPy 数组来存储图像的 Matplotlib 扩展库。

用聚类的方法来分割图像,实际上是对图片中出现的颜色进行分簇。它将每一个像素点的由三原色值组成的颜色数组看成是三维空间中的一个点,然后对三维空间中的所有点进行分簇。同一簇内的点被认为颜色相似,因此,图像分割就是把不同簇的像素点分割出来。用 Mean Shift 算法进行图像分割的示例如代码 3-22 所示,第 10 行显示了实验图像。

代码 3-22 应用 Mean Shift 算法进行图像分割(MeanShift.ipynb)

```
1. import matplotlib.image as mpimg
2. from time import time
```

```
3.
4.  path = r"原版书.jpg"
5.  img = mpimg.imread(path)
6.
7.  print(type(img), img.shape, img[0,0])  # 图片加载后的数据类型、形状和(0,0)像素点的三
    # 原色值
8.  >>> < class 'numpy.ndarray'> (934, 734, 3) [43 36 26]
9.
10. plt.imshow(img)
```

```
11. >>>
12.
13. # 将二维的图像数组改为一维的,以适合聚类算法的要求
14. height = img.shape[0]
15. width = img.shape[1]
16. img1 = img.reshape((height * width, 3))
17.
18. t0 = time()                              # 开始计时
19. ms = cluster.MeanShift(bandwidth = 25, bin_seeding = True).fit(img1)
20. print("time", time() - t0)
21.
22. # 构建一幅新的相同大小的空图片
23. pic_new = np.zeros((height, width, 3), dtype = 'i')
24. # 将分簇后一维标签改为二维的,与图片的形状一致
25. label = ms.labels_.reshape((height, width))
26. print(ms.cluster_centers_)              # 看一下簇中心的 RGB 三通道值
27. >>> time 59.89742588996887
28. [[189.47612188 179.73489904 176.5341613 ]
29. [159.16646716  98.51743676  38.72212912]
30. [ 19.99000406  13.89776514  11.2242178 ]
31. [ 87.88985109  15.029887    18.6358644 ]
32. [150.89538613  51.60313348  47.67554898]
33. [ 45.02707779  35.51087807  36.19893567]]
34.
35. # 将簇中心三通道值改为整型,便于显示
36. center = ms.cluster_centers_
37. center = center.astype(np.int)
38.
39. # 同簇点的颜色用该簇簇中心点的颜色代替
40. for i in range(height):
41.     for j in range(width):
```

```
42.        pic_new[i,j] = center[label[i,j]]
43.
44. plt.imshow(pic_new)
```

```
45. >>>
46.
47. n_labels = len(np.unique(ms.labels_))
48. for i in range(n_labels):           # 看一下每个簇的样本数量
49.     print(len(np.where(ms.labels_ == i)[0]))
50. >>> 597484
51. 38970
52. 11838
53. 10524
54. 15880
55. 10860
56.
57. # 单独显示簇k,其他簇都用白色代替
58. k = 3
59. center1 = center.copy()
60. for i in range(k):
61.     center1[i] = np.array([255, 255, 255])
62. for i in range(k + 1, n_labels):
63.     center1[i] = np.array([255, 255, 255])
64.
65. for i in range(height):
66.     for j in range(width):
67.         pic_new[i,j] = center1[label[i,j]]
68. plt.imshow(pic_new)
```

```
69. >>>
```

第 13 行将二维的图像数组改为一维的,以适合聚类算法的要求。第 19 行用 Mean Shift 算法进行分簇。第 23 行建立一幅相同大小的空图片,实际上是建立一个相同大小的 0 值数组。第 39 行将一个簇内的点都用簇中心点的颜色来代替,以显示出分割后的形状。

为了便于观察,也可以单独显示出一个簇的形状,如第 57 行到第 69 行,给出了簇 3 分割后的形状,主要是深色枫叶的部分。读者可以修改第 58 行的 k 值看一下其他簇分割后的形状。

当然,其他聚类算法也可以用来进行图像分割,它们有不同的应用特点,不再细述。随书资源中的 MeanShift.ipynb 文件中给出了用 k-means 算法对图像进行分割的示例,供读者参考。

3.7 习题

1. 平面上有以下五个点:$(1,2)$、$(2,4)$、$(1,-1)$、$(2,5)$、$(0,-3)$,用 k-means 算法对其进行簇数为 2 的聚类,初始簇中心为 $(0,0)$、$(5,5)$。请给出经过 1 轮迭代和 2 轮迭代后的簇中心坐标。

2. Scikit-Learn 工具包提供了 7 个试验用的数据集(原文为 toy datasets),它们经常用于演示各种算法的使用方法。基于其中的鸢尾花数据集 Iris plants dataset 进行 k-means 算法自主试验,试验后可对照官网提供的试验代码[①]。

3. 第 2 题,用本章论及的聚类算法对 Iris plants dataset 进行试验,并观察聚类结果的 SC、DBI、CH 和 ZQ 指标值,分析它们的原因。

4. 代码 3-22 示例了用 Mean Shift 算法来进行图像分割。尝试采用其他聚类算法来实现不同图像的分割应用。

---

① https://scikit-learn.org/stable/auto_examples/cluster/plot_cluster_iris.html#sphx-glr-auto-examples-cluster-plot-cluster-iris-py

第 **4** 章

回归与多层神经网络

　　与分簇、分类和标注任务不同,回归任务预测的不是有限的离散的标签值,而是无限的连续值。回归任务的目标是通过对训练样本的学习,得到从样本特征集到连续值之间的映射。如天气预测任务中,预测天气是冷还是热属于分类问题,而预测精确的温度值则属于回归问题。

　　本章分别讨论决策函数回归模型和神经网络回归模型,前者包括线性回归、多项式回归和局部回归等模型,后者包括由全连接层组成的多层神经网络模型。

　　本章基于 MindSpore 和 TensorFlow 2 框架深入讨论无论在传统机器学习领域还是深度学习领域都十分重要的梯度下降法优化方法和过拟合问题及其抑制方法。

4.1　回归任务、评价与线性回归

　　本节先讨论一般性的回归任务,然后通过讨论线性回归模型引出回归模型的评价指标。

4.1.1　回归任务

　　设样本集 $S = \{s_1, s_2, \cdots, s_m\}$ 包含 m 个样本,样本 $s_i = (\boldsymbol{x}_i, \boldsymbol{y}_i)$ 包括一个实例 $\boldsymbol{x}_i$ 和一个实数标签值 y_i,实例由 n 维特征向量表示,即 $\boldsymbol{x}_i = (x_i^{(1)}, x_i^{(2)}, \cdots, x_i^{(n)})$。回归任务可分为学习过程和预测过程,用图 4-1 表示。

　　在学习过程,回归任务基于损失函数最小的思想,学习得到一个决策函数模型或神经网络模型。决策函数回归模型要建立起合适的从实例特征向量到实数的映射函数

$Y=f(X)$，X 是定义域，它是所有实例特征向量的集合，Y 是值域 $\mathbf{R}$。神经网络回归模型要利用一定的网络结构 S，学习到能够正确体现从实例到标签的映射关系的网络参数 W，即得到合适的网络模型 $N(S,W)$。

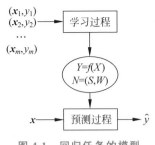

图 4-1　回归任务的模型

记测试样本为 $\boldsymbol{x}=(x^{(1)},x^{(2)},\cdots,x^{(n)})$。在预测过程，决策函数回归模型依据决策函数 $Y=f(X)$ 给予测试样本 $\boldsymbol{x}$ 一个预测标签值 $\hat{y}$；神经网络回归模型将 $\boldsymbol{x}$ 输入已经训练好的网络 $N(S,W)$，从输出得到预测标签值 $\hat{y}$。

回归常表现为用曲线或曲面(二维或高维)去逼近分布于空间中的各样本点，因此也称为拟合。直线和平面可视为特殊的曲线和曲面。

4.1.2　线性回归与回归评价指标

用输入样本的特征的线性组合作为预测值的模型，就是线性回归(Linear Regression)模型。

记样本为 $s=(\boldsymbol{x},y)$，其中 $\boldsymbol{x}$ 为样本的实例，$\boldsymbol{x}=(x^{(1)},x^{(2)},\cdots,x^{(n)})$，$x^{(j)}$ 为实例 $\boldsymbol{x}$ 的第 j 维特征，也直接称为该样本的第 j 维特征，y 为样本的标签，在回归问题中，y 是一个无限的连续值。

定义一个包含 n 个实数变量的集合 $\{w^{(0)},w^{(1)},w^{(2)},\cdots,w^{(n)}\}$，将样本的特征进行线性组合：

$$f(\boldsymbol{x})=w^{(0)}+w^{(1)}\cdot x^{(1)}+w^{(2)}\cdot x^{(2)}+\cdots+w^{(n)}\cdot x^{(n)} \tag{4-1}$$

就得到了线性回归模型，用向量表示为：

$$f(x)=\boldsymbol{W}\cdot\boldsymbol{x}=\sum_{i=0}^{n}w^{(i)}\cdot x^{(i)} \tag{4-2}$$

其中，$\boldsymbol{x}=(x^{(0)}\quad x^{(1)}\quad \cdots\quad x^{(n)})^{\mathrm{T}}$ 为特征向量，并指定 $x^{(0)}=1$；$\boldsymbol{W}=(w^{(0)}\ w^{(1)}\ \cdots\ w^{(n)})$ 为系数向量。向量 $\boldsymbol{W}$ 称为回归系数，负责调节各特征的权重，它就是要学习的知识。

线性回归是参数学习模型(参见 3.4 节模型聚类中的论述)，因为它先假定了模型符合的决策函数，学习过程实际上求得该决策函数的最优参数值。

当只有 1 个特征时：

$$f(x)=w^{(0)}+w^{(1)}\cdot x^{(1)} \tag{4-3}$$

式(4-3)中，只有一个自变量，一个因变量，因此它可看作是二维平面上的直线，此时 $x^{(1)}$ 是直线的斜率，$w^{(0)}$ 是截距。

看一个二维平面上的线性回归模型的例子。当温度处于 $15\,^{\circ}\!\mathrm{C}\sim40\,^{\circ}\!\mathrm{C}$ 时，数得某块草地上小花朵的数量和温度值的数据如表 4-1 所示。现在要来找出这些数据中蕴含的规律，用来预测其他未测温度时的小花朵的数量。

表 4-1　线性回归示例温度值和小花朵数量

温度/℃	15	20	25	30	35	40
小花朵数量/个	136	140	155	160	157	175

以温度为横坐标,小花朵数量为纵坐标作出如图 4-2 所示的点和折线图。容易看出,可以用一条直线来近似该折线。在二维平面上,用直线来逼近数据点,就是线性回归的思想,同样地,可以推广到高维空间中,如在三维空间中,用平面来逼近数据点。那么,如何求出线性回归模型中的回归系数 W 呢? 在此例中,也就是如何求出该直线的斜率和截距。

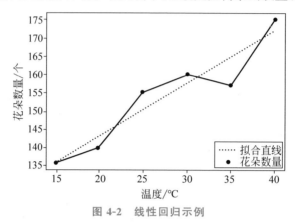

图 4-2　线性回归示例

要求出回归系数,首先要解决评价的问题,也就是哪条线才是最逼近所有数据点的最佳直线。只有确定了标准才能有目的地寻找回归系数。

对于二维平面上的直线,仅有一个点时无法确定,有两个不重合的点即可确定。现在的问题不是点少了,而是点多了。那怎么解决此问题? 一个思路是,让这条直线尽可能地贴近所有点。那怎么来衡量这个"贴近"呢?

在二维平面上,让一条线去尽可能地贴近所有点,直接的想法是使所有点到该直线的距离和最小,这样的直线被认为是最"好"的。

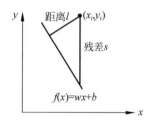

图 4-3　距离和残差

距离 l 计算起来比较麻烦,一般采用更容易计算的残差 s:

$$s_i = | y_i - f(x_i) | \qquad (4-4)$$

其中,$f(x)$ 是拟采用的直线,如图 4-3 所示。容易理解,残差 s 与距离 l 之间存在等比例关系。因此,可以用所有点与该直线的残差和 $\sum s_i$ 代替距离和 $\sum l_i$ 作为衡量"贴近"程度的标准。

式(4-4)中,$f(x_i)$ 即为预测值 $\hat{y}_i$。因为残差需要求绝对值,后续的计算比较麻烦,尤其是在一些需要求导的场合,因此常采用残差的平方作为衡量"贴近"程度的指标:

$$s_i^2 = (y_i - \hat{y}_i)^2 \qquad (4-5)$$

以上分析过程是基于线性回归模型的。非线性回归模型也采用式(4-5)所示的评价指标。

如同轮廓系数和 ZQ 指数等是分簇模型的评价指标,残差和残差平方是回归模型的常用评价指标。

残差称为绝对误差(Absolute Loss),残差平方称为误差平方(Squared Loss)。误差平方的后续计算比较简单,因此常采用所有点的误差平方和(Sum of Squared Error,

SSE)作为损失函数来评价回归算法。SSE 又称聚类的误差平方和损失函数。

均方误差(Mean of Squared Error,MSE)也常被采用为损失函数,它是误差平方和除以样本总数。在样本集确定的情况下,样本总数是常数,因此,在求极值时,均方误差和误差平方和作为目标函数并没有区别。但是,均方误差体现单个样本的平均误差,因此可用来比较不同容量样本集上的误差。

线性回归中,不同的回归系数 $\boldsymbol{W}$ 确定了不同的线性模型,会带来不同的残差,因此,对于第 i 个样本来说,可将误差平方 s_i^2 记为 $s_i^2(\boldsymbol{W})$。根据式(4-5),误差平方 $s_i^2(\boldsymbol{W})$ 为实际值 y_i 与预测值 $f(\boldsymbol{x}_i)$ 之差的平方:

$$s_i^2(\boldsymbol{W}) = (y_i - f(\boldsymbol{x}_i))^2 = (y_i - \boldsymbol{W} \cdot x_i)^2 \tag{4-6}$$

假设有 m 个训练样本时,记误差平方和为 $L(\boldsymbol{W})$:

$$\begin{aligned} L(\boldsymbol{W}) &= s_1^2(\boldsymbol{W}) + s_2^2(\boldsymbol{W}) + \cdots + s_m^2(\boldsymbol{W}) \\ &= (y_1 - \boldsymbol{W} \cdot \boldsymbol{x}_1)^2 + (y_2 - \boldsymbol{W} \cdot \boldsymbol{x}_2)^2 + \cdots + (y_m - \boldsymbol{W} \cdot \boldsymbol{x}_m)^2 \\ &= (y_1 - \boldsymbol{W} \cdot \boldsymbol{x}_1 \quad y_2 - \boldsymbol{W} \cdot \boldsymbol{x}_2 \quad \cdots \quad y_m - \boldsymbol{W} \cdot \boldsymbol{x}_m) \begin{pmatrix} y_1 - \boldsymbol{W} \cdot \boldsymbol{x}_1 \\ y_2 - \boldsymbol{W} \cdot \boldsymbol{x}_2 \\ \vdots \\ y_m - \boldsymbol{W} \cdot \boldsymbol{x}_m \end{pmatrix} \end{aligned} \tag{4-7}$$

令 $\boldsymbol{Y} = (y_1 \quad y_2 \quad \cdots \quad y_m)$,$\bar{\boldsymbol{X}} = (\boldsymbol{x}_1 \quad \boldsymbol{x}_2 \quad \cdots \quad \boldsymbol{x}_m) = \begin{pmatrix} x_1^{(0)} & \cdots & x_m^{(0)} \\ \vdots & \ddots & \vdots \\ x_1^{(n)} & \cdots & x_m^{(n)} \end{pmatrix}$,式(4-7)可表示为:

$$L(\boldsymbol{W}) = (\boldsymbol{Y} - \boldsymbol{W}\bar{\boldsymbol{X}})(\boldsymbol{Y} - \boldsymbol{W}\bar{\boldsymbol{X}})^{\mathrm{T}} \tag{4-8}$$

$L(\boldsymbol{W})$ 是要优化的目标,当样本 $\bar{\boldsymbol{X}}$ 与标签 $\boldsymbol{Y}$ 确定后,它的取值只与 $\boldsymbol{W}$ 有关。

因此,线性模型的求解,就是要求得使 $L(\boldsymbol{W})$ 达到最小值时的 $\boldsymbol{W}$,记为 $\hat{\boldsymbol{W}}$:

$$\hat{\boldsymbol{W}} = \underset{\boldsymbol{W}}{\arg\min} \, L(\boldsymbol{W}) = \underset{\boldsymbol{W}}{\arg\min} (\boldsymbol{Y} - \boldsymbol{W}\bar{\boldsymbol{X}})(\boldsymbol{Y} - \boldsymbol{W}\bar{\boldsymbol{X}})^{\mathrm{T}} \tag{4-9}$$

其中,arg 是自变量 argument 的缩写,$\underset{\boldsymbol{W}}{\arg\min}$ 表示使得后面式子取得最小值时 $\boldsymbol{W}$ 的取值。

sklearn 的 linear_model 模块的 LinearRegression 类实现了求解线性回归模型。sklearn 的 metrics 模块的 mean_squared_error() 函数实现了均方误差 MSE 的计算。用它们来求解上例,见代码 4-1。

代码 4-1 线性回归模型应用示例(线性回归与梯度下降法.ipynb)

```
1. import numpy as np
2. from sklearn.metrics import mean_squared_error
3. temperatures = [15, 20, 25, 30, 35,40]
4. flowers = [136, 140, 155, 160, 157, 175]
5. new_tempera = [18, 22, 33]
6.
7. from sklearn import linear_model
8. reg = linear_model.LinearRegression()
9. temps = np.array(temperatures).reshape(-1,1)
```

```
10. reg.fit(temps, flowers)
11. temps_pred = reg.predict(temps)
12. print('MSE: %.2f' % mean_squared_error(flowers, temps_pred))
13. print("W(0):", reg.intercept_, " W(1):", reg.coef_)
14. >>> MSE: 17.80
15. W(0): 114.39047619047619    W(1): [1.43428571]
16.
17. new_temps = np.array(new_tempera).reshape(-1,1)
18. reg.predict(new_temps)
19. >>> array([140.20761905, 145.9447619 , 161.72190476])
20.
21. import matplotlib.pyplot as plt
22. plt.rcParams['font.sans-serif'] = ['SimHei']
23. plt.rcParams['axes.unicode_minus'] = False
24. plt.scatter(temperatures, flowers, color = "green", label = "花朵数量", linewidth = 2)
25. plt.plot(temperatures, flowers, linewidth = 1)
26. plt.plot(temps, reg.predict(temps), color = "red", label = "拟合直线", linewidth = 2,
    linestyle = ':')
27. plt.legend(loc = 'lower right')
28. plt.show()
```

```
29. >>>
```

第 14 行和第 15 行是模型训练后，对训练样本计算的 MSE 和 $w^{(0)}$、$w^{(1)}$ 的值。第 19 行是输出对测试数据的预测值。

LinearRegression 类是采用最小二乘法来求解回归系数 **W** 的。最小二乘法是解析法，即用矩阵等数学知识直接求解线性回归模型的方法。解析法在面临数据量较大的问题时，存在效率低的现象，而且大部分机器学习问题非常复杂，难以用数学模型来表达，因此，更多的机器学习模型要采用迭代法(见 1.4 节)来求解。

4.2　梯度下降法

在 1.4 节讨论过计算机求解问题时常用的迭代法。如前所述，迭代关系式是迭代法应用时的关键问题，而梯度下降(Gradient Descent)法正是用梯度来建立迭代关系式的迭代法。

　　在求解机器学习模型时,梯度下降法是最常用的方法。本节讨论梯度下降法的原理、实现及它在 MindSpore 和 TensorFlow 2 中的操作方法。

视频讲解

4.2.1　基本思想及其在 MindSpore 和 TensorFlow 2 框架中的实现

　　与线性回归模型的求解(式(4-9))一样,机器学习模型的求解一般可以用式(4-10)来表示:

$$\arg\min_{x} f(\boldsymbol{x}) \tag{4-10}$$

其中,arg 是自变量 argument 的缩写,$\arg\min_{x}$ 表示使得后面式子取得最小值时 $\boldsymbol{x}$ 的取值;$f(\boldsymbol{x})$ 为机器学习模型的损失函数。式(4-10)表示求使损失函数 $f(\boldsymbol{x})$ 最小的 $\boldsymbol{x}$ 的值,它也被称为无约束最优化模型。

　　对于无约束最优化问题 $\arg\min_{x} f(\boldsymbol{x})$,其梯度下降法求解的迭代关系式为:

$$\boldsymbol{x}_{i+1} = \boldsymbol{x}_i + \alpha \cdot \left(-\frac{\mathrm{d}f(\boldsymbol{x})}{\mathrm{d}\boldsymbol{x}}\right)\bigg|_{x=x_i} = \boldsymbol{x}_i - \alpha \cdot \frac{\mathrm{d}f(\boldsymbol{x})}{\mathrm{d}\boldsymbol{x}}\bigg|_{x=x_i} \tag{4-11}$$

其中,$\boldsymbol{x}$ 为多维向量,记为 $\boldsymbol{x} = (x^{(1)}, x^{(2)}, \cdots, x^{(n)})$;$\alpha$ 为正实数,称为步长,也称为学习率;$\frac{\mathrm{d}f(\boldsymbol{x})}{\mathrm{d}\boldsymbol{x}} = \left(\frac{\partial f(\boldsymbol{x})}{\partial x^{(1)}} \quad \frac{\partial f(\boldsymbol{x})}{\partial x^{(2)}} \quad \cdots \quad \frac{\partial f(\boldsymbol{x})}{\partial x^{(n)}}\right)$ 是 $f(\boldsymbol{x})$ 的梯度函数。

　　式(4-11)的含义可用将向量 $\boldsymbol{x}$ 的函数简化为一元变量 x 的函数来示意,如图 4-4 所示。

　　先来看 x 前进的方向。迭代关系式(4-11)是当前的 x 加上步长 α 与负梯度的乘积。负梯度的方向可以确保 x 始终向函数极小值的方向前进。在图中的点 x_0,函数 $f(x)$ 的负梯度方向指向左,而在点 x',函数 $f(x)$ 的负梯度方向指向右,分别如图中粗箭头所示。

　　再来看 x 前进的量。一元函数 $f(x)$ 在点 x_0 上的导数定义为 $\frac{\mathrm{d}f(x_0)}{\mathrm{d}x} = \lim_{x \to x_0} \frac{f(x) - f(x_0)}{x - x_0}$,

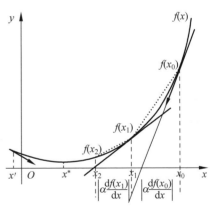

图 4-4　梯度下降法示意

它的几何意义是指 $f(x)$ 在点 x_0 处的切线方向,也就是斜率。切线方向是该点函数值增长最快的方向,与切线相反的方向是函数降低最快的方向。可以看到,在越"陡峭"的地方,值 $\left|\frac{\mathrm{d}f(\boldsymbol{x}_i)}{\mathrm{d}\boldsymbol{x}}\right|$ 越大,而越"平缓"的地方,值 $\left|\frac{\mathrm{d}f(\boldsymbol{x}_i)}{\mathrm{d}\boldsymbol{x}}\right|$ 越小。因此,x 前进的量 $\alpha \left|\frac{\mathrm{d}f(\boldsymbol{x}_i)}{\mathrm{d}\boldsymbol{x}}\right|$ 会随着"陡峭"程度而变化,越"陡"的地方前进越多。

　　图 4-4 示意的梯度下降法的迭代过程中,第一次迭代是从点 x_0 开始,沿 $f(x)$ 在该点的梯度反方向(图中右侧粗箭头所示)前进了 $\alpha \left|\frac{\mathrm{d}f(\boldsymbol{x}_0)}{\mathrm{d}\boldsymbol{x}}\right|$ 长度到达 x_1 点,函数值则从

$f(x_0)$ 变为 $f(x_1)$。第二次迭代是从点 x_1 开始,沿该点梯度反方向再一次前进了 $\left| \alpha \dfrac{\mathrm{d}f(\boldsymbol{x}_1)}{\mathrm{d}\boldsymbol{x}} \right|$ 长度到达 x_2 点,函数值则从 $f(x_1)$ 变为 $f(x_2)$。如此多次迭代,逐次逼近使 $f(x)$ 取得最小值的 x^*。

该过程可以推广到多元变量函数中。多元变量函数的梯度 $\dfrac{\mathrm{d}f(\boldsymbol{x})}{\mathrm{d}\boldsymbol{x}} = \left(\dfrac{\partial f(\boldsymbol{x})}{\partial x^{(1)}} \quad \dfrac{\partial f(\boldsymbol{x})}{\partial x^{(2)}} \quad \cdots \quad \dfrac{\partial f(\boldsymbol{x})}{\partial x^{(n)}} \right)$ 是该函数增长最快的方向。二元变量函数沿梯度反方向下降的迭代过程可以在三维空间中形象显示出来,如图 4-5 所示。从初始点出发,沿下降最快的方向前进,直到极低点。

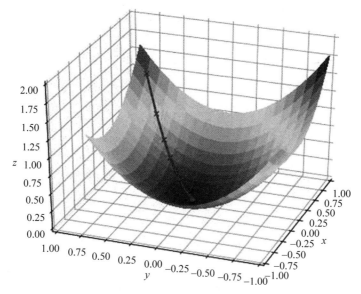

图 4-5　二元变量函数沿梯度下降的迭代过程示意图[①]

下面讨论梯度下降法的几个问题。

(1) 梯度下降法的结束条件,一般采用:①迭代次数达到了最大设定;②损失函数降低幅度低于设定的阈值。

(2) 关于步长 $\boldsymbol{\alpha}$,过大时,初期下降的速度很快,但有可能越过最低点,如果"洼地"够大,会再折回并反复振荡(如图 4-6 所示);如果步长 $\boldsymbol{\alpha}$ 过小,则收敛的速度会很慢。因此,可以采取先大后小的策略调整步长,具体大小的调节可根据 $f(\boldsymbol{x})$ 降低的幅度或者 $\boldsymbol{x}$ 前进的幅度进行。在神经网络的训练中自动调整步长的方法,将在 5.4.2 节进一步讨论。

(3) 关于特征归一化(见 3.1 节)问题,梯度下降法应用于机器学习模型求解时,对特征的取值范围也是敏感的。当不同的特征值取值范围不一样时,相同的步长会导致尺度小的特征前进比较慢,从而走"之"字形路线,影响迭代的速度,甚至不收敛。

① https://blog.paperspace.com/intro-to-optimization-in-deep-learning-gradient-descent/

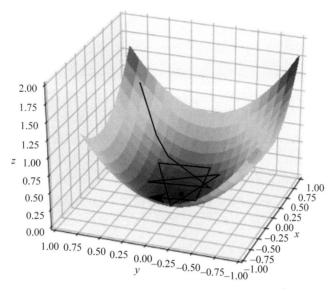

图 4-6 梯度下降法中步长过大时振荡示意图①

下面用梯度下降法来求解式(1-2)所示的方程作为简单示例。

令 $f(x) = x^3 + \dfrac{e^x}{2} + 5x - 6$。求方程的根并不是求函数的极值,因此,并不能直接套用梯度下降法来求解。为了迭代到取值为 0 的点,可采取对原函数取绝对值或者求平方作为损失函数,这样损失函数取得最小值的点,也就是原函数为 0 的点。但是绝对值函数不便于求梯度,因此,一般采用对原函数求平方的方法来得到损失函数,见代码 4-2。

代码 4-2 梯度下降法求解方程示例(线性回归与梯度下降法.ipynb)

```
 1. import numpy as np
 2. import math
 3.
 4. def f(x):
 5.     return x**3 + (math.e**x)/2.0 + 5.0*x - 6
 6.
 7. def loss_fun(x):
 8.     return (f(x))**2
 9.
10. def calcu_grad(x):
11.     delta = 0.0000001
12.     return (loss_fun(x + delta) - loss_fun(x - delta))/(2.0 * delta)
13.
14. alpha = 0.01
15. maxTimes = 20
16. x = 0.0
```

---

① https://blog.paperspace.com/intro-to-optimization-in-deep-learning-gradient-descent/

```
17.
18. for i in range(maxTimes):
19.     x = x - alpha * calcu_grad(x)
20.     print(str(i) + ":" + str(x))
```

第 10 到 12 行计算导数(即梯度),采用了类似导数的定义式的近似计算方法。在"线性回归与梯度下降法.ipynb"文件中,提供了用 sympy 扩展库来求精确导数值并实现梯度下降法求解方程的示例,读者可自行研究,不再贴出占用篇幅。

第 14 行是步长设为 0.01。第 15 行是结束条件,简单设为最大次数 100。运行结果显示从 11 次迭代开始,稳定收敛于 0.84592,比原来的迭代法收敛要快。

MindSpore 框架和 TensorFlow 2 框架都提供了对任意函数式求导数的支持。下面分别在这两个框架下示例通过求导数应用梯度下降法来求解方程。

MindSpore 通过 mindspore.ops.GradOperation 提供对自动求导的支持。在 MindSpore 框架下实现梯度下降法求解方程的代码如代码 4-3 所示。

在 MindSpore 中实现自动求导,先要定义一个用来求导的目标函数类,如第 3 行到第 10 行所示。然后,要定义一个求导类,如第 12 行到第 20 行所示。

第 23 行是求 $f(x)=x^3+\dfrac{e^x}{2}+5x-6$ 在 $x=1$ 时对 x 的导数值,输出为第 25 行。

代码 4-3　MindSpore 实现梯度下降法求解方程(线性回归与梯度下降法.ipynb)

```
1. import mindspore as ms
2.
3. class func(ms.nn.Cell):                          # 求导目标函数类
4.     def __init__(self):
5.         super(func, self).__init__()
6.         self.mspow = ms.ops.Pow()                # 实例化幂运算算子
7.
8.     def construct(self, x):
9.         y = self.mspow(x, 3.0) + self.mspow(math.e, x)/2.0 + 5.0 * x - 6
10.        return y
11.
12. class GradNetWrtX(ms.nn.Cell):                   # 求导类
13.     def __init__(self, net):
14.         super(GradNetWrtX, self).__init__()
15.         self.net = net
16.         self.grad_op = ms.ops.GradOperation()    # 实例化求导算子
17.
18.     def construct(self, x):
19.         gradient_func = self.grad_op(self.net)
20.         return gradient_func(x)
21.
22. x = ms.Tensor([1.0], dtype = ms.float32)
23. dy_dx = GradNetWrtX(func())(x)                   # 将目标函数类代入求导类,进行求导
24. print(dy_dx)
25. >>> [9.35914]
```

```
26.
27. # 求方程的根
28. class loss_func(ms.nn.Cell):        # 用方程的平方作为求导目标函数
29.     def __init__(self):
30.         super(loss_func, self).__init__()
31.         self.mspow = ms.ops.Pow()
32.
33.     def construct(self, x):
34.         y = self.mspow(x, 3.0) + self.mspow(math.e, x)/2.0 + 5.0 * x - 6
35.         y = self.mspow(y, 2)        # 方程的输出的平方
36.         return y
37.
38. x = ms.Tensor([0.0], dtype = ms.float32)
39. for i in range(200):                # 200 次迭代
40.     grad = GradNetWrtX(loss_func())(x)
41.     # print(grad)
42.     x = x - alpha * grad
43.     print(str(i) + ":" + str(x))
44. >>> 0:[0.03025]
45. 1:[0.05968006]
46. 2:[0.08833281]
47. …
48. 198:[0.84592026]
49. 199:[0.8459204]
```

第 28 行定义了求解方程的损失函数作为求导目标函数。

第 39 行到第 43 行通过迭代求方程的根。将步长加大一倍，通过 200 次迭代，求得的值逐渐稳定于 0.84592。

mindspore.ops.GradOperation 更详细的用法，可参考相关网站①。

在 TensorFlow 2 中，通过 GradientTape 提供对自动微分的支持，它记录了求微分的过程，为后续自动计算导数奠定了基础。GradientTape 可用来计算多阶导数和雅可比矩阵(Jacobian)等，更详细的用法可参考相关网站②。

用 TensorFlow 2 来实现梯度下降法求解方程的根的代码见代码 4-4。

代码 4-4　TensorFlow 2 实现梯度下降法求解方程(线性回归与梯度下降法. ipynb)

```
1. import tensorflow as tf
2.
3. # 自动梯度计算示例
4. x = tf.constant(1.0)
5. with tf.GradientTape() as g:
6.     g.watch(x)
7.     y = x ** 3 + (math.e ** x)/2.0 + 5.0 * x - 6
```

① https://www.mindspore.cn/doc/api_python/zh-CN/r1.2/mindspore/ops/mindspore.ops.GradOperation.html highlight=gradoperation#mindspore.ops.GradOperation

② https://tensorflow.google.cn/versions/r2.0/api_docs/python/tf/GradientTape

```
 8. dy_dx = g.gradient(y, x)
 9. print(dy_dx)
10. >>> tf.Tensor(9.35914, shape = (), dtype = float32)
11.
12. # 求方程的根
13. x = tf.constant(0.0)
14. for i in range(200):
15.     with tf.GradientTape() as g:
16.         g.watch(x)
17.         loss = tf.pow(f(x), 2)
18.     grad = g.gradient(loss, x)
19.     # print(grad)
20.     x = x − alpha * grad
21.     print(str(i) + ":" + str(x))
```

第 4 行至第 9 行示例了 GradientTape 的用法。第 6 行将 x 列为求导变量,第 7 行定义了变量 y 与变量 x 的关系式。第 8 行用它来计算变量 y 对变量 x 的梯度,第 10 行输出了变量 y 对变量 x 的一阶导数在 $x=1$ 时的值。

第 13 行至第 21 行通过迭代求得 x 的梯度,实现了求方程的根。其输出基本与 MindSpore 框架下的输出相同。

视频讲解

4.2.2 梯度下降法求解线性回归问题

由前面分析,将线性回归问题中 m 个样本的损失函数表示为:

$$L(\boldsymbol{W}) = \frac{1}{2}\big[s_1^2(\boldsymbol{W}) + s_2^2(\boldsymbol{W}) + \cdots + s_m^2(\boldsymbol{W})\big] = \frac{1}{2}\sum_{i=1}^{m} s_i^2(\boldsymbol{W}) \tag{4-12}$$

这里乘以 $\frac{1}{2}$ 是为了求导后去掉常数系数,不影响用梯度下降法求解最小值。

由式(4-11)可知回归系数的更新过程如下:

$$w_{l+1}^{(j)} = w_l^{(j)} - \alpha \frac{\partial L(\boldsymbol{W})}{\partial w^{(j)}}\bigg|_{\boldsymbol{W}=\boldsymbol{W}_l}, \quad \text{对每一个特征 } j \tag{4-13}$$

其中:
$$\frac{\partial L(\boldsymbol{W})}{\partial w^{(j)}} = \frac{1}{2}\sum_{i=1}^{m}\frac{\partial s_i^2(\boldsymbol{W})}{\partial w^{(j)}} = \frac{1}{2}\sum_{i=1}^{m}\frac{\partial}{\partial w^{(j)}}(y_i - f(x_i))^2$$

$$= -\sum_{i=1}^{m}(y_i - f(x_i))\frac{\partial f(x_i)}{\partial w^{(j)}} = -\sum_{i=1}^{m}(y_i - f(x_i))x_i^{(j)}$$

$$= -\sum_{i=1}^{m}\Big(y_i - \sum_{k=0}^{n}x_i^{(k)} \cdot \boldsymbol{w}^{(k)}\Big)x_i^{(j)} \tag{4-14}$$

用表 4-1 的例子来示例梯度下降法。计算梯度的代码见代码 4-5,第 11 行代码对应式(4-14)中括号内式子 $y_i - \sum_{k=0}^{n}x_i^{(k)} \cdot \boldsymbol{w}_l^{(k)}$。

代码 4-5　梯度的计算（线性回归与梯度下降法. ipynb）

```
1. def gradient(x, y, w):
2.      '''计算一阶导函数的值
3.      para x: 矩阵, 样本集
4.      para y: 矩阵, 标签
5.      para w: 矩阵, 线性回归模型的参数
6.      return: 矩阵, 一阶导数值
7.      '''
8.      m, n = np.shape(x)
9.      g = np.mat(np.zeros((n, 1)))
10.     for i in range(m):
11.         err = y[i, 0] − x[i, ] * w
12.         for j in range(n):
13.             g[j, ] −= err * x[i, j]
14.     return g
```

计算损失函数值的代码如代码 4-6 所示，通过将误差矩阵转置再自乘（式 4-8），以误差平方和作为损失函数。

代码 4-6　损失函数值的计算（线性回归与梯度下降法. ipynb）

```
1. def lossValue(x, y, w):
2.      '''计算损失函数
3.      para x: 矩阵, 样本集
4.      para y: 矩阵, 标签
5.      para w: 矩阵, 线性回归模型的参数
6.      return: 损失函数值'''
7.      k = y − x * w
8.      return k.T * k / 2
```

主程序见代码 4-7。

代码 4-7　梯度下降法求解线性回归问题示例（线性回归与梯度下降法. ipynb）

```
1. temperatures = [15, 20, 25, 30, 35,40]
2. flowers = [136, 140, 155, 160, 157, 175]
3. X = (np.mat([[1,1,1,1,1,1], temperatures])).T
4. y = (np.mat(flowers)).T
5.
6. W = (np.mat([0.0,0.0])).T
7. print(W)
8. # alpha = 0.0005 步长太大,来回振荡,无法收敛
9. alpha = 0.00025
10. loss_change = 0.000001
11. loss = lossValue(X, y, W)
12. for i in range(50000):
13.     W = W − alpha * gradient(X, y, W)      # 式 413
14.     newloss = lossValue(X, y, W)
```

```
15.        print(str(i) + ":" + str(W[0]) + ':' + str(W[1]))
16.        print(newloss)
17.        if abs(loss − newloss) < loss_change:
18.            break
19.        loss = newloss
20. >>> [[0.]
21. [0.]]
22. 0:[[0.23075]]:[[6.5025]]
23. [[7579.96134294]]
24. ……
25. 49999:[[114.2333273]]:[[1.43949824]]
26. [[53.41603903]]
27.
28. new_tempera = [18, 22, 33]
29. new_tempera = (np.mat([[1,1,1], new_tempera])).T
30. pro_num = new_tempera * W
31. print(pro_num)
```

当循环达到最大次数 50000 或者损失函数值的变化小于 0.000001 时,程序终止。对 3 个实例预测的结果为:140,146 和 162,与代码 4-1 的第 19 行的输出相近。

第 8 行中,当把步长设为 0.0005 时,则会因为步长太大而直接越过洼地,无法收敛。

最后来验证一下损失函数值。第 26 行输出了最终的损失函数值约为 53.4,但在式(4-12)中除以了 2,因此最后的误差平方和约为 106.8。代码 4-1 中第 14 行输出均方误差约为 17.8,因为有 6 个样本,因此代码 4-1 实际得到误差平方和也约为 106.8。

MindSpore 和 TensorFlow 2 提供了各种优化器来实现自动优化计算。使用者只需要按要求调用,就可以实现梯度下降法等优化计算方法。为了使读者深入理解它们实现梯度下降法的过程,下面用计算梯度的方式来实现求解线性回归,供读者参考。

MindSpore 中实现梯度下降法求解线性回归示例代码见代码 4-8。

代码 4-8 MindSpore 中实现梯度下降法求解线性回归(线性回归与梯度下降.ipynb)

```
1. alpha = 0.00025
2. class loss_func2(ms.nn.Cell):
3.     def __init__(self):
4.         super(loss_func2, self).__init__()
5.         self.transpose = ms.ops.Transpose()          # 实例化矩阵转置算子
6.         self.matmul = ms.ops.MatMul()                # 实例化矩阵相乘算子
7.
8.     def construct(self, W, X, y):
9.         k = y − self.matmul(X, W)
10.        return self.matmul(self.transpose(k, (1,0)), k) / 2.0
11.
12. class GradNetWrtW(ms.nn.Cell):
13.     def __init__(self, net):
14.         super(GradNetWrtW, self).__init__()
15.         self.net = net
```

```
16.        self.grad_op = ms.ops.GradOperation()
17.
18.    def construct(self, W, X, y):
19.        gradient_func = self.grad_op(self.net)
20.        return gradient_func(W, X, y)
21.
22. X = ms.Tensor((np.mat([[1,1,1,1,1,1], temperatures])).T, dtype = ms.float32)
23. y = ms.Tensor((np.mat(flowers)).T, dtype = ms.float32)
24. W = ms.Tensor([[0.0],[0.0]], dtype = ms.float32)
25. for i in range(50000):
26.    grad = GradNetWrtW(loss_func2())(W, X, y)
27.    #print(grad)
28.    W = W - alpha * grad
29.    print(i,'--->', '\tW:', W)
30. >>> 0 ---> W: [[0.23075001]
31. [6.5025005 ]]
32. 1 ---> W: [[0.19292574]
33. [4.907997 ]]
34. …
35. 49998 ---> W: [[114.232574 ]
36. [ 1.4395233]]
37. 49999 ---> W: [[114.2326 ]
38. [ 1.4395225]]
```

第 2 行实现的是按式(4-8)定义损失函数,将它作为求导的对象。

第 25 行到第 29 行进行了 50000 次迭代,其中第 26 行是计算损失函数对 W 的梯度。

最终输出如第 37 行所示,可见结果与代码 4-7 的第 25 行输出结果相近。

TensorFlow 2 中实现梯度下降法求解线性回归示例代码见代码 4-9。

代码 4-9　TensorFlow 2 中实现梯度下降法求解线性回归(线性回归与梯度下降法. ipynb)

```
1. X = tf.constant( (np.mat([[1,1,1,1,1,1], temperatures])).T, shape = [6, 2], dtype = tf.float32)
2. y = tf.constant( (np.mat(flowers)), shape = [6, 1], dtype = tf.float32)
3.
4. def linear_mode(X, W):
5.     return tf.matmul(X, W)
6.
7. W = tf.ones([2,1], dtype = tf.float32)
8.
9. for i in range(50000):
10.     with tf.GradientTape() as g:
11.         g.watch(W)
12.         loss = tf.reduce_sum( tf.pow(linear_mode(X, W) - y, 2) ) /2.0
13.     grad = g.gradient(loss, W)
14.     #print(grad)
15.     W = W - alpha * grad
16.     print(i,'--->', '\tW:', W, '\t\tloss:', loss)print(W)
17. >>> 0 ---> W: tf.Tensor(
```

```
18. [[1.188 ]
19. [6.2175]], shape = (2, 1), dtype = float32) loss: tf.Tensor(47220.0, shape = (), dtype =
    float32)
20. 1 --- > W: tf.Tensor(
21. [[1.1604961]
22. [4.937979 ]], shape = (2, 1), dtype = float32) loss: tf.Tensor(6066.84, shape = (),
    dtype = float32)
23. …
24. 49998 --- > W: tf.Tensor(
25. [[114.23403 ]
26. [ 1.4394749]], shape = (2, 1), dtype = float32) loss: tf.Tensor(53.41605, shape = (),
    dtype = float32)
27. 49999 --- > W: tf.Tensor(
28. [[114.234055 ]
29. [ 1.4394741]], shape = (2, 1), dtype = float32) loss: tf.Tensor(53.416046, shape = (),
    dtype = float32)
```

第 4 行定义的 linear_mode()函数是按照式(4-1)实现的。在第 9 行开始的循环中,先计算损失函数对系数的梯度,然后按梯度下降法的迭代关系式(4-11)更新系数。最终结果如第 27 行输出所示。

4.2.3　随机梯度下降和批梯度下降

从梯度下降算法的处理过程,可知梯度下降法在每次计算梯度时,都涉及全部样本。在样本数量特别大时,算法的效率会很低。

随机梯度下降法(Stochastic Gradient Descent,SGD)试图改正这个问题,它不是通过计算全部样本来得到梯度,而是随机选择一个样本来计算梯度。随机梯度下降法不需要计算大量的数据,所以速度快,但得到的并不是真正的梯度,可能会造成不收敛的问题。

批梯度下降法(Batch Gradient Descent,BGD)是一个折中的方法,每次在计算梯度时,选择小批量样本进行计算,既考虑了效率问题,又考虑了收敛问题。

读者可以修改 4.2.2 节示例的代码,实现随机梯度下降法和批梯度下降法。

在 MindSpore 和 TensorFlow 2 中,可以通过设置训练方法的参数来实现随机梯度下降法和批梯度下降法。

4.3　决策函数回归模型

本节讨论用决策函数表达的回归模型。

4.3.1　多项式回归

线性回归是用一条直线或者一个平面(超平面)去近似原始样本在空间中的分布。显然这种近似能力是有限的。非线性回归是用一条曲线或者曲面去逼近原始样本在空间中的分布,它"贴近"原始分布的能力一般比线性回归更强。

多项式是数学中的概念,是由称为不定元的变量和称为系数的常数通过有限次加减法、乘法以及自然数幂次的乘方运算得到的代数表达式。

多项式回归(Polynomial Regression)是研究一个因变量与一个或多个自变量间多项式关系的回归分析方法。多项式回归模型是非线性回归模型中的一种。

由泰勒级数可知,在某点附近,如果函数 n 次可导,那么它可以用一个 n 次的多项式来近似。这种近似可以达到很高的精度。

进行多项式回归分析,首先要确定多项式的次数。一般根据经验和试验次数确定。假设确定了用一个一元 n 次多项式来拟合训练样本集,模型可表示如下:

$$h(x) = \theta_0 + \theta_1 x + \theta_2 x^2 + \cdots + \theta_n x^n \tag{4-15}$$

那么多项式回归的任务就是估计出各 θ 值。可以采用均方误差作为损失函数,用梯度下降法求解,但难度较大,也难以确保得到全局解。

包括多项式回归问题在内的一些非线性回归问题可以转化为线性回归问题来求解,具体思路是将式中的每一项看作一个独立的特征(或者说生成新的特征),令 $y_1 = x$,$y_2 = x^2, \cdots, y_n = x^n$,那么一个一元 n 次多项式 $\theta_0 + \theta_1 x + \theta_2 x^2 + \cdots + \theta_n x^n$ 就变成了一个 n 元一次多项式 $\theta_0 + \theta_1 y_1 + \theta_2 y_2 + \cdots + \theta_n y_n$,就可以采用线性回归的方法来求解。

下面给出一个示例,该示例的基本过程是:先拟定一个一元三次多项式作为目标函数,然后加上一些噪声产生样本集,再用转化的线性回归模型来完成拟合,最后对测试集进行预测。这个例子在随书资源的"多项式回归与欠拟合、过拟合.ipynb"文件中实现,采用 sklearn.linear_model 包中的 LinearRegression 来完成。

目标函数代码见代码 4-10。

代码 4-10　多项式回归示例中的目标函数代码(多项式回归与欠拟合、过拟合.**ipynb**)

```
1. def myfun(x):
2.     '''目标函数
3.     input:x(float):自变量
4.     output:函数值'''
5.     return 10 + 5 * x + 4 * x**2 + 6 * x**3
```

产生样本集与测试集,并画出目标函数与样本点,见代码 4-11。

代码 4-11　多项式回归示例产生样本集与测试集(多项式回归与欠拟合、过拟合.**ipynb**)

```
1. import numpy as np
2. x = np.linspace(-3,3, 7)
3. x
4. >>> array([-3., -2., -1., 0., 1., 2., 3.])
5. x_p = (np.linspace(-2.5, 2.5, 6)).reshape(-1,1)      # 预测点
6. import random
7. y = myfun(x) + np.random.random(size = len(x)) * 100 - 50
8. y
9. >>> array([-136.49570384, -8.98763646, -23.33764477, 50.97656894,
10.        20.19888523, 35.76052266, 199.48378741])
```

```
11. % matplotlib inline
12. import matplotlib.pyplot as plt
13. plt.rcParams['axes.unicode_minus'] = False
14. plt.rc('font', family = 'SimHei', size = 13)
15. plt.title(u'目标函数与训练样本点')
16. plt.scatter(x, y, color = "green", linewidth = 2)
17. x1 = np.linspace( - 3, 3, 100)
18. y0 = myfun(x1)
19. plt.plot(x1, y0, color = "red", linewidth = 1)
20. plt.show()
```

```
21.
```

现在用三次多项式来拟合。

代码 **4-12** 三次多项式拟合示例(多项式回归与欠拟合、过拟合.**ipynb**)

```
1. from sklearn.preprocessing import PolynomialFeatures
2. featurizer_3 = PolynomialFeatures(degree = 3)
3. x_3 = featurizer_3.fit_transform(x)
4. x_3
5. >>> array([[ 1., - 3., 9., - 27.],
6.         [ 1., - 2., 4., - 8.],
7.         [ 1., - 1., 1., - 1.],
8.         [ 1., 0., 0., 0.],
9.         [ 1., 1., 1., 1.],
10.        [ 1., 2., 4., 8.],
11.        [ 1., 3., 9., 27.]])
12. x_p_3 = featurizer_3.transform(x_p)
13. x_p_3
14. >>> array([[ 1. , - 2.5, 6.25, - 15.625],
15.        [ 1. , - 1.5, 2.25, - 3.375],
16.        [ 1. , - 0.5, 0.25, - 0.125],
17.        [ 1. , 0.5, 0.25, 0.125],
18.        [ 1. , 1.5, 2.25, 3.375],
19.        [ 1. , 2.5, 6.25, 15.625]])
20. model_3 = LinearRegression()
21. model_3.fit(x_3, y)
```

```
22. print('-- 三次多项式模型 -- ')
23. print('训练集预测值与样本的误差均方值：' + str(np.mean((model_3.predict(x_3) - y) ** 2)))
24. print('测试集预测值与目标函数值的误差均方值：' + str(np.mean((model_3.predict(x_p_3) - myfun(x_p)) ** 2)))
25. print('系数：' + str(model_3.coef_))
26. >>> -- 三次多项式模型 --
27. >>> 训练集预测值与样本的误差均方值：534.1920527426208
28. >>> 测试集预测值与目标函数值的误差均方值：247.2068856878784
29. >>> 系数：[[ 0.        - 7.4139024 1.43393358 6.88041117]]
30.
31. plt.title(u'三次多项式模型预测')
32. plt.scatter(x, y, color = "green", linewidth = 2)
33. plt.plot(x1, y0, color = "red", linewidth = 1)
34. # y1 = model.predict(x1)
35. # plt.plot(x1, y1, color = "black", linewidth = 1)
36. y3 = model_3.predict(featurizer_3.fit_transform(x1))
37. plt.plot(x1, y3, "b -- ", linewidth = 1)
38. plt.show()
```

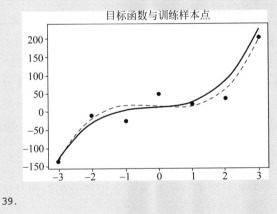

目标函数与训练样本点

39.

第 2～11 行生成样本的新特征，使用 PolynomialFeatures 类按 $y_0 = x^0, y_1 = x^1, y_2 = x^2, y_3 = x^3$ 生成新的特征值。第 12～19 行生成预测点的新特征。第 20～21 行用 LinearRegression 对新特征集进行线性回归。第 29 行给出了新的一元三次多项式的系数。预测图中，实线为目标函数，虚线表示学习得到的模型在连续各点的预测值。

转化为线性问题来求解，是处理非线性问题的常用方法，如指数函数 $h(t) = \alpha \cdot e^{\beta t}$ 通过两边取自然对数，得到 $\ln h(t) = \beta t + \ln \alpha$，可转化为线性回归问题。

从式(4-15)可以看出，多项式回归实际上是将多个不同幂次的单一曲线通过加权求和来拟合复杂的曲线。多项式回归模型也是参数学习模型。

4.3.2 局部回归

前述的回归模型假设所有样本之间都存在相同程度的影响，这类模型称为全局模型。

在机器学习中,还有另一种思想:认为相近的样本相互影响更大,离得远的样本相互影响很小,甚至可以不计。这种以"远亲不如近邻"思想为指导得到的模型称为局部模型。局部思想在聚类、回归、分类等机器学习任务中都有应用,聚类算法中的DBSCAN算法就是以这种思想为指导的聚类模型。

用于回归的局部模型有局部加权线性回归模型、K 近邻模型和树回归模型等。树模型主要用于分类,将在第五章讨论。

局部加权线性回归(Locally Weighted Linear Regression,LWLR)模型根据训练样本点与预测点的远近设立权重,离预测点越近的点的权重就越大。局部加权线性回归方法不形成固定的模型,对每一个新的预测点,都需要计算每个样本点的权值,在样本集非常大的时候,预测效率较低。

K 近邻法(K-Nearest Neighbor,KNN)是一种简单而基本的机器学习方法,可用于求解分类和回归问题。K 近邻法由 Cover 和 Hart 于 1968 年提出。

应用 K 近邻法求解回归问题,需要先指定三个要素:样本间距离度量方法 $d(\cdot)$、邻居样本个数 k 和根据 k 个邻居样本计算标签值方法 $v(\cdot)$。

设样本集为 $\boldsymbol{S} = \{\boldsymbol{s}_1, \boldsymbol{s}_2, \cdots, \boldsymbol{s}_m\}$ 包含 m 个样本,每个样本 $\boldsymbol{s}_i = (\boldsymbol{x}_i, \boldsymbol{y}_i)$ 包括一个实例 $\boldsymbol{x}_i$ 和一个实数标签值 y_i。测试样本记为 $\boldsymbol{x}$。

K 近邻法用于回归分为两步:

(1) 根据 $d(\cdot)$,从 $\boldsymbol{S}$ 中找出 k 个距离 $\boldsymbol{x}$ 最近的样本,即得到 $\boldsymbol{x}$ 的邻域 $N_k(\boldsymbol{x})$;

(2) 计算 $v(N_k(\boldsymbol{x}))$ 得到 $\boldsymbol{x}$ 的标签值。

$d(\cdot)$ 常用欧氏距离。$v(\cdot)$ 常用求均值函数、线性回归模型和局部加权线性回归模型。

k 值的大小对算法有重大影响。过小的 k 值,结果对噪声更敏感;过大的 k 值,较远的节点也会影响结果,近似误差(Approximation Error)会增大。

K 近邻法不形成固定模型,预测时计算量相对较大。

应用 K 近邻法求解分类问题,只需要将三要素中的计算标签值的方法改为计算分类标签的方法即可。计算分类标签的方法常采用投票法。

sklearn 中实现 K 近邻回归的类是 neighbors 模块中的 KNeighborsRegressor,实现 K 近邻分类的类是 KNeighborsClassifier。

4.4　过拟合及其抑制

过拟合与泛化是机器学习和深度学习中非常重要的概念,也是必须要面对的基本问题。本节先从多项式回归的讨论中引入过拟合和欠拟合的概念,然后从工程角度和算法角度讨论常用处理方法。

4.4.1　欠拟合、过拟合与泛化能力

在多项式回归的示例(见 4.3.1 节)中,训练样本集是以一元三次多项式为基础加上噪声产生的,然后以一个待定系数的一元三次多项式去逼近。

能够求解问题的模型往往不止一个,不同模型往往有复杂度上的区别。多项式回归示例中,还可以分别用一元一次线性式、一元五次多项式和一元九次多项式去逼近,它们的复杂度越来越高,效果如图 4-7 所示。实现代码见随书资源的"多项式回归与欠拟合、过拟合.ipynb"文件。

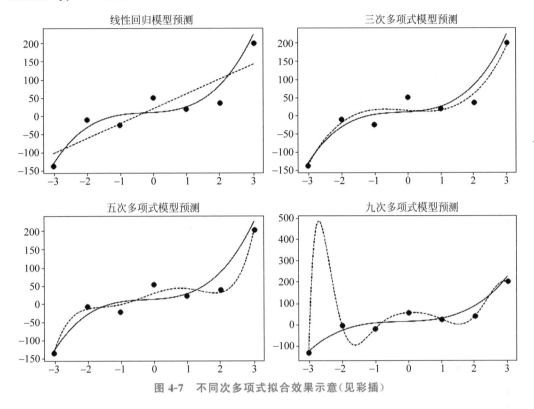

图 4-7 不同次多项式拟合效果示意(见彩插)

结果显示以三次多项式来逼近样本,可以取得最好的效果。

最简单的线性模型,它是用一条直线来逼近各个样本点,显然"力不从心",这种现象称为"欠拟合(Under Fitting)"。欠拟合模型是由于模型复杂度不够、训练样本集容量不够、特征数量不够、抽样分布不均衡等原因引起的不能学习出样本集中蕴含知识的模型。欠拟合问题较容易处理,如增加模型复杂度、增加训练样本、提取更多特征等。

五次多项式的逼近,它比三次多项式更加接近样本点,但是与实线表示的目标函数已经产生背离。九次多项式能一一穿过所有样本点,可是它已经严重背离目标函数了,虚线与实线的变化趋势显得面目全非。说明在某些情况下,越复杂的模型越能逼近样本点,但也越背离作为目标的三次多项式函数。这样的模型在训练集上表现很好,而在测试集上表现很差,这种现象称为过拟合(Over Fitting)。产生过拟合的原因是模型过于复杂,以至于学习过多了,把噪声的特征也学习进去了。

在示例中,采用均方误差为损失函数,因此,训练误差就是所有训练样本的误差平方的均值。同样,测试误差是所有测试样本的误差平方的均值。表 4-2 展示了例子中各模型的训练误差和测试误差及它们的和。

表 4-2　各模型的训练误差和测试误差

	线性回归模型	三次多项式模型	五次多项式模型	九次多项式模型
训练误差	2019	534	209	4
测试误差	578	247	1232	38492
和	2597	781	1441	38496

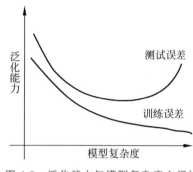

图 4-8　泛化能力与模型复杂度之间的关系示意

可以看出,随着次数的增加,拟合模型越来越复杂,训练误差越来越小;而测试误差先是减少,但随后会急剧增加。

衡量模型的是测试误差,它标志模型对测试样本的预测能力,因此一般追求的是测试误差最小的那个模型。

关于泛化能力和模型复杂程度之间的经验关系如图 4-8 所示。

一般来说,只有复杂程度最合适的模型才能最好地反映出训练集中蕴含的规律,取得最好的泛化能力。

4.4.2　过拟合的抑制方法

在算法研究中,解决过拟合问题时,常提到"奥卡姆剃刀(Occam's Razor)定律",它是由逻辑学家奥卡姆于 14 世纪提出的。这个定律称为"如无必要,勿增实体",即"简单有效原理"。在所有可以选择的模型中,能够很好地解释已知数据并且简单的模型才是最好的模型。基于这个思路,在算法研究中,人们常采用正则化(Regularization)、早停(Early Stopping)、随机失活(Dropout)等方法来抑制过拟合。

1. 正则化方法

正则化方法是在样本集的损失函数中增加一个正则化项(Regularizer),或者惩罚项(Penalty Term),来对冲模型的复杂度。正则化项一般是模型复杂度的单调递增函数,模型越复杂,正则化值就越大。

正则化方法的优化目标为:

$$\min_{f \in \mathcal{F}} \frac{1}{m} \sum_{i=1}^{m} L(y_i, f(x_i)) + \lambda J(f) \tag{4-16}$$

其中,f 代表某一模型;$\mathcal{F}$ 是可选模型的集合;L 是损失函数。第一项 $\frac{1}{m} \sum_{i=1}^{m} L(y_i, f(x_i))$ 是训练集上的平均损失,即训练误差,又称为经验风险(Empirical Risk),第二项 $J(f)$ 是正则化项,$\lambda \geqslant 0$ 为正则化项的权重系数。正则化项可以取不同的形式的函数,但其值必须满足模型越复杂值越大的要求。

经验风险加上正则化项,称为结构风险(Structural Risk)。显然经验风险只刻画了模型对样本集的适应能力;而结构风险不仅考虑了对样本集的适应能力,还考虑了模型的复杂度。因此,正则化方法追求的是结构风险最小化,而不仅仅是经验风险最小化[8]。

常用的正则化方法有 L1 范数、L2 范数正则化方法。向量的范数一般用来衡量向量的大小,对于 n 维向量 $\boldsymbol{x} = \{x^{(1)}, x^{(2)}, \cdots, x^{(n)}\}$,其 L_p 范数定义为:

$$L_p(\boldsymbol{x}) = \parallel \boldsymbol{x} \parallel_p = \left(\sum_{l=1}^{n} \mid x^{(l)} \mid^p \right)^{\frac{1}{p}} \tag{4-17}$$

直观来看,向量的 L2 范数就是它在欧氏空间中的点到原点的距离。

1) L2 范数正则化方法

设原始损失函数是 L_0,给它加一个正则化项,该正则化项是模型所有参数组成的向量 $\boldsymbol{W} = (w^{(0)} w^{(1)} \cdots w^{(k)})$ 的 L2 范数的函数。新的损失函数为:

$$L = L_0 + \frac{\lambda}{2k} \sum_j (w^{(j)})^2 \tag{4-18}$$

其中,λ 是正则化项的权重系数;k 是所有参数的数量,它在一个模型中是一个常量,也可以不除,乘以 $\frac{1}{2}$ 是为了求导后消除常数 2。

这个 L2 正则项是怎么抑制过拟合的呢?来看看在梯度下降法中的作用。对式(4-18)求特征 $w^{(j)}$ 的导数:

$$\frac{\partial L}{\partial w^{(j)}} = \frac{\partial L_0}{\partial w^{(j)}} + \frac{\partial}{\partial w^{(j)}} \left(\frac{\lambda}{2k} \sum_j (w^{(j)})^2 \right) = \frac{\partial L_0}{\partial w^{(j)}} + \frac{\lambda}{k} w^{(j)} \tag{4-19}$$

迭代式(4-11)的分量变为:

$$w_{i+1}^{(j)} = w_i^{(j)} - \alpha \frac{\partial L}{\partial w_i^{(j)}} = w_i^{(j)} - \alpha \frac{\partial L_0}{\partial w_i^{(j)}} - \alpha \frac{\lambda}{k} w_i^{(j)}$$

$$= \left(1 - \frac{\alpha \lambda}{k} \right) w_i^{(j)} - \alpha \frac{\partial L_0}{\partial w_i^{(j)}} \tag{4-20}$$

可见,使用该正则化项后,$w_i^{(j)}$ 的系数小于 1 了,因此,将使得 $w_{i+1}^{(j)}$ 比原来的变化要小一些,这个方法也叫权重衰减(Weight Decay)。来看看多项式回归例子中 $w^{(j)}$ 小而拟合好的情况。代码 4-12 中,第 25 行打印出模型的系数,将线性模型、三次模型、五次模型和九次模型的系数都列出来:

线性模型系数:40.74897579;

三次模型系数:0,−7.4139024,1.43393358,6.88041117;

五次模型系数:0,31.53983182,−9.59767085,−11.33268976,1.15255569,1.56112294;

九次模型系数:−1.55175872e−12,9.86092386e+00,−3.85815674e+01,8.93592424e+00,−2.49195458e+01,5.70545419e+00,1.19222564e+01,−2.99067031e+00,−9.67091926e−01,2.56633014e−01。

可以发现,三次模型的系数最小,九次模型的系数多次出现了很大的值。从二者的拟合图 4-7 上,可以进一步理解这种情况。因为样本点是带噪声的,因此要完美穿过所有点,那么拟合后的曲线必定要有很多急剧变化的弯才行。急剧变化意味斜率很大,也就是导数很大,因此系数也必然变大。

2) L1 范数正则化方法

L1 范数正则化方法是如下形式：

$$L = L_0 + \frac{\lambda}{k} \sum_j |w^{(j)}| \tag{4-21}$$

其中，k 是所有参数的数量，它在一个模型中是一个常量，也可以去掉式中 $\frac{1}{k}$。式(4-21)对 $w^{(j)}$ 求导：

$$\frac{\partial L}{\partial w^{(j)}} = \frac{\partial L_0}{\partial w^{(j)}} + \frac{\lambda}{k} \text{sgn}(w^{(j)}) \tag{4-22}$$

sgn 是符号函数：

$$\text{sgn}(x) = \begin{cases} +1, & x \geqslant 0 \\ -1, & x < 0 \end{cases} \tag{4-23}$$

于是梯度下降法的迭代式为：

$$w_{i+1}^{(j)} = w_i^{(j)} - \frac{\alpha\lambda}{k} \text{sgn}(w_i^{(j)}) - \alpha \frac{\partial L_0}{\partial w_i^{(j)}} \tag{4-24}$$

其中，第二项中符号函数的作用是不管 $w_i^{(j)}$ 是正还是负，都使之靠近 0，也就相当于减小了模型的复杂度，防止过拟合。在实际应用时，可令 sgn(0)=0，解决不可导的问题。

采用 L2 和 L1 范数正则化项的线性回归，分别称为岭回归和 Lasso 回归，在 sklearn 中都有相应类来实现，其应用较容易，不再赘述。

2. 早停法

早停法是在模型迭代训练中，在模型对训练样本集收敛之前就停止迭代以防止过拟合的方法。

前面讨论过，模型泛化能力评估的思路是将样本集划分为训练集和验证集，用训练集来训练模型，训练完成后，用验证集来验证模型的泛化能力。而早停法提前引入验证集来验证模型的泛化能力，即在每一轮训练(一轮是指遍历所有训练样本一次)后，就用验证集来验证泛化能力，如果 n 轮训练都没有使泛化能力得到提高，就停止训练。n 是根据经验提前设定的参数，常取 10、20、30 等值。这种策略称为 No-improvement-in-n。

3. 随机失活

随机失活只应用于抑制人工神经网络的过拟合，它使一部分神经元随机临时失效来达到目的。关于随机失活的内容将在后文结合神经网络具体进行讨论。

在工程方面，可以从样本集数据方面采取措施来防止过拟合，包括数据清洗(Data Cleaning)和数据扩增(Data Augmentation)等。数据清洗是指尽量清除掉噪声，以减少噪声对模型的影响。数据扩增是指增加训练样本来抵消噪声的影响，从而抑制过拟合。增加训练样本包括从数据源采集更多的样本和人工制造训练样本两种方法。在人工制造训练样本时，要注意制造的样本要和已有样本是近似独立同分布的。

4.5　多层神经网络与回归

在2.3.2节简要地介绍了人工神经网络,从本节起将深入讨论神经网络及其典型应用。

本节结合线性回归和非线性回归问题来讨论全连接层神经网络和神经网络中的过拟合问题。

神经网络模型也是参数学习模型,因为对它的学习只是得到神经网络参数的最优值,而神经网络的结构必须事先设计好。如果确实不能通过改进学习过程来达到理想效果,则要重新设计神经网络的结构。

4.5.1　全连接层与线性回归及其在 MindSpore 和 TensorFlow 2 框架中的实现

视频讲解

图 2-8 示意了层状神经网络的结构,其中隐层和输出层具有处理信息的能力。实际上,层状神经网络又可细分为全连接层、卷积层、池化层、LSTM 层等,将它们适当排列可以组合成适应不同任务的网络。

全连接层是层状神经网络最基本的层,本节从线性回归模型入手,深入讨论全连接层。

将式(4-2)所示的线性回归模型改写为:

$$f(\boldsymbol{x}) = \boldsymbol{W} \cdot \boldsymbol{x} = \sum_{i=0}^{n} w^{(i)} \cdot x^{(i)} = \sum_{i=1}^{n} w^{(i)} \cdot x^{(i)} + w^{(0)} \tag{4-25}$$

对比式(2-2)和式(2-3),可以将线性回归看成是如图 2-6 所示的神经元模型,其阈值 $\theta = -w^{(0)}$,其激励函数为等值函数 $f(x) = x$,即该神经元是没有激励函数的特殊神经元。

代码 4-7、代码 4-8 和代码 4-9 示例了用梯度下降法来求解线性回归模型,下面用求解线性回归问题来示例如何在 MindSpore 和 TensorFlow 2 中自定义全连接层,以及如何应用 MindSpore 和 TensorFlow 2 中预先定义好的全连接层。

该示例的过程是:先定义一个二维平面上的线性目标函数并用它来生成训练样本,再定义一个代表线性回归模型的神经网络,然后用训练样本对该网络进行训练,并在训练的过程中动态显示线性模型的拟合过程。

生成训练样本的代码见代码 4-13。

代码 4-13　生成模拟线性回归的训练样本(模拟线性回归模型的神经网络示例.ipynb)

```
1. # 设置 MindSpore 运行于图模式,硬件平台为 CPU
2. from mindspore import context
3. context.set_context(mode = context.GRAPH_MODE, device_target = "CPU")
4.
5. # 定义训练样本生成函数
6. import numpy as np
7. np.random.seed(1101)          # 指定随机数种子,产生相同的随机数,便于观察试验结果
8.
9. def f(x, w = 3.0, b = 1.0):   # 目标函数
```

```
10.        return x * w + b
11.
12. def get_data(num):
13.     for _ in range(num):
14.         x = np.random.uniform(-10.0, 10.0)
15.         noise = np.random.normal(0, 3)
16.         y = f(x) + noise
17.         yield np.array([x]).astype(np.float32), np.array([y]).astype(np.float32)
18.
19. # 生成训练样本并增强
20. from mindspore import dataset as ds
21. import matplotlib.pyplot as plt
22.
23. data_number = 80              # 样本总数
24. batch_size = 16               # 每批训练样本数(批梯度下降法)
25. repeat_size = 1
26.
27. train_data = list(get_data(data_number))
28. X, y = zip(*train_data)
29. plt.scatter(X, y, color="black", s=10)
30. xx = np.arange(-10.0, 10, 1)
31. yy = f(xx)
32. plt.plot(xx, yy, color="red", linewidth=1, linestyle='-')
33. plt.show()
```

```
34. >>>
35.
36. ds_train = ds.GeneratorDataset(train_data, column_names=['samples', 'label'])
37. ds_train = ds_train.batch(batch_size)
38. ds_train = ds_train.repeat(repeat_size)
39.
40. print("The dataset size of ds_train:", ds_train.get_dataset_size())
41. dict_datasets = next(ds_train.create_dict_iterator())
42.
43. print(dict_datasets.keys())
44. print("The x label value shape:", dict_datasets["samples"].shape)
45. print("The y label value shape:", dict_datasets["label"].shape)
46. >>> The dataset size of ds_train: 5
```

```
47. dict_keys(['samples', 'label'])
48. The x label value shape: (16, 1)
49. The y label value shape: (16, 1)
```

第 9 行定义目标函数,它是线性函数 $f(x)=3x+1$。第 12 行定义了训练样本生成函数,它是以目标函数为基础,加上随机噪声生成的。

第 27 行生成训练样本,共生成了 80 个训练样本。

第 33 行画出训练样本点和目标函数。

第 36 行将训练样本组装成训练所需要的格式,第 37 行按 16 个样本一批分成 5 组(第 46 行输出所示),用于批梯度下降优化。

定义一个只有一个神经元的神经网络见代码 4-14。

代码 4-14 模拟线性回归模型的神经网络(模拟线性回归模型的神经网络示例.ipynb)

```
1.  # 定义代表线性回归模型的神经网络层
2.  from mindspore.common.initializer import Normal
3.  from mindspore import nn, Parameter
4.  from mindspore.ops import operations as P
5.  from mindspore.common.initializer import initializer
6.
7.  class LinearNet(nn.Cell):
8.      def __init__(self):
9.          super(LinearNet, self).__init__()
10.         self.matmul = P.MatMul()                  # 实例化矩阵相乘算子
11.         self.bias_add = P.BiasAdd()               # 实例化加偏置系数算子
12.         self.weight = Parameter(initializer('normal', shape = [1, 1]), name = "weight")
        # 拟合二维平面上直线的斜率
13.         self.bias = Parameter(initializer('zero', shape = [1]), name = "bias")    # 拟合
    # 二维平面上直线的截距
14.
15.     def construct(self, x):
16.         x = self.matmul(x, self.weight)
17.         x = self.bias_add(x, self.bias)
18.         return x
19.
20. net = LinearNet()                                 # 实例化
21.
22. # 查看模型参数初始值
23. model_params = net.trainable_params()
24. for param in model_params:
25.     print(param, param.asnumpy())
26. >>> Parameter (name = weight) [[0.00731772]]
27.     Parameter (name = bias) [0.]
28.
29. from mindspore import Model
30.
31. net_loss = nn.loss.MSELoss()                      # 定义损失函数
```

```
32. opt = nn.Momentum(net.trainable_params(), learning_rate = 0.005, momentum = 0.9)
                                              # 定义优化方法
33. model = Model(net, net_loss, opt)         # 将网络结构、损失函数和优化方法进行关联
```

第 7 行定义了一个新的继承于 mindspore.nn.Cell 类的新类 LinearNet。mindspore.nn.Cell 类是 MindSpore 中构建所有神经网络单元的基类,在构建新单元时,需要重写 __init__ 方法和 construct 方法,它们分别用来初始化各组件和用组件构建新单元。

有关类和对象的知识,可参考 1.3.4 节。

第 8 行到第 13 行重写了 __init__ 初始化方法。第 10 行实例化了 MatMul 算子,它用来完成矩阵乘法。第 11 行实例化加阈值算子。第 12 行初始化连接系数,本例的训练样本是一维的,因此只有一个连接系数。第 13 行初始化阈值系数。

第 15 行到 18 行重写了 construct 构建方法,用来构建神经网络。第 16 行将待输入的样本与连接系数进行矩阵相乘。第 17 行再加上阈值系数。此两步对应线性模型式(4-25)。要注意的是,在本例中,输入的训练样本是一维的,因此第 16 行的矩阵乘法实际上是一维的相乘。

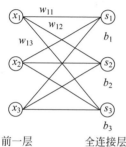

图 4-9 全连接层示意

实际上,按上述方法构建的层被称为全连接层(Fully Connected Layers),它是层状神经网络最基本的层。全连接层的示意如图 4-9 所示。

全连接层的每一个节点都与前一层的所有节点相连。设前一层的输出为 $\boldsymbol{X}=(x_1,x_2,\cdots,x_i,\cdots,x_m)$,本层的输出为 $\boldsymbol{Y}=(y_1,y_2,\cdots,y_j,\cdots,y_n)$,其中:

$$\begin{cases} y_j = f(s_j) \\ s_j = \sum_{i=1}^{m} x_i w_{ij} + b_j \end{cases} \tag{4-26}$$

其中,$f(\cdot)$ 是激活函数,w_{ij} 是前一层第 i 个节点到本层第 j 个节点的连接系数,b_j 是本层第 j 个节点的阈值系数。

定义连接系数矩阵:

$$\boldsymbol{W} = \begin{pmatrix} w_{11} & \cdots & w_{1n} \\ w_{21} & & w_{2n} \\ \vdots & \ddots & \vdots \\ w_{m1} & \cdots & w_{mn} \end{pmatrix} \tag{4-27}$$

定义阈值系数向量:

$$\boldsymbol{b} = (b_1 \quad b_2 \quad \cdots \quad b_n) \tag{4-28}$$

全连接层的计算可以写成矩阵形式:

$$\begin{cases} \boldsymbol{Y} = f(\boldsymbol{S}) \\ \boldsymbol{S} = \boldsymbol{X} \times \boldsymbol{W} + \boldsymbol{b} \end{cases} \tag{4-29}$$

其中,$\boldsymbol{S}=(s_1 \quad s_2 \quad \cdots \quad s_n)$。

在全连接层中,连接系数和阈值系数是要训练的参数,它们一共有 $m \times n + n$ 个。

式(4-29)对应的正是代码 4-14 中第 16 行和第 17 行的计算过程。本例可以看成一个非常简单的全连接层，其前一层只有一个节点，全连接层也只有一个节点(退化成单神经元，如式(4-25)所示)，且激活函数是等值函数 $f(x)=x$。

在 MindSpore 中，全连接层可以用预置的网络算子 nn. layer. Dense 来实现。在 TensorFlow 2 中，实现全连接层是 tensorflow. keras. layers. Dense。后文将分别给出它们的应用示例。

第 20 行到第 25 行实例化了 LinearNet 类，并查看网络参数的初始值。

第 31 行定义了模型的损失函数，采用 MSE。

第 32 行定义了模型的优化方法。在机器学习领域，最基本的优化方法是梯度下降法，在线性模型中，系数的更新方法即为式(4-13)。在 MindSpore 中，随机梯度下降算子为 mindspore. nn. SGD，但截至本书成稿时还不支持在 CPU 平台上运行[①]，因此采用支持 CPU 的基于 SGD 改进的 Momentum 方法，在后文(5.4.2 节)将讨论该优化方法。

第 33 行用 mindspore. Model 将神经网络、损失函数和优化算法关联起来，形成一个可以训练的模型。

为了直观演示，下面定义训练过程可视化函数，训练过程见代码 4-15。

代码 4-15　模拟线性回归模型的训练并动态显示拟合过程
(模拟线性回归模型的神经网络示例. ipynb)

```
1. import time
2. from mindspore import Tensor
3.
4. def plot_model_and_datasets(net, train_data):
5.     weight = net.trainable_params()[0]
6.     bias = net.trainable_params()[1]
7.     x = np.arange( -10, 10, 1)
8.     y = x * Tensor(weight).asnumpy()[0][0] + Tensor(bias).asnumpy()[0]
9.     x1, y1 = zip( * train_data)
10.    x_target = x
11.    y_target = f(x_target)
12.
13.    plt.axis([ -11, 11, -20, 25])
14.    plt.scatter(x1, y1, color = "black", s = 10)
15.    plt.plot(x, y, color = "blue", linestyle = ':', linewidth = 2)
16.    plt.plot(x_target, y_target, color = "red")
17.    plt.show()
18.    time.sleep(0.02)
19.
20. from IPython import display
21. from mindspore.train.callback import Callback
22.
23. class ImageShowCallback(Callback):             # 回调类
24.    def __init__(self, net, train_data):
25.        self.net = net
```

[①] 作者将根据 MindSpore 的更新情况，适时升级本书的代码资源。

```
26.          self.train_data = train_data
27.
28.      def step_end(self, run_context):
29.          plot_model_and_datasets(self.net, self.train_data)
30.          display.clear_output(wait = True)
31.
32. epoch = 2
33. imageshow_cb = ImageShowCallback(net, train_data)
34. model.train(epoch, ds_train, callbacks = [imageshow_cb], dataset_sink_mode = False)
35.
36. plot_model_and_datasets(net, train_data)
37. for param in net.trainable_params():
38.     print(param, param.asnumpy())
```

```
39. >>>
40. Parameter (name = weight) [[1.7724695]]
41. Parameter (name = bias) [0.7528005]
```

第 4 行定义的 plot_model_and_datasets 函数可以用来画出目标函数直线、训练样本和当前拟合直线。

第 23 行定义了一个回调函数。回调函数可以在模型训练过程中被调用,回调函数可以及时反馈训练过程中的情况。该回调函数在训练过程中将模型最新的网络参数传出,并调用 plot_model_and_datasets 函数画出。第 28 行重写了 step_end 方法,该方法会在每步结束后由系统自动执行。

第 32 行定义了训练轮数。

第 33 行实例化回调函数。

第 34 行用模型的 train 方法进行训练。在训练过程中,通过回调函数,可以看到模型的动态拟合过程,读者可以运行随书资源文件进行观察。

第 36 行和第 37 行画出目标函数直线、训练样本和当前拟合直线的图,并打印出最终的模型参数。图中,点为训练样本,实线为目标函数,虚线为拟合直线。从结果来看,拟合直线与目标函数直线相差较大,这是因为训练的轮数不够(第 32 行),将训练轮数设为 5 和 10 的结果如图 4-10 所示,可见随着训练轮数的增加,对训练样本的拟合效果越来越好。

要注意的是,该例中的全连接层没有激活函数,因此,它只能处理线性任务。如果要

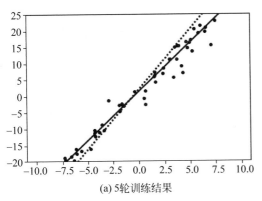
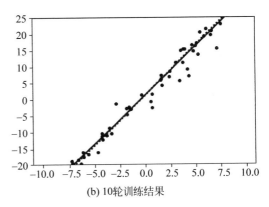

(a) 5轮训练结果　　　　　　　　　(b) 10轮训练结果

图 4-10　模拟线性回归模型的神经网络训练结果

处理非线性任务，则必须采用合适的激活函数。有关激活函数的讨论，将在后文陆续展开。

MindSpore 预先实现了全连接层 Dense 算子。下面用一个示例来加深对该算子的理解，见代码 4-16。

代码 4-16　Dense 算子应用示例（MindSpore 中张量和算子示例.ipynb）

```
1. import mindspore
2. from mindspore import Tensor, nn
3. input = Tensor(np.array([[1, 2, 3], [4, 5, 6]]), mindspore.float32)
4. net = nn.Dense(in_channels = 3, out_channels = 4, weight_init = 'ones', bias_init = 'ones',
   has_bias = True, activation = None)
5. output = net(input)
6. print(output)
7. >>> [[ 7. 7. 7. 7.]
8.    [16. 16. 16. 16.]]
```

第 3 行定义了一个包含两个样本的张量，每个样本由三维数据组成。

第 4 行实例化了一个 Dense 算子，它的输入是三维的向量，对照图 4-9，即前一层由 3 个节点组成，它的输出是四维的向量，即本层由 4 个节点组成，连接系数采用全 1 的初始化，阈值系数也采用全 1 的初始化，对照式（4-27）和式（4-28），可知 $\boldsymbol{W} = \begin{pmatrix} 1 & 1 & 1 & 1 \\ 1 & 1 & 1 & 1 \\ 1 & 1 & 1 & 1 \end{pmatrix}$，$\boldsymbol{b} = (1\ \ 1\ \ 1\ \ 1)$。

该 Dense 算子对于第一个样本的计算为：$(1\ \ 2\ \ 3) \times \begin{pmatrix} 1 & 1 & 1 & 1 \\ 1 & 1 & 1 & 1 \\ 1 & 1 & 1 & 1 \end{pmatrix} = (1\ \ 1\ \ 1\ \ 1) = (7\ \ 7\ \ 7\ \ 7)$，如第 7 行所示。

本例中 Dense 算子没有使用激活函数，读者可以修改代码，使用激活函数并验算结果。

在 TensorFlow 2 中,实现全连接层的是 tensorflow. keras. layers. Dense,其用法与代码 4-16 类似,读者可在学习完本章的内容后,尝试用 tensorflow. keras. layers. Dense来实现该示例。

代码 4-14 简要示例了在 MindSpore 中如何构建一个自定义网络,如果在学术研究或工程实践工作中要创新设计新的网络,则需要掌握该方法。

在 TensorFlow 2 中也提供了类似的方法。在 TensorFlow 2 中,网络层的基类是tensorflow. keras. layers. Layer,自定义网络层类需要继承该类,并要重写__init__和 call方法。基本思想与 MindSpore 自定义网络层类似。本节在 TensorFlow 2 框架下实现的示例见代码 4-17。

代码 4-17　TensorFlow 2 框架下模拟线性回归模型的神经网络

（模拟线性回归模型的神经网络示例. ipynb）

```
1. import tensorflow as tf
2.
3. # 自定义线性回归层
4. class LinearLayer(tf.keras.layers.Layer):
5.     def __init__(self, inp_dim, outp_dim):
6.         super(LinearLayer, self).__init__()
7.         self.weight = self.add_variable('weight', [inp_dim, outp_dim], initializer =
tf.random_normal_initializer())
8.         self.bias = self.add_variable('bias', [outp_dim], initializer = tf.zeros_
initializer())
9.
10.     def call(self, inputs, training = None):
11.         out = inputs * self.weight + self.bias
12.         return out
13.
14.     def show_variable(self):
15.         print('weight:', self.weight)
16.         print('bias:', self.bias)
17.
18. # 自定义线性回归模型
19. class LinearMode(tf.keras.Model):
20.     def __init__(self):
21.         super(LinearMode, self).__init__()
22.         self.linearlayer = LinearLayer(1,1)
23.
24.     def call(self, inputs, training = None):
25.         x = self.linearlayer(inputs)
26.         return x
27.
28.     def show_v(self):
29.         self.linearlayer.show_variable()
30.
31. linearmode = LinearMode()
```

```
32.
33. linearmode.compile(optimiaer = 'sgd', loss = 'mean_squared_error')
34.
35. XX = np.array(X).reshape( - 1)
36. yy = np.array(y).reshape( - 1)
37. linearmode.fit(XX, yy, epochs = 1000, verbose = 1)
38. linearmode.show_v()
39. >>> Train on 80 samples
40. Epoch 1/1000
41. 80/80 [ ============================= ] - 0s 563us/sample - loss: 344.2355
42. …
43. Epoch 1000/1000
44. 80/80 [ ============================= ] - 0s 213us/sample - loss: 6.6037
45. weight: < tf.Variable 'weight:0' shape = (1, 1) dtype = float32, numpy = array([[2.
    9956875]], dtype = float32)>
46. bias: < tf.Variable 'bias:0' shape = (1,) dtype = float32, numpy = array([0.8679356],
    dtype = float32)>
```

第 45 行和第 46 行分别输出在训练 1000 轮时的权重系数和偏置系数值。

4.5.2　全连接层神经网络与非线性回归及其在 MindSpore 和 TensorFlow 2 框架中的实现

视频讲解

基于全连接层构建的多层神经网络能够用来完成回归和分类任务。本节讨论用全连接层神经网络来处理非线性回归问题。

在神经网络中一般用图 4-11 所示的画法来表示图 2-6 所示的神经元模型。神经元由输入层和输出层组成。输入层负责接收信息,并将信息传给输出层。输出层负责求和、产生激励信息并输出。

神经网络可以全部由全连接层来组成,由全连接层组成的神经网络如图 4-12 所示,前一层的所有节点到后一层的每个节点都有连接关系。

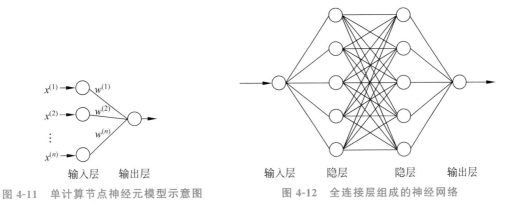

图 4-11　单计算节点神经元模型示意图　　　　图 4-12　全连接层组成的神经网络

在本书中,层状结构神经网络的层数按实际层次的数量来计算,如图 4-12 所示的神经网络为 4 层神经网络。神经网络的第一层为输入层,最后一层为输出层,中间为隐层。输入层没有信息处理能力。

在多层神经网络中,网络参数的学习问题曾经长期困扰机器学习领域的研究者,直到误差反向传播(error Back Propagation,BP)算法出来后,该问题才得以解决。该算法是深度学习领域最基本的知识。包括 MindSpore 和 TensorFlow 2 在内的各深度学习框架都实现了该算法,并在需要的时候自动调用,因此,使用者一般不需要自己实现或调用该算法。本章先不讨论该算法,留待第 5 章结合分类问题深入讨论。

下面给出一个应用多个全连接层组成的神经网络来求解非线性回归问题的示例。该示例是用如图 4-12 所示的神经网络来拟合式(4-30)所示的目标函数。

$$y = x^{0.6} + \sin x \tag{4-30}$$

采用 4 层神经网络,输入层节点数为 1,第 1 隐层和第 2 隐层的神经元个数为 5,输出层的神经元个数为 1。

在 MindSpore 中,构建该神经网络的代码见代码 4-18。

代码 4-18　　**MindSpore 构建全连接层神经网络示例**(多层全连接层

神经网络求解非线性回归问题示例. ipynb)

```
1.  from mindspore.common.initializer import Normal
2.  from mindspore import nn, Parameter
3.
4.  class NonLinearNet(nn.Cell):
5.      def __init__(self):
6.          super(NonLinearNet, self).__init__()
7.          self.fc1 = nn.Dense(1, 5, Normal(0.02), Normal(0.02), True)
8.          self.fc2 = nn.Dense(5, 5, Normal(0.02), Normal(0.02), True)
9.          self.fc3 = nn.Dense(5, 1, Normal(0.02), Normal(0.02), True)
10.         self.sigmoid = nn.Sigmoid()
11.
12.     def construct(self, x):
13.         x = self.sigmoid(self.fc1(x))
14.         x = self.sigmoid(self.fc2(x))
15.         x = self.sigmoid(self.fc3(x))
16.         return x
```

__init__()方法将三个不同的 Dense 算子和一个 Sigmoid(定义见式(2-4))激活函数算子实例化。MindSpore 的 Dense 算子的第一个参数是输入的参数个数,可以理解为上一层的输出参数个数。如第 7 行的名为 fc1 的 Dense 算子的输入参数个数为 1,即上一层(神经网络的输入层)的节点数为 1,自身的节点数为 5(也是下一层 fc2 的输入参数个数,如第 8 行所示)。

在 construct()方法中,将各算子依次组合起来,形成如图 4-12 所示的神经网络,其中,Sigmoid 激活函数算子使用了三次。

产生训练样本数据的方法与上一节的示例相同,不再赘述,详情见随书代码文件"多层全连接层神经网络求解非线性回归问题示例. ipynb"。

为了方便应用激活函数,现对样本标签值进行归一化操作,对预测值标签值进行反归一化操作。

在采用 MSE 损失函数、Momentum(学习率设为 0.1)优化方法时,训练 6000 轮,可得如图 4-13 所示的结果。

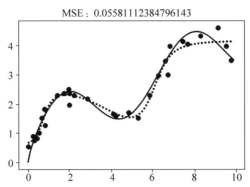

图 4-13 多层全连接层神经网络求解非线性回归问题示例结果
（**MindSpore 框架，Momentum 优化器**）

图 4-13 中，点为训练样本，实线为目标函数，虚线为神经网络拟合的结果。所有验证样本（验证样本是从区间[0,10]中等间距取的 100 个点）的 MSE 约为 0.056（因不同初始化值等因素影响，在不同的训练中该值不会完全相同）。

在 TensorFlow 2 中，构建该神经网络的代码见代码 4-19。

代码 4-19 **TensorFlow 2 构建全连接层神经网络示例（多层全连接层神经网络**
求解非线性回归问题示例.ipynb）

```
1. import tensorflow as tf
2. tf_model = tf.keras.Sequential([
3.     tf.keras.layers.Dense(5, activation = 'sigmoid', input_shape = (1,), kernel_
   initializer = 'random_uniform', bias_initializer = 'zeros'),
4.     tf.keras.layers.Dense(5, activation = 'sigmoid', kernel_initializer = 'random_uniform'
   , bias_initializer = 'zeros'),
5.     tf.keras.layers.Dense(1, activation = 'sigmoid', kernel_initializer = 'random_uniform'
   , bias_initializer = 'zeros')
6. ])
7. … …
8. tf_model.compile(optimiaer = 'sgd', loss = 'mean_squared_error')
9. tf_model.fit(X, y1, batch_size = batch_size, epochs = tf_epoch, verbose = 1)
10. tf_model.summary()
```

在 TensorFlow 2 中，构建网络层有函数式和顺序式两种方法。函数式方法是像函数调用一样使训练样本通过每一个算子的计算。本例采用的是顺序式方法，见代码 4-19，它是用 tensorflow.keras.Sequential 来堆叠网络算子，它形成了一个明显的结构，便于观察和分析。

代码 4-19 构建了如图 4-12 所示神经网络，与 MindSpore 框架中的语法大体相同。

第 3 行中的 input_shape=(1,)说明该层为第 1 隐层，且输入层的节点数为 1。不是第 1 隐层的 Dense 算子，不需要由用户设置输入参数个数，它可以根据上一层的节点数自动设置。每层采用 Sigmoid 激活函数，连接系数采用随机初始化，阈值系数采用 0 初始化方式。

第 8 行定义了模型的优化方法和损失函数,这里采用 SGD 优化方法。

第 9 行对模型进行训练,在参数中定义了每批的大小和重复训练的轮数。Verbose 参数定义是否需要实时打印训练过程中的损失函数等情况。

第 10 行打印出训练好的模型参数。

该模型训练等详细情况参见随书代码文件"多层全连接层神经网络求解非线性回归问题示例.ipynb"。在训练轮数为 6000 轮时,本次训练结果如图 4-14 所示。

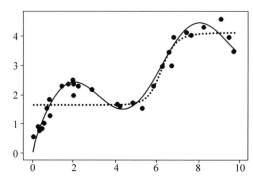

图 4-14　多层全连接层神经网络求解非线性回归问题示例结果
（TensorFlow 2 框架,SGD 优化器）

视频讲解

4.5.3　神经网络中的过拟合及其抑制

过拟合是机器学习中的重要问题,前文已经进行了讨论,本节讨论神经网络中的过拟合及其抑制方法。

在讨多项式回归(4.3.1 节)时,采用的示例是以一个三次多项式作为目标函数,加上噪声,产生了样本集,然后以样本集来训练模型。现在用神经网络模型来拟合该三次多项式,并讨论神经网络中的过拟合现象。

用如图 4-12 所示的全连接层神经网络来拟合多项式。该神经网络有三个隐层(层内节点数分别为 5、5、1),默认输入层为 1 个节点。隐层和输出层都采用 Sigmoid 激活函数。连接系数采用随机初始化,阈值系数置为 0。采用均方误差 MSE 作为损失函数。为方便比较,采用 SGD 随机梯度下降优化方法,因 MindSpore 框架还不支持在 CPU 平台上运行 SGD 算子,因此在 TensorFlow 2 框架下实现。共训练 5000 轮。实现代码与 4.5.2 节的示例相似,读者可自行参考随书资源文件 NN_regress.py。

拟合结果如图 4-15(c)所示。图中点为训练样本,实线为目标函数,即拟合目标。虚线为神经网络的拟合结果。

不同的网络结构和训练轮数会产生不同的拟合结果。下面结合该回归示例来举例分析它们的影响。

保持 Sigmoid 激活函数和训练轮数 5000 不变,构建不同的全连接神经网络进行拟合。图 4-15 中的(a)(b)(d)分别是三层网络(节点数分别为 1、1、1)、三层网络(节点数分别为 1、2、1)、五层网络(节点数分别为 1、10、15、10、1)时的拟合结果。可见,如果网络结构过于简单,会欠拟合;反之,如果网络结构过于复杂,则会过拟合。

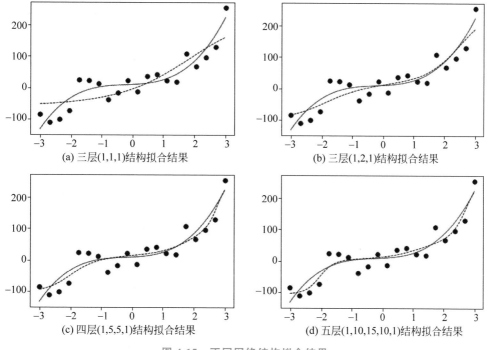

(a) 三层(1,1,1)结构拟合结果　　　　　(b) 三层(1,2,1)结构拟合结果

(c) 四层(1,5,5,1)结构拟合结果　　　　(d) 五层(1,10,15,10,1)结构拟合结果

图 4-15　不同网络结构拟合结果

训练轮数的影响如图 4-16 所示。采用 Sigmoid 激活函数和四层 (1,5,5,1) 结构时，随着训练轮数从 1000、3000、5000 到 10000，拟合结果也从欠拟合变成明显的过拟合。

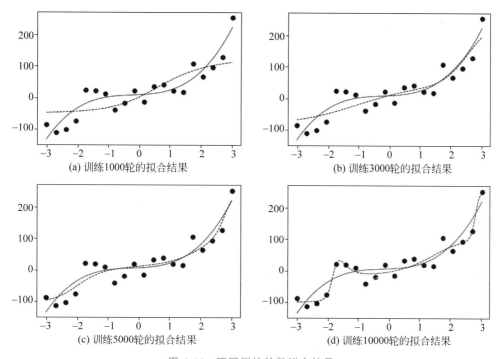

(a) 训练1000轮的拟合结果　　　　　　(b) 训练3000轮的拟合结果

(c) 训练5000轮的拟合结果　　　　　　(d) 训练10000轮的拟合结果

图 4-16　不同训练轮数拟合结果

采用 Sigmoid 激活函数、四层(1,5,5,1)结构、训练轮数为 10000,以训练轮数为横坐标、误差值为纵坐标,画出训练误差和测试误差的走向如图 4-17 所示。图中实线为训练误差,虚线为测试误差,可见大约在第 5000 轮时,测试误差最低,随后开始上升,开始过拟合。详情见随书资源 NN_regress_earlystop.py 文件。

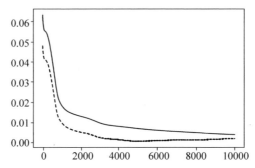

图 4-17　训练误差与测试误差随训练轮数的变化

减少模型规模(减少多层神经网络的层数和节点数)和增加训练样本数量是防止过拟合的重要方法。

4.4.2 节讨论了抑制过拟合的正则化、早停和 Dropout 等方法,下面讨论它们在多层神经网络中的应用。

1. 正则化方法的应用

采用 Sigmoid 激活函数、四层(1,5,5,1)结构、训练轮数为 10000,给第三层节点的连接系数增加 L2 正则化,如代码 4-20 中第 4 行所示,拟合结果如图 4-18(a)所示。对比图 4-16(b),可知比较成功地抑制了过拟合。

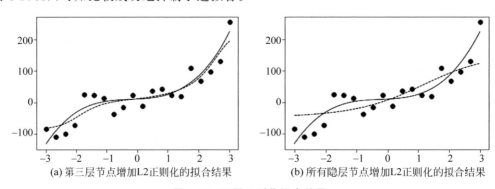

(a) 第三层节点增加L2正则化的拟合结果　　　(b) 所有隐层节点增加L2正则化的拟合结果

图 4-18　不同正则化拟合结果

代码 4-20　神经网络拟合多项式过拟合正则化抑制示例(NN_regress_overfit.py)

```
1. model = tf.keras.Sequential([
2.     tf.keras.layers.Dense(5, activation = 'sigmoid', input_shape = (1,),
3.              kernel_initializer = 'random_uniform', bias_initializer = 'zeros'),
4.     tf.keras.layers.Dense(5, activation = 'sigmoid', kernel_regularizer = regularizers.
    l2(0.001),
```

```
5.                          kernel_initializer = 'random_uniform', bias_initializer = 'zeros'),
6.     tf.keras.layers.Dense(1, activation = 'sigmoid',
7.                          kernel_initializer = 'random_uniform', bias_initializer = 'zeros')
8.  ])
```

如果给所有隐层(包括输出层)都增加 L2 正则化,则拟合结果如图 4-18(b)所示,可见又造成了欠拟合。

TensorFlow 2 提供了对神经元的连接系数、阈值系数和激活函数进行正则化的方法。

在 MindSpore 中,提供了 mindspore.nn.L1Regularizer 算子,MindSpore 官网给出了一个应用示例(见代码 4-21)[①],来分析一下它的含义。

代码 4-21　mindspore.nn.L1Regularizer 算子应用示例

```
1. scale = 0.5
2. net = nn.L1Regularizer(scale)
3. weights = Tensor(np.array([[1.0, -2.0], [-3.0, 4.0]]).astype(np.float32))
4. output = net(weights)
5. print(output.asnumpy())
6. >>> 5.0
```

mindspore.nn.L1Regularizer 算子实际上是计算式(4-21)中的第二项(不除以 k)$\lambda \sum_j |w^{(j)}|$。第 1 行代码设置 λ 为 0.5。第 3 行设置网络的系数值,它们绝对值之和为 10.0,因此最后计算的结果为 5.0。

2. 早停法的应用

过拟合是因训练误差低而测试误差高产生的问题,所以,如果在测试误差升高或不再降低时停止训练,则可以防止模型过度训练。

代码 4-15 利用回调机制,在每轮训练结束时获得模型参数,并画出当前的拟合状态。早停法抑制过拟合就是利用该机制在每轮训练结束时检查测试误差是否停止减少,如果停止减少则结束训练。

采用 Sigmoid 激活函数、四层(1,5,5,1)结构、训练轮数为 10000 时,采用早停法,主要代码见代码 4-22,验证误差的最小变化的阈值为 0.000001,如果连续 5 轮的变化都小于该阈值,则认为测试误差不再降低。训练在第 4720 轮终止,拟合结果如图 4-19 所示。

代码 4-22　神经网络拟合多项式过拟合早停法示例(NN_regress_earlystop.py)

```
7.  # 验证集
8.  x1 = np.linspace(-3, 3, 100)
9.  y0 = myfun(x1)
10. y00 = y0.copy()
11. standard(y0, -131.0, 223.0)
```

① https://www.mindspore.cn/doc/api_python/zh-CN/r1.1/mindspore/nn/mindspore.nn.L1Regularizer.html#mindspore.nn.L1Regularizer

```
12.
13. earlyStopping = tf. keras. callbacks. EarlyStopping(monitor = 'val_loss', min_delta =
    0.000001, patience = 5, verbose = 1, mode = 'min')
14.
15. model. fit ( x,  y,  batch_size = 20,  epochs = 10000,  verbose = 1,  callbacks =
    [earlyStopping],
16.      validation_data = (x1, y0))
```

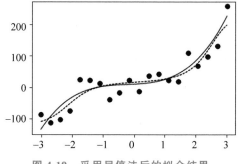

图 4-19   采用早停法后的拟合结果

在 MindSpore 中实现早停法需要像代码 4-15 第 23 行那样定义一个回调函数,在 step_end 方法中判断是否满足早停条件,并做出停止迭代的决定,在官网上给出了一个示例,见代码 4-23[①]。

代码 4-23   MindSpore 中实现早停法示例

```
1. class EarlyStop(Callback):
2.     def __init__(self, control_loss = 1):
3.         super(EarlyStep, self). __init__()
4.         self. _control_loss = control_loss
5.
6.     def step_end(self, run_context):
7.         cb_params = run_context. original_args()
8.         loss = cb_params. net_outputs
9.         if loss. asnumpy() < self. _control_loss:
10.            # Stop training
11.            run_context. _stop_requested = True
12.
13. stop_cb = EarlyStop(control_loss = 1)
14. model.train(epoch_size, ds_train, callbacks = [stop_cb])
```

3. Dropout 法的应用

Dropout 法是将神经元随机失活,即按预先设定的概率随机选择某些神经元令其失

---

① https://www.mindspore.cn/doc/faq/zh-CN/r1.0/backend_running.html

效,不参与本次训练。该方法可以一定程度上抑制过拟合问题。

采用 Sigmoid 激活函数、四层(1,5,5,1)结构、训练轮数为 10000,在第二层后增加失活率为 0.1 的 Dropout 层,如代码 4-24 中第 4 行所示,拟合结果如图 4-20(a)所示,可知 Dropout 法在一定程度上抑制了过拟合。

代码 4-24　神经网络拟合多项式过拟合 Dropout 法抑制示例(**NN_regress_overfit. py**)

```
1. model = tf.keras.Sequential([
2.    tf.keras.layers.Dense(5, activation = 'sigmoid', input_shape = (1,),
3.                 kernel_initializer = 'random_uniform', bias_initializer = 'zeros'),
4.    tf.keras.layers.Dropout(0.1),
5.    tf.keras.layers.Dense(5, activation = 'sigmoid',
6.                 kernel_initializer = 'random_uniform', bias_initializer = 'zeros'),
7.    tf.keras.layers.Dense(1, activation = 'sigmoid',
8.                 kernel_initializer = 'random_uniform', bias_initializer = 'zeros')
9. ])
```

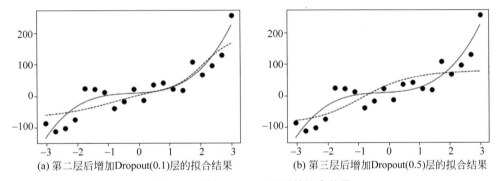

(a) 第二层后增加Dropout(0.1)层的拟合结果　　(b) 第三层后增加Dropout(0.5)层的拟合结果

图 4-20　增加 Dropout 层后的拟合结果

当然,Dropout 层的应用也要适度,如果在第三层后增加失活率为 0.5 的 Dropout 层,则会欠拟合,如图 4-20(b)所示。

在 MindSpore 中提供了 mindspore. nn. Dropout 算子。

4.6　习题

1. 仿照代码 4-3 或代码 4-4,在 MindSpore 框架或 TensorFlow 2 框架下利用它们提供的自动求导方法来实现对方程 $x^5+x^4+e^x-11x+1=0$ 的梯度下降法求解。

2. 计算由图 4-12 所示意的全连接层神经网络的需要训练参数的数量。

3. 基于随书提供的源程序(NN_regress. py),修改网络结构和参数,重现图 4-15、图 4-16 的拟合结果。

第 5 章

分类与卷积神经网络

分类就是将某个事物判定为属于预先设定的有限个集合中的某一个的过程。在日常生活中经常分类,比如从远处观察判断某人的性别。分类是机器学习中应用最为广泛的任务。分类问题包括二分类问题和多分类问题。分类任务中样本的类别是预先设定的。分类是监督学习。

本章分别讨论决策函数分类模型、概率分类模型和神经网络分类模型中的常用模型。决策函数分类模型中,讨论决策树与随机森林模型。概率分类模型中,讨论朴素贝叶斯分类模型。神经网络分类模型中,讨论全连接层神经网络与卷积神经网络及其在分类中的应用。

本章基于 MindSpore 和 TensorFlow 2 深度学习框架,对误差反向传播学习算法、激活函数、损失函数和优化方法等多层神经网络的基础知识以及卷积层、池化层、批标准化层等卷积神经网络基本组成单元进行讨论。

5.1 分类算法基础

本节讨论一般性的分类任务以及分类算法的评价指标等基础知识。

5.1.1 分类任务

分类任务的目标是给未标记的测试样本进行标记。与聚类不同的是,分类任务的训练样本已经划分为若干个子集了,每个子集称为"类",用类别标签来区分。与回归不同的是,分类任务的标签数量是有限的。

设样本集 $S = \{s_1, s_2, \cdots, s_m\}$ 包含 m 个样本,样本 $s_i = (\boldsymbol{x}_i, \boldsymbol{y}_i)$ 包括一个实例 $\boldsymbol{x}_i$ 和一个标签 y_i,实例由 n 维特征向量表示,即 $\boldsymbol{x}_i = (x_i^{(1)}, x_i^{(2)}, \cdots, x_i^{(n)})$。分类任务可分为学习过程和判别(预测)过程,如图 5-1 所示。

在学习过程,分类任务将样本集中的知识提炼出来,形成模型。完成分类任务的模型有决策函数模型、概率模型和神经网络模型等。

决策函数分类模型建立了从实例特征向量到类别标签的映射 $Y = f(X)$,其中,X 是定义域,它是所有实例特征向量的集合;Y 是值域,它是所有类别标签的集合。

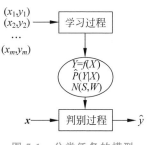

图 5-1　分类任务的模型

概率分类模型建立了条件概率分布函数 $\hat{P}(Y \mid X)$,它反映了从实例特征向量到类别标签的概率映射。

神经网络分类模型建立了能正确反映实例特征向量与类别标签关系的神经网络 $N(S, W)$。

记测试样本为 $\boldsymbol{x} = (x^{(1)}, x^{(2)}, \cdots, x^{(n)})$。在判别过程中,决策函数分类模型依据决策函数 $Y = f(X)$ 给予测试样本 $\boldsymbol{x}$ 一个类标签 $\hat{y}$;概率分类模型依据条件概率 $\hat{P}(Y \mid X)$ 计算在给定 $\boldsymbol{x}$ 时取每一个类标签 $\hat{y}$ 的条件概率值,取最大值对应的 $\hat{y}$ 作为输出;神经网络分类模型将 $\boldsymbol{x}$ 馈入已经训练好的网络 $N(S, W)$,从输出得到类标签 $\hat{y}$。

如果值域只有两个值,则该模型是二分类的;如果多于两个值,则该模型是多分类的。

5.1.2　分类模型的评价指标

本节主要讨论二分类模型的评价指标,它们中的大部分可以容易地扩展到多分类任务。

1. 准确率

准确率(Accuracy)是指在分类中,用模型对测试集进行分类,分类正确的样本数占总数的比例:

$$\text{accuracy} = \frac{n_{\text{correct}}}{n_{\text{total}}} \tag{5-1}$$

sklearny 扩展库中提供了一个专门对模型进行评估的包 metrics,该包可以满足一般的模型评估需求。包中提供了准确率计算函数,函数原型为:sklearn. metrics. accuracy_score(y_true, y_pred, normalize = True, sample_weight = None)。其中,normalize 默认值为 True,返回正确分类的比例;如果设为 False,则返回正确分类的样本数。

2. 混淆矩阵

混淆矩阵(Confusion Matrix)是对分类的结果进行详细描述的矩阵,对于二分类则是一个 2×2 的矩阵,对于 n 分类则是 $n \times n$ 的矩阵。二分类的混淆矩阵,如表 5-1 所示,第一行是真实类别为"正(Positive)"的样本数,第二行则是真实类别为"负(Negative)"的样本数,第一列是预测值为"正"的样本数,第二列则是预测值为"负"的样本数。

表 5-1 二分类的混淆矩阵

	预测为"正"的样本数	预测为"负"的样本数
标签为"正"的样本数	True Positive(TP)	False Negative(FN)
标签为"负"的样本数	False Positive(FP)	True Negative(TN)

表 5-1 中 TP 表示真正,即被算法分类正确的正样本;FN 表示假正,即被算法分类错误的正样本;FP 表示假负,即被算法分类错误的负样本;TN 表示真负,即被算法分类正确的负样本。

sklearn.metrics 中计算混淆矩阵的函数为 confusion_matrix。

可以由混淆矩阵计算出准确率 accuracy:

$$accuracy = \frac{TP + TN}{TP + FP + FN + TN} \tag{5-2}$$

3. 平均准确率

准确率指标虽然简单、易懂,但它没有对不同类别进行区分。不同类别下分类错误的代价可能不同,例如在重大病患诊断中,漏诊(False Negative)可能要比误诊(False Positive)给治疗带来更为严重的后果,此时准确率就不足以反映预测的效果。如果样本类别分布不平衡(即有的类别下的样本过多,有的类别下的样本个数过少),准确率也难以反映真实预测效果。如在类别样本数量差别极端不平衡时,只需要将全部实例预测为多的那类,就可以取得很高的准确率。

平均准确率(Average Per-class Accuracy)的全称为:按类平均准确率,即计算每个类别的准确率,然后再计算它们的平均值。

平均准确率也可以通过混淆矩阵来计算:

$$average\_accuracy = \frac{\left(\dfrac{TP}{TP + FN} + \dfrac{TN}{FP + TN}\right)}{2} \tag{5-3}$$

在样本类别分布不平衡的评价问题上,有一个称为 AUC(Area Under the Curve)的评价指标得到了广泛应用,有需要的读者可参考原版书。

4. 精确率-召回率

精确率-召回率(Precision-Recall)包含两个评价指标,一般同时使用。精确率是指分类器分类正确的正(负)样本的个数占该分类器所有分类为正(负)样本个数的比例。召回率是指分类器分类正确的正(负)样本个数占所有的正(负)样本个数的比例。

精确率是从预测的角度来看的,即预测为正(负)的样本中,预测成功的比例。召回率是从样本的角度来看的,即实际标签为正(负)的样本中,被成功预测的比例。准确率也是从样本的角度来看的,即所有样本中,正确预测的比例。与召回率不同,准确率是不分类别的。

在混淆矩阵中，预测为正的样本的精确率为：

$$\text{precision}_{\text{Positive}} = \frac{\text{TP}}{\text{TP} + \text{FP}} \tag{5-4}$$

预测为负的样本的精确率为：

$$\text{precision}_{\text{Negative}} = \frac{\text{TN}}{\text{TN} + \text{FN}} \tag{5-5}$$

真实正样本的召回率为：

$$\text{recall}_{\text{Positive}} = \frac{\text{TP}}{\text{TP} + \text{FN}} = \text{TPR} \tag{5-6}$$

真实负样本的召回率为：

$$\text{recall}_{\text{Negative}} = \frac{\text{TN}}{\text{TN} + \text{FP}} = \text{TNR} \tag{5-7}$$

5. F_1-score

精确率与召回率实际上是一对矛盾的值，有时候单独采用一个值难以全面衡量算法，F_1-score 试图将两者结合起来作为一个指标来衡量算法。F_1-score 为精确率与召回率的调和平均值，即：

$$F_1 = \frac{2 \times \text{precision} \times \text{recall}}{\text{precision} + \text{recall}} \tag{5-8}$$

还可以给精确率和召回率加权重系数来区别两者的重要性，将 F_1-score 扩展为 F_β-score：

$$F_\beta = (1 + \beta^2) \frac{\text{precision} \times \text{recall}}{(\beta^2 \times \text{precision}) + \text{recall}} \tag{5-9}$$

其中，β 表示召回率比精确率的重要程度，除了 1 之外，常取 2 或 0.5，分别表示召回率的重要程度是精确率的 2 倍或一半。

sklearn.metrics 包中提供了计算 F_1-score 和 F_β-score 的函数，可在需要时调用。

5.2 决策树与随机森林

决策树（Decision Tree）是常用的分类方法，以它为基础的随机森林（Random Forests，RF）在大多数应用情景中都表现较好。

视频讲解

5.2.1 决策树基本思想

决策树的基本思想很容易理解，在生活中人们经常应用决策树的思想来做决定，某相亲决策过程如图 5-2 所示。

分类的建模过程与上面做决定的过程相反，由于事先不知道人们的决策思路，需要通过人们已经做出的大量决定来"揣摩"出其决策思路，也就是通过大量数据来归纳道理，如通过如表 5-2 所示的相亲数据来分析某人的相亲决策条件。

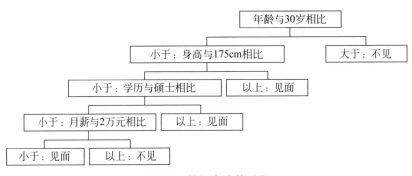

图 5-2 某相亲决策过程

表 5-2 某人相亲数据

编　号	年龄/岁	身高/cm	学　历	月薪/元	是否相亲
1	35	176	本科	20000	否
2	28	178	硕士	10000	是
3	26	172	本科	25000	否
4	29	173	博士	20000	是
5	28	174	本科	15000	是

当影响决策的因素较少时,人们可以直观地从表 5-2 所示的数据(即训练样本)中推测出如图 5-2 所示的相亲决策思路,从而了解此人的想法,更有目标地给他推荐相亲对象。

当样本和特征数量较多时,且训练样本可能出现冲突,人就难以胜任建立模型的任务。此时,一般要按一定算法由计算机来自动完成归纳,从而建立起可用来预测的模型,并用该模型来预测测试样本,从而筛选相亲对象。

决策树模型是一种对测试样本进行分类的树形结构,该结构由节点(Node)和有向边(Directed Edge)组成,节点分为内部节点(Internal Node)和叶节点(Leaf Node)两类。内部节点表示对测试样本的一个特征进行测试,内部节点下面的分支表示该特征测试的输出。如果只对特征的一个具体值进行测试,那么将只有正(大于或等于)或负(小于)2 个输出,可以生成二叉树。本书中,二叉树的左子树默认表示测试为负的输出,右子树默认表示测试为正的输出。如果对特征的多个具体值进行测试,那么将产生多个输出,可以生成多叉树。叶节点表示样本的一个分类,如果样本只有两个分类类别,那么该模型是二分类模型,否则是多分类模型。

用圆点表示内部节点,用方块表示叶节点,可将图 5-2 所示的决策过程表示为决策树模型,如图 5-3 所示。在该决策树模型中,每个内部节点的输出只有两个分支,因此它是二叉树模型,同时,叶节点只有正、负两类,分别表示相亲和不相亲两种情况,因此它是二分类模型。图中分别用空心和实心的方块表

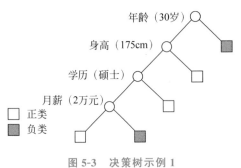

图 5-3 决策树示例 1

示相亲和不相亲两类结果。

图 5-3 中,最高的内部节点(根节点)表示对年龄特征是否大于 30 岁进行测试,左子树表示年龄小于 30 岁的输出,右子树表示年龄大于或等于 30 岁的输出。值得注意的是,一个特征可以在树的多个不同分支出现,如果在身高超过 175cm 后,还要考察月薪是否超过 8000 元条件时,则决策过程可以表示为如图 5-4 所示的模型。

对于表 5-2 所示的相亲数据,还可以归纳成图 5-5 所示的二叉决策树。

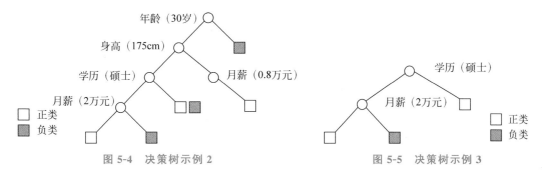

图 5-4　决策树示例 2　　　　　　　　　　　　　图 5-5　决策树示例 3

就表 5-2 中的训练数据而言,图 5-3 和图 5-5 所示的二叉决策树能起到完全相同的区分效果。但是,图 5-5 所示的二叉决策树只用了两个特征及相应的决策值就达到了相同的效果,在进行预测的时候,显然要简单、高效得多。该例子说明,在生成决策树时,选择合适的特征及其决策值是非常重要的。

使用决策树进行决策的过程是从根节点开始,依次测试样本相应的特征,并按照其值选择输出分支,直到到达叶子节点,然后将叶子节点存放的类别作为决策结果。如对年龄为 27 岁、身高为 176cm、学历为本科、月薪为 25000 元的对象,依据图 5-3 所示的模型,先测试根节点年龄特征,小于 30 岁,沿左子树继续测试,身高大于 175cm,走右子树,到达叶节点,得出相亲的决策结论。

5.2.2　决策树建立与应用

决策树算法一般采用递归方式建树。

建立二叉决策树的流程如图 5-6 所示。

流程中,找分裂点是算法的关键,选择哪一个特征及其决策值来划分训练集对生成的树结构影响很大。对决策树的研究基本上集中于该问题,该问题习惯上称为样本集分裂,依其解决方法可将决策树算法分为 ID3、C4.5、CART 等算法。这些算法对样本集进行分裂的方法都是依据某个指标对所有潜在分裂点进行试分裂,找出最符合指标要求的那个点作为实际分裂点。依据的指标分为信息增益(Information Gain)、增益率(Gain Ratio)和基尼指数(Gini Index)等,它们都以信息论为理论基础,它们的目标都是建立如图 5-5 所示的层次尽可能少的决策树。决策树的层次少,说明对新样本的测试次数就少,所做的测试越有效。有关信息增益、增益率和基尼指数等测试指标,感兴趣的读者可参考原版书。

与建立二叉树时以某特征的某个值作为分裂点不同,建立多叉决策树的分裂点是某

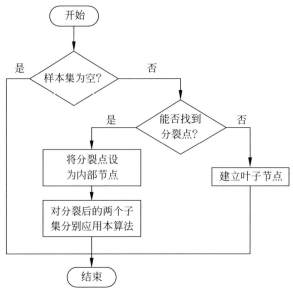

图 5-6　建立二叉决策树流程

一个特征。在试分裂时,它对样本集按某特征的每个取值都分裂一个子集,然后计算指标值。最后选择最符合指标要求的特征作为分裂点。

sklearn 的决策树类在 tree 模块中,DecisionTreeClassifier 类和方法原型见代码 5-1。

代码 5-1　sklearn 中的决策树算法

```
1. class sklearn. tree. DecisionTreeClassifier(criterion = 'gini', splitter = 'best', max_
   depth = None, min_samples_split = 2, min_samples_leaf = 1, min_weight_fraction_leaf =
   0.0, max_features = None, random_state = None, max_leaf_nodes = None, min_impurity_
   decrease = 0.0, min_impurity_split = None, class_weight = None, presort = False)
2.
3. apply(self, X[, check_input])
4. decision_path(self, X[, check_input])
5. fit(self, X, y[, sample_weight, …])
6. get_depth(self)
7. get_n_leaves(self)
8. get_params(self[, deep])
9. predict(self, X[, check_input])
10. predict_log_proba(self, X)
11. predict_proba(self, X[, check_input])
12. score(self, X, y[, sample_weight])
13. set_params(self, \ * \ * params)
```

其中,criterion 参数指定是采用基尼指数或信息增益作为样本集分裂的指标,fit 方法用来建树。predict_broba 用来产生概率值的预测输出,它是计算叶节点中不同种类样本的比例值作为输出。predict_log_proba 方法用来产生对数概率值的预测输出。

用它来示例表 5-2 所示的相亲决策模型见代码 5-2。

代码 5-2 决策树示例（决策树示例.ipynb）

```
1. from sklearn import tree
2. # 训练样本集
3. blind_date_X = [ [35, 176, 0, 20000],
4.                  [28, 178, 1, 10000],
5.                  [26, 172, 0, 25000],
6.                  [29, 173, 2, 20000],
7.                  [28, 174, 0, 15000] ]
8. blind_date_y = [ 0, 1, 0, 1, 1 ]
9. # 测试样本集
10. test_sample = [ [24, 178, 2, 17000],
11.                 [27, 176, 0, 25000],
12.                 [27, 176, 0, 10000] ]
13. clf = tree.DecisionTreeClassifier()              # 实例化
14. clf = clf.fit(blind_date_X, blind_date_y)        # 建树
15. clf.predict(test_sample)                         # 预测
16. >>> array([1, 0, 1])
17. tree.plot_tree(clf)                              # 画出树结构
18. >>> [Text(200.88000000000002, 181.2, 'X[2] <= 0.5\ngini = 0.48\nsamples = 5\nvalue =
    [2, 3]'),
19. Text(133.92000000000002, 108.72, 'X[3] <= 17500.0\ngini = 0.444\nsamples = 3\nvalue =
    [2, 1]'),
20. Text(66.96000000000001, 36.23999999999998, 'gini = 0.0\nsamples = 1\nvalue = [0, 1]'),
21. Text(200.88000000000002, 36.23999999999998, 'gini = 0.0\nsamples = 2\nvalue = [2, 0]'),
22. Text(267.84000000000003, 108.72, 'gini = 0.0\nsamples = 2\nvalue = [0, 2]')]
```

```
23.
24. print(clf.feature_importances_)                  # 给出特征的重要度
25. >>> [0.          0.          0.44444444 0.55555556]
```

第 17 行画出树结构，可见与图 5-5 所示决策树结构一样。

第 24 行打印出 feature_importances_ 属性值，它给出了特征的重要度。从第 25 行输出可知年龄和身高特征并不重要，因此，在树结构中，并没有用到这两个特征。这说明决策树算法能够立足现有的训练集发现最起作用的特征。这个功能也可以用来降维，将这两个重要度为 0 的特征去掉，并不会影响模型的建立和预测。

决策树算法容易出现过拟合现象。如图 5-7 所示的二维平面上的样本集中，圆点和十字点分别表示不同的两类样本。在左下角出现了一个与周围圆点不同的十字点（图中圆圈所示），一般认为该点为噪声点。如果不加处理，生成的决策树将会将该点单独延伸

出一个分枝来,从而产生过拟合现象。对此类过拟合的一般处理方法是剪枝(Pruning),它是将延伸出来的分枝剪掉,避免受到噪声的影响。有关过拟合和剪枝进一步的讨论,可参考原版书。

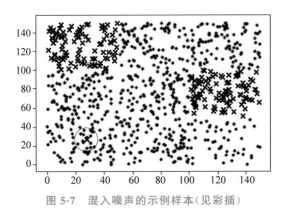

图 5-7　混入噪声的示例样本(见彩插)

决策树模型还可以用于回归问题。树模型解决回归问题的基本思想是将样本空间切分为多个子空间,在每个子空间中单独建立回归模型,因此,基于树的回归模型属于局部回归模型。与局部加权线性回归模型和 K 近邻法不同的是,基于树的回归模型会先生成固定的模型,不需要在每次预测时都计算每个训练样本的权值,因此效率相对较高。

sklearn 中的树回归算法在 tree 模块中的 DecisionTreeRegressor 类中实现。

5.2.3　随机森林

随机森林算法的基本思想是从样本集中有放回地重复随机抽样生成新的样本集合,然后无放回地随机选择若干特征生成一棵决策树,若干棵决策树组成随机森林,在预测分类时,将测试样本交由每个决策树判断,并根据每棵树的结果投票决定最终分类。

随机森林算法具有准确率高、能够处理高维数据和大数据集、能够评估各特征的重要性等优势,在工程实践和各类机器学习竞赛中被广泛地应用。

sklearn 中的随机森林分类算法类在 ensemble 模块中,类和方法原型见代码 5-3。

代码 5-3　sklearn 中的随机森林算法

```
1. class sklearn.ensemble.RandomForestClassifier(n_estimators = 'warn', criterion = 'gini',
   max_depth = None, min_samples_split = 2, min_samples_leaf = 1, min_weight_fraction_leaf =
   0.0, max_features = 'auto', max_leaf_nodes = None, min_impurity_decrease = 0.0, min_
   impurity_split = None, bootstrap = True, oob_score = False, n_jobs = None, random_state =
   None, verbose = 0, warm_start = False, class_weight = None)
2.
3. apply(self, X)
4. decision_path(self, X)
5. fit(self, X, y[, sample_weight])
6. get_params(self[, deep])
7. predict(self, X)
8. predict_log_proba(self, X)
```

```
 9. predict_proba(self, X)
10. score(self, X, y[, sample_weight])
11. set_params(self, \ * \ * params)
```

其中,n_estimators 是森林中树的棵数,max_features 是用来分裂时的最大特征数。

随机森林同样可用于回归任务,相应的类为 sklearn. ensemble. RandomForestRegressor。

像随机森林这样由多个分类器来集体决策的方法称为集成学习方法。集成学习(Ensemble Learning)是一种有效的机器学习方法,也是各类竞赛中的常用工具,在工业界得到了广泛的应用。目前,集成学习有三种主要方法,分别为装袋方法、提升方法和投票方法,有关它们的详细讨论,可参考原版书。

5.3　朴素贝叶斯分类

朴素贝叶斯(Naïve Bayes)分类是基于贝叶斯定理与特征条件独立假定的分类方法。

贝叶斯公式可由条件概率的定义直接得到。设试验 E 的样本空间为 S,A 为 E 的事件,$B_1,B_2,\cdots,B_n$ 为 S 的一个划分,且 $P(A)>0,P(B_i)>0(i=1,2,\cdots,n)$,则贝叶斯公式为:

$$P(B_i \mid A) = \frac{P(B_iA)}{P(A)} = \frac{P(A \mid B_i)P(B_i)}{\sum_{j=1}^{n}P(A \mid B_j)P(B_j)}, \quad i=1,2,\cdots,n \tag{5-10}$$

其中,$P(B_i)$ 称为先验概率,即分类 B_i 发生的概率,它和条件概率 $P(A|B_i)$可从样本集中估计得到。通过贝叶斯公式就可以找到使后验概率 $P(B_i|A)$最大的 B_i。即 A 事件发生时,最有可能的分类 B_i。

在机器学习领域,A 可以看成一个样本,而 $B_1,B_2,\cdots,B_n$ 可以看成样本的所有可能的分类,或者是样本的所有可能的标签。贝叶斯分类,就是通过贝叶斯公式计算概率,将样本 A 分到可能性最大的类中,或者说是给样本 A 分一个可能性最大的标签。

设样本集为 $S=\{s_1,s_2,\cdots,s_m\}$,每个样本 $s_i=(x_i,y_i)$包括一个实例 x_i 和一个标签 y_i。标签 y_i 有 k 种取值$\{y_i^{(1)},y_i^{(2)},\cdots,y_i^{(k)}\}$。

朴素贝叶斯法首先基于特征条件独立假定,从样本集中学习到先验概率和条件概率,然后基于它们,对给定的测试样本 x,利用贝叶斯公式求出使后验概率最大的预测值 y。y 可看作 x 所属分类的编号。

特征条件独立假定,是指假定样本的各个特征是相互独立的,互不关联。这个假定显然是不符合实际的,但它可以在大数据量、大特征量的情况下极大简化计算,使得贝叶斯算法实际可行。从实际应用情况来看,朴素贝叶斯分类也取得了不错的效果。

有关朴素贝叶斯法原理的深入讨论可参考原版书。

在应用朴素贝叶斯法进行分类时,根据条件概率 $P(A|B_i)$的不同假定分布,可以分为不同的分类器。

1. 多项式朴素贝叶斯分类器

多项式朴素贝叶斯(Multinomial Naïve Bayes)分类器假设条件概率 $P(A|B_i)$ 服从多项式分布。多次抛硬币试验中,出现指定次数正面(或反面)的概率是二项分布。将二项分布中的两种状态推广到多种状态,就得到了多项式分布。

多项式分布适用于离散取值的分类场合。

在 sklearn. naive_bayes 中的 MultinomialNB 实现了多项式分类器,其原型见代码5-4。

代码5-4　sklearn中的多项式朴素贝叶斯分类器

```
1. class sklearn.naive_bayes.MultinomialNB( * , alpha = 1.0, fit_prior = True, class_prior =
   None)
2. fit(X, y, sample_weight = None)
3. predict(X)
4. predict_proba(X)
```

其中,alpha 称为平滑值,它用来避免在估计条件概率时出现值为 0 的情况,它的取值大于 0。当 alpha 等于 1 时,称为 Laplace(拉普拉斯)平滑。

当假定特征取值符合 0-1 分布时,多项式分类器退化为伯努利朴素贝叶斯(Bernoulli Naïve Bayes)分类器。即伯努利朴素分类器中,特征只能取两个值(条件概率 $P(A|B_i)$ 服从二项分布),它在某些场合下比多项式分类器效果要好一些。使用伯努利分类器之前,需要先将非二值的特征转化为二值的特征。

sklearn. naive_bayes 中的 BernoulliNB 实现了伯努利朴素贝叶斯分类器。

2. 高斯朴素贝叶斯分类器

当特征值是连续变量的时候,可采用高斯朴素贝叶斯(Gaussian Naïve Bayes)分类器。高斯朴素贝叶斯分类器假设条件概率 $P(A|B_i)$ 服从参数未知的高斯分布。

在 sklearn. naive_bayes 中的 GaussianNB 实现了高斯分类器。

用朴素贝叶斯分类器来对表 5-2 所示的相亲数据进行建模并预测测试样本的示例见代码5-5。

代码5-5　朴素贝叶斯分类器示例(贝叶斯分类器示例. ipynb)

```
1. # 训练样本集
2. blind_date_X = [ [35, 176, 0, 20000],
3.                  [28, 178, 1, 10000],
4.                  [26, 172, 0, 25000],
5.                  [29, 173, 2, 20000],
6.                  [28, 174, 0, 15000] ]
7. blind_date_y = [ 0, 1, 0, 1, 1 ]
8. # 测试样本集
9. test_sample = [ [24, 178, 2, 17000],
10.                 [27, 176, 0, 25000],
11.                 [27, 176, 0, 10000] ]
```

```
12.
13.  # 多项式朴素贝叶斯分类器
14.  from sklearn.naive_bayes import MultinomialNB
15.  clf = MultinomialNB()
16.  clf.fit(blind_date_X, blind_date_y)
17.  print(clf.predict(test_sample))
18.  >>> [1 0 1]
19.
20.  # 高斯朴素贝叶斯分类器
21.  from sklearn.naive_bayes import GaussianNB
22.  clf = GaussianNB()
23.  clf.fit(blind_date_X, blind_date_y)
24.  print(clf.predict(test_sample))
25.  >>> [1 0 1]
26.  print(clf.class_prior_)              # 标签的先验概率
27.  >>> [0.4 0.6]
28.  print(clf.class_count_)              # 每个标签的样本数量
29.  >>> [2. 3.]
30.  print(clf.theta_)                    # 高斯模型的期望值
31.  >>> [[3.05000000e+01 1.74000000e+02 0.00000000e+00 2.25000000e+04]
32.       [2.83333333e+01 1.75000000e+02 1.00000000e+00 1.50000000e+04]]
33.  print(clf.sigma_)                    # 高斯模型的方差
34.  >>> [[2.02760000e+01 4.02600000e+00 2.60000000e-02 6.25000003e+06]
35.       [2.48222222e-01 4.69266667e+00 6.92666667e-01 1.66666667e+07]]
```

从示例的输出来验证高斯朴素贝叶斯分类器。

第 26 行输出的是每类标签的先验概率。

第 30 行和第 33 行输出的是高斯分布的均值和方差。因为训练样本有 4 个特征和 2 个标签,每个特征与每个标签生成一个高斯分布,因此共有 8 个高斯分布。验算第一个高斯分布的均值(第 31 行的第一个值 3.05000000e+01),它是标签值为 0 时的年龄特征两个取值 35 和 26 的均值。

而对于多项式朴素贝叶斯分类器,它对每一个特征生成一个线性分类器(线性分类器可看作将式(4-2)所示的线性回归用于分类,它用"直线"将空间划分两个部分,不同部分的样本点分别属于不同的两个类),读者可以修改代码查看多项式朴素贝叶斯分类器的 coef_ 属性,它代表 4 个线性函数的斜率。

朴素贝叶斯法实现简单,学习与预测的效率都很高,甚至在某些特征相关性较高的情况下都有不错的表现,是一种常用的方法。

5.4　神经网络与分类任务

本节讨论多层神经网络的一些基础问题,并示例全连接层神经网络在分类任务中的应用。

视频讲解

5.4.1 误差反向传播学习算法

用神经网络来完成机器学习任务,先要设计好网络结构 S,然后用训练样本去学习网络中的连接系数和阈值系数(即网络参数 W),最后对测试样本进行预测。

在第 4 章讨论了多层神经网络在回归问题中的初步应用,在本节讨论多层神经网络的参数学习问题。

在研究早期,没有适合多层神经网络的有效的参数学习方法是长期困扰该领域研究者的关键问题,以至于让人们对人工神经网络的前途产生了怀疑,导致该领域的研究进入了低谷期。直到 1986 年,以 Rumelhart 和 McCelland 为首的小组发表了误差反向传播(Error Back Propagation,BP)算法[10],该问题才得以解决,多层神经网络从此得到快速发展。

采用 BP 算法来学习的、无反馈的、同层节点无连接的、多层结构的前馈神经网络称为 BP 神经网络。BP 学习算法属于监督学习算法。BP 神经网络可用于解决分类问题和回归问题,是应用最多的神经网络。

本节先用一个简单的示例来讨论 BP 算法,然后再推广到一般情况。

1. 误差反向传播学习示例

逻辑代数中的异或运算是非线性的,它不能由单个神经元来模拟。下面用模拟异或运算的神经网络为例来说明 BP 学习过程。

设模拟异或运算的训练样本集如表 5-3 所示。表中, $x^{(1)}$ 和 $x^{(2)}$ 是异或运算的两个输入。 $l^{(1)}$ 表示异或运算的真值输出,即当异或运算为真时值为 1,否则为 0。 $l^{(2)}$ 是异或运算的假值输出,即当异或运算为真时值为 0,否则为 1。

表 5-3　模拟异或运算的训练样本集

	$x^{(1)}$	$x^{(2)}$	$l^{(1)}$	$l^{(2)}$
1	0	0	0	1
2	0	1	1	0
3	1	0	1	0
4	1	1	0	1

用如图 5-8 所示网络结构的三层全连接神经网络来模拟异或运算。接下来用表 5-3 所示的训练样本来学习该神经网络的参数。

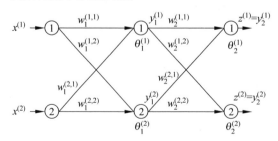

图 5-8　模拟异或运算的三层感知机

图 5-8 所示的神经网络中,最左边为输入层,有两个节点,从上至下编号为节点 1 和节点 2。输入层的输入向量为 $x = (x^{(1)}, x^{(2)})$,用带括号的上标表示输入节点序号。

为了统一标识,将输出层也看作隐层,即三层神经网络里有两个隐层。第 1 隐层共有 2 个节点,也从上至下编号,分别用 $y_1^{(1)}$ 和 $y_1^{(2)}$ 表示它们的输出,即用下标来表示隐层序号,用带括号的上标来表示层内节点序号。第 2 隐层,即输出层,也有 2 个节点,它的输出分别用 $z^{(1)} = y_2^{(1)}$ 和 $z^{(2)} = y_2^{(2)}$ 表示。

从输入层第 1 节点到第 1 隐层的第 1 节点的连接系数记为 $w_1^{(1,1)}$,用下标表示到第 1 隐层节点的连接系数,上标括号内表示是从前一层的 1 号节点到本层的 1 号节点。

用 $\theta_1^{(1)}$ 表示第 1 隐层的第 1 节点的阈值系数。类似可得其他系数的表示方法如图 5-8 所示。

为方便起见,还可以用矩阵和向量来表示各参数。如从输入层到第 1 隐层的连接系数可以用一个 2×2 的矩阵 $\boldsymbol{W}_1$ 来表示:$\boldsymbol{W}_1 = \begin{bmatrix} w_1^{(1,1)} & w_1^{(1,2)} \\ w_1^{(2,1)} & w_1^{(2,2)} \end{bmatrix}$,其中,行表示前一层的节点,列表示本层的节点,如第 1 行第 2 列的元素 $w_1^{(1,2)}$ 表示是从输入层的第 1 个节点到第 1 隐层的第 2 个节点的连接系数。

同样,第 1 隐层的阈值可表示为向量:$\boldsymbol{\theta}_1 = \begin{bmatrix} \theta_1^{(1)} & \theta_1^{(2)} \end{bmatrix}$。从第 1 隐层到第 2 隐层(输出层)的连接系数可表示为向量:$\boldsymbol{W}_2 = \begin{bmatrix} w_2^{(1,1)} & w_2^{(1,2)} \\ w_2^{(2,1)} & w_2^{(2,2)} \end{bmatrix}$,第 2 隐层的阈值可表示为向量:$\boldsymbol{\theta}_2 = \begin{bmatrix} \theta_2^{(1)} & \theta_2^{(2)} \end{bmatrix}$。

为了方便求导,隐层和输出层的激励函数采用如图 2-7 中虚线所示的 Sigmoid 函数,它的定义如式(2-4)所示。Sigmoid 函数的导数为:

$$g'(z) = \frac{-1}{(1+e^{-z})^2} e^{-z} (-1) = \frac{1}{1+e^{-z}} \cdot \frac{e^{-z}}{1+e^{-z}}$$
$$= g(z)(1 - g(z)) \tag{5-11}$$

BP 学习算法可分为前向传播预测与反向传播学习两个过程。要学习的各参数值一般先作随机初始化。取训练样本输入网络,逐层前向计算输出,在输出层得到预测值,此为前向传播预测过程。根据预测值与实际值的误差再从输出层开始逐层反向调节各层的参数,此为反向传播学习过程。经过多样本的多次前向传播预测和反向传播学习,最终学习得到网络各参数的值。

1) 前向传播预测过程

前向传播预测的过程是一个逐层计算的过程。设网络各参数初值为:$\boldsymbol{W}_1 = \begin{bmatrix} 0.1 & 0.2 \\ 0.2 & 0.3 \end{bmatrix}$,$\boldsymbol{\theta}_1 = \begin{bmatrix} 0.3 & 0.3 \end{bmatrix}$,$\boldsymbol{W}_2 = \begin{bmatrix} 0.4 & 0.5 \\ 0.4 & 0.5 \end{bmatrix}$,$\boldsymbol{\theta}_2 = \begin{bmatrix} 0.6 & 0.6 \end{bmatrix}$。

取第一个训练样本 $(0,0)$,由式(2-2)和式(2-3)可得第 1 隐层的输出:

$$
\begin{cases}
y_1^{(1)} = g(w_1^{(1,1)}x^{(1)} + w_1^{(2,1)}x^{(2)} + \theta_1^{(1)}) \\
\qquad = \dfrac{1}{1 + e^{-(w_1^{(1,1)}x^{(1)} + w_1^{(2,1)}x^{(2)} + \theta_1^{(1)})}} = \dfrac{1}{1 + e^{-0.3}} = 0.574 \\
y_1^{(2)} = g(w_1^{(1,2)}x^{(1)} + w_1^{(2,2)}x^{(2)} + \theta_1^{(2)}) \\
\qquad = \dfrac{1}{1 + e^{-(w_1^{(1,2)}x^{(1)} + w_1^{(2,2)}x^{(2)} + \theta_1^{(2)})}} = 0.574
\end{cases}
\tag{5-12}
$$

同样计算第 2 隐层,也就是输出层的输出:

$$
\begin{cases}
z^{(1)} = y_2^{(1)} = g(w_2^{(1,1)}y_1^{(1)} + w_2^{(2,1)}y_1^{(2)} + \theta_2^{(1)}) \\
\qquad = \dfrac{1}{1 + e^{-(w_2^{(1,1)}y_1^{(1)} + w_2^{(2,1)}y_1^{(2)} + \theta_2^{(1)})}} \\
\qquad = \dfrac{1}{1 + e^{-(0.4 \times 0.574 + 0.4 \times 0.574 + 0.6)}} = 0.743 \\
z^{(2)} = y_2^{(2)} = g(w_2^{(1,2)}y_1^{(1)} + w_2^{(2,2)}y_1^{(2)} + \theta_2^{(2)}) \\
\qquad = \dfrac{1}{1 + e^{-(w_2^{(1,2)}y_1^{(1)} + w_2^{(2,2)}y_1^{(2)} + \theta_2^{(2)})}} = 0.764
\end{cases}
\tag{5-13}
$$

2) 反向传播学习过程

用 $l^{(1)}$ 和 $l^{(2)}$ 表示标签值,采用各标签值的均方误差 MSE 作为总误差,并将总误差依次展开至输入层:

$$
\begin{aligned}
E &= \frac{1}{2}\sum_{i=1}^{2}(z^{(i)} - l^{(i)})^2 = \frac{1}{2}\sum_{i=1}^{2}(g(w_2^{(1,i)}y_1^{(1)} + w_2^{(2,i)}y_1^{(2)} + \theta_2^{(i)}) - l^{(i)})^2 \\
&= \frac{1}{2}\sum_{i=1}^{2}(g(w_2^{(1,i)}g(w_1^{(1,1)}x^{(1)} + w_1^{(2,1)}x^{(2)} + \theta_1^{(1)}) + \\
&\qquad w_2^{(2,i)}g(w_1^{(1,2)}x^{(1)} + w_1^{(2,2)}x^{(2)} + \theta_1^{(2)}) + \theta_2^{(i)} - l^{(i)})^2
\end{aligned}
\tag{5-14}
$$

可见,总误差 E 是各层参数变量的函数,因此学习的目的就是通过调整各参数变量的值,使 E 最小。可采用梯度下降法来迭代更新所有参数的值:先求出总误差对各参数变量的偏导数,即梯度,再沿梯度负方向前进一定步长。

第一个训练样本的标签值为(0,1),计算总误差为:

$$
E = \frac{1}{2}\sum_{i=1}^{2}(z^{(i)} - l^{(i)})^2 = 0.304
\tag{5-15}
$$

输出层节点的参数更新,以节点 1 的 $w_2^{(1,1)}$ 和 $\theta_2^{(1)}$ 为例详细讨论。先求偏导 $\dfrac{\partial E}{\partial w_2^{(1,1)}}$,根据链式求导法则和式(5-13)、式(5-15)可知:

$$
\begin{aligned}
\frac{\partial E}{\partial w_2^{(1,1)}} &= \frac{\partial E}{\partial y_2^{(1)}} \cdot \frac{\partial y_2^{(1)}}{\partial w_2^{(1,1)}} = \frac{\partial \left[\frac{1}{2}\sum_{i=1}^{2}(y_2^{(i)} - l^{(i)})^2\right]}{\partial y_2^{(1)}} \cdot \frac{\partial y_2^{(1)}}{\partial w_2^{(1,1)}} \\
&= (y_2^{(1)} - l^{(1)}) \cdot \frac{\partial y_2^{(1)}}{\partial w_2^{(1,1)}}
\end{aligned}
\tag{5-16}
$$

其中，$y_2^{(1)} - l^{(1)}$ 是输出层节点 1 的误差，记为 E_2^1，即 $E_2^1 = y_2^{(1)} - l^{(1)} = 0.743$。因此 $\dfrac{\partial E}{\partial w_2^{(1,1)}}$ 可视为该节点的误差乘以该节点输出对待更新参数变量的偏导：

$$\frac{\partial E}{\partial w_2^{(1,1)}} = E_2^1 \cdot \frac{\partial y_2^{(1)}}{\partial w_2^{(1,1)}} \tag{5-17}$$

其中，误差 E_2^1 用来求偏导并更新参数，称之为校对误差。

设梯度下降法中的步长 α 为 0.5，由式(4-11)可知 $w_2^{(1,1)}$ 更新为：

$$w_2^{(1,1)} \leftarrow w_2^{(1,1)} - \alpha E_2^1 \cdot \frac{\partial y_2^{(1)}}{\partial w_2^{(1,1)}} \tag{5-18}$$

其中，偏导数 $\dfrac{\partial y_2^{(1)}}{\partial w_2^{(1,1)}}$ 的计算为：

$$
\begin{aligned}
\frac{\partial y_2^{(1)}}{\partial w_2^{(1,1)}} &= \frac{\partial g(w_2^{(1,1)} y_1^{(1)} + w_2^{(2,1)} y_1^{(2)} + \theta_2^{(1)})}{\partial w_2^{(1,1)}} \\
&= \frac{\partial g(w_2^{(1,1)} y_1^{(1)} + w_2^{(2,1)} y_1^{(2)} + \theta_2^{(1)})}{\partial (w_2^{(1,1)} y_1^{(1)} + w_2^{(2,1)} y_1^{(2)} + \theta_2^{(1)})} \cdot \frac{\partial (w_2^{(1,1)} y_1^{(1)} + w_2^{(2,1)} y_1^{(2)} + \theta_2^{(1)})}{\partial w_2^{(1,1)}} \\
&= g(w_2^{(1,1)} y_1^{(1)} + w_2^{(2,1)} y_1^{(2)} + \theta_2^{(1)}) \cdot (1 - g(w_2^{(1,1)} y_1^{(1)} + w_2^{(2,1)} y_1^{(2)} + \theta_2^{(1)})) \cdot y_1^{(1)} \\
&= y_2^{(1)} \cdot (1 - y_2^{(1)}) \cdot y_1^{(1)} \tag{5-19}
\end{aligned}
$$

式(5-19)中，用到了 Sigmoid 函数的导数，见式(5-11)。

因此：

$$
\begin{aligned}
w_2^{(1,1)} &\leftarrow w_2^{(1,1)} - \alpha E_2^1 \cdot \frac{\partial y_2^{(1)}}{\partial w_2^{(1,1)}} \\
&= w_2^{(1,1)} - \alpha E_2^1 \cdot y_2^{(1)} \cdot (1 - y_2^{(1)}) \cdot y_1^{(1)} \\
&= 0.4 - 0.5 \times 0.743 \times 0.743 \times (1 - 0.743) \times 0.574 \\
&= 0.359 \tag{5-20}
\end{aligned}
$$

$\dfrac{\partial E}{\partial w_2^{(1,1)}}$ 的求导路径如图 5-9 中粗实线所示。

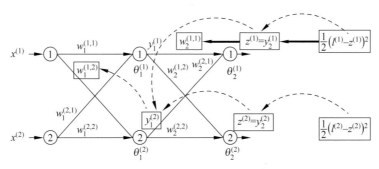

图 5-9 BP 算法中求导路径示例

同样,可得 $w_2^{(1,2)}$、$w_2^{(2,1)}$ 和 $w_2^{(2,2)}$ 的更新值分别为: 0.512、0.359 和 0.512。

对于 $\theta_2^{(1)}$ 的更新,先求总误差对它的偏导数:

$$
\begin{aligned}
\frac{\partial E}{\partial \theta_2^{(1)}} &= \frac{\partial E}{\partial y_2^{(1)}} \cdot \frac{\partial y_2^{(1)}}{\partial \theta_2^{(1)}} = E_2^1 \cdot \frac{\partial y_2^{(1)}}{\partial \theta_2^{(1)}} \\
&= E_2^1 \cdot y_2^{(1)} \cdot (1 - y_2^{(1)}) \cdot \frac{\partial (w_2^{(1,1)} y_1^{(1)} + w_2^{(2,1)} y_1^{(2)} + \theta_2^{(1)})}{\partial \theta_2^{(1)}} \\
&= E_2^1 \cdot y_2^{(1)} \cdot (1 - y_2^{(1)})
\end{aligned}
\tag{5-21}
$$

因此 $\dfrac{\partial E}{\partial \theta_2^{(1)}}$ 可视为该节点的校对误差乘以该节点输出对待更新阈值变量的偏导。$\theta_2^{(1)}$ 的更新为:

$$
\theta_2^{(1)} \leftarrow \theta_2^{(1)} - \alpha \frac{\partial E}{\partial \theta_2^{(1)}} = 0.529
\tag{5-22}
$$

同样可得 $\theta_2^{(2)}$ 的更新为: 0.621。

第 1 隐层的参数更新,以节点 2 的 $w_1^{(1,2)}$ 和 $\theta_1^{(2)}$ 为例详细讨论。对 $w_1^{(1,2)}$ 的求导有两条路径,如图 5-9 中粗虚线所示。

$$
\begin{aligned}
\frac{\partial E}{\partial w_1^{(1,2)}} &= \frac{\partial E}{\partial y_2^{(1)}} \cdot \frac{\partial y_2^{(1)}}{\partial w_1^{(1,2)}} + \frac{\partial E}{\partial y_2^{(2)}} \cdot \frac{\partial y_2^{(2)}}{\partial w_1^{(1,2)}} \\
&= \frac{\partial E}{\partial y_2^{(1)}} \cdot \frac{\partial y_2^{(1)}}{\partial y_1^{(2)}} \cdot \frac{\partial y_1^{(2)}}{\partial w_1^{(1,2)}} + \frac{\partial E}{\partial y_2^{(2)}} \cdot \frac{\partial y_2^{(2)}}{\partial y_1^{(2)}} \cdot \frac{\partial y_1^{(2)}}{\partial w_1^{(1,2)}} \\
&= \left(\frac{\partial E}{\partial y_2^{(1)}} \cdot \frac{\partial y_2^{(1)}}{\partial y_1^{(2)}} + \frac{\partial E}{\partial y_2^{(2)}} \cdot \frac{\partial y_2^{(2)}}{\partial y_1^{(2)}} \right) \cdot \frac{\partial y_1^{(2)}}{\partial w_1^{(1,2)}} \\
&= \left(E_2^1 \cdot \frac{\partial y_2^{(1)}}{\partial y_1^{(2)}} + E_2^2 \cdot \frac{\partial y_2^{(2)}}{\partial y_1^{(2)}} \right) \cdot \frac{\partial y_1^{(2)}}{\partial w_1^{(1,2)}}
\end{aligned}
\tag{5-23}
$$

其中,$E_2^2 = (y_2^{(2)} - l^{(2)})$ 是输出层节点 2 的校对误差。可将 $E_2^1 \cdot \dfrac{\partial y_2^{(1)}}{\partial y_1^{(2)}} + E_2^2 \cdot \dfrac{\partial y_2^{(2)}}{\partial y_1^{(2)}}$ 视为校对误差 E_2^1 和 E_2^2 沿求导路径反向传播到第 1 隐层节点 2 的校对误差,如图 5-10 所示,将该校对误差记为 E_1^2:

$$
E_1^2 = E_2^1 \cdot \frac{\partial y_2^{(1)}}{\partial y_1^{(2)}} + E_2^2 \cdot \frac{\partial y_2^{(2)}}{\partial y_1^{(2)}}
\tag{5-24}
$$

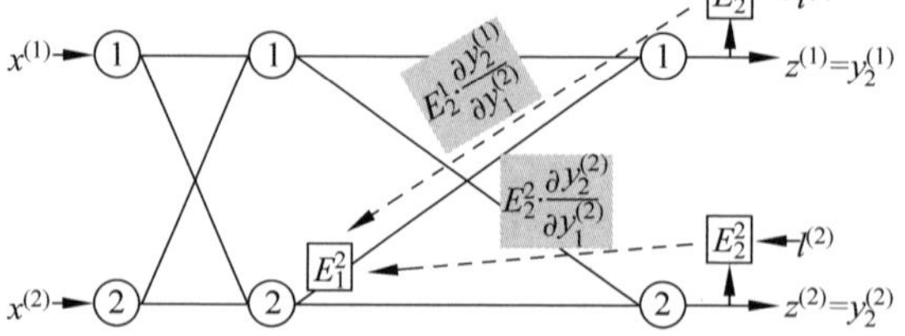

图 5-10　BP 算法中校对误差反向传播示例

式(5-23)可写为:

$$\frac{\partial E}{\partial w_1^{(1,2)}} = E_1^2 \cdot \frac{\partial y_1^{(2)}}{\partial w_1^{(1,2)}} \tag{5-25}$$

因此,$\dfrac{\partial E}{\partial w_1^{(1,2)}}$ 可视为该节点的校对误差乘以该节点输出值对待更新参数变量的偏导数。式(5-25)与式(5-17)具有相同的形式。据此,反向传播学习过程中的求梯度可以看成是先计算出每个节点的反向传播校对误差,再乘以一个本地偏导数。

式(5-25)的两项因子计算如下:

$$\begin{cases} E_1^2 = E_2^1 \cdot \dfrac{\partial y_2^{(1)}}{\partial y_1^{(2)}} + E_2^2 \cdot \dfrac{\partial y_2^{(2)}}{\partial y_1^{(2)}} = E_2^1 \cdot y_2^{(1)}(1-y_2^{(1)})w_2^{(2,1)} + E_2^2 \cdot y_2^{(2)}(1-y_2^{(2)})w_2^{(2,2)} \\ \dfrac{\partial y_1^{(2)}}{\partial w_1^{(1,2)}} = y_1^{(2)}(1-y_1^{(2)}) \dfrac{\partial(w_1^{(1,2)}x^{(1)} + w_1^{(2,2)}x^{(2)} + \theta_1^{(2)})}{\partial w_1^{(1,2)}} = y_1^{(2)}(1-y_1^{(2)})x^{(1)} = 0 \end{cases} \tag{5-26}$$

因此,$\dfrac{\partial E}{\partial w_1^{(1,2)}} = 0$。

$w_1^{(1,2)}$ 的更新为:

$$w_1^{(1,2)} \leftarrow w_1^{(1,2)} - \alpha \frac{\partial E}{\partial w_1^{(1,2)}} = w_1^{(1,2)} = 0.2 \tag{5-27}$$

同样可计算第1隐层的其他三个连接系数也保持不变。

可知 $\theta_1^{(2)}$ 更新为:

$$\theta_1^{(2)} \leftarrow \theta_1^{(2)} - \alpha \frac{\partial E}{\partial \theta_1^{(2)}} = \theta_1^{(2)} - \alpha E_1^2 \cdot y_1^{(2)}(1-y_1^{(2)}) = 0.296 \tag{5-28}$$

同样可得 $\theta_1^{(1)}$ 更新为:0.296。

以上给出了输入第一个训练样本后,网络的前向预测和反向学习过程。可将样本依次输入网络进行训练。一般要将样本多次输入网络进行多轮训练。

示例的实现见代码5-6。共运行了2000轮(第44行),每一轮对每一个样本进行一次前向传播预测和一次后向传播学习,并计算所有四个样本的平均总误差(第64行和第86行)。

代码5-6 模拟异或运算三层感知机的误差反向传播学习(误差反向传播算法示例. ipynb)

```
1. import numpy as np
2.
3. # 样本示例
4. XX = np.array([[0.0,0.0],
5.               [0.0,1.0],
6.               [1.0,0.0],
7.               [1.0,1.0]])
8. # 样本标签
9. L = np.array([[0.0,1.0],
```

```
10.              [1.0,0.0],
11.              [1.0,0.0],
12.              [0.0,1.0]])
13.
14. a = 0.5                          # 步长
15. W1 = np.array([[0.1, 0.2],       # 第 1 隐层的连接系数
16.                [0.2, 0.3]])
17. theta1 = np.array([0.3, 0.3])    # 第 1 隐层的阈值
18. W2 = np.array([[0.4, 0.5],       # 第 2 隐层的连接系数
19.                [0.4, 0.5]])
20. theta2 = np.array([0.6, 0.6])    # 第 2 隐层的阈值
21. Y1 = np.array([0,0, 0.0])        # 第 1 隐层的输出
22. Y2 = np.array([0,0, 0.0])        # 第 2 隐层的输出
23. E2 = np.array([0,0, 0.0])        # 第 2 隐层的误差
24. E1 = np.array([0,0, 0.0])        # 第 1 隐层的误差
25.
26. def sigmoid(x):
27.     return 1/(1 + np.exp(- x))
28.
29. # 计算第 1 隐层节点 1 的输出
30. def y_1_1(W1, theta1, X):
31.     return sigmoid(W1[0,0] * X[0] + W1[1,0] * X[1] + theta1[0])
32.
33. # 计算第 1 隐层节点 2 的输出
34. def y_1_2(W1, theta1, X):
35.     return sigmoid(W1[0,1] * X[0] + W1[1,1] * X[1] + theta1[1])
36.
37. # 计算第 2 隐层节点 1 的输出
38. def y_2_1(W2, theta2, Y1):
39.     return sigmoid(W2[0,0] * Y1[0] + W2[1,0] * Y1[1] + theta2[0])
40.
41. # 计算第 2 隐层节点 2 的输出
42. def y_2_2(W2, theta2, Y1):
43.     return sigmoid(W2[0,1] * Y1[0] + W2[1,1] * Y1[1] + theta2[1])
44.
45. for j in range(2000):            # 训练轮数
46.     print("\n\n 轮: ", j)
47.     E = 0.0
48.     for i in range(4):
49.         print("样本: ", i)
50.         print("实例: ", XX[i])
51.         print("标签", L[i])
52.         # 前向传播预测
53.         # 计算第 1 隐层的输出
54.         Y1[0] = y_1_1(W1, theta1, XX[i])
55.         Y1[1] = y_1_2(W1, theta1, XX[i])
56.         #print("第 1 隐层的输出:", Y1)
57.
```

```
58.         # 计算第2隐层的输出
59.         Y2[0] = y_2_1(W2, theta2, Y1)
60.         Y2[1] = y_2_2(W2, theta2, Y1)
61.         print("第2隐层的输出:", Y2)
62.
63.         # 后向传播误差
64.         # 计算第2隐层的校对误差
65.         E2[0] = Y2[0] - L[i][0]
66.         E2[1] = Y2[1] - L[i][1]
67.         E += 0.5 * (E2[0] * E2[0] + E2[1] * E2[1])
68.         #print("总误差", E)
69.         #print("第2隐层的校对误差", E2)
70.
71.         # 计算第1隐层的校对误差
72.         E1[0] = E2[0] * Y2[0] * (1 - Y2[0]) * W2[0,0] + E2[1] * Y2[1] * (1 - Y2[1]) * W2[0,1]
73.         E1[1] = E2[0] * Y2[0] * (1 - Y2[0]) * W2[1,0] + E2[1] * Y2[1] * (1 - Y2[1]) * W2[1,1]
74.         #print("第1隐层的校对误差", E1)
75.
76.         # 更新系数
77.         # 更新第2隐层的系数
78.         W2[0,0] = W2[0,0] - a * E2[0] * Y2[0] * (1 - Y2[0]) * Y1[0]
79.         W2[1,0] = W2[1,0] - a * E2[0] * Y2[0] * (1 - Y2[0]) * Y1[1]
80.         theta2[0] = theta2[0] - a * E2[0] * Y2[0] * (1 - Y2[0])
81.         W2[0,1] = W2[0,1] - a * E2[1] * Y2[1] * (1 - Y2[1]) * Y1[0]
82.         W2[1,1] = W2[1,1] - a * E2[1] * Y2[1] * (1 - Y2[1]) * Y1[1]
83.         theta2[1] = theta2[1] - a * E2[1] * Y2[1] * (1 - Y2[1])
84.         #print("第2隐层的连接系数", W2)
85.         #print("第2隐层的阈值系数", theta2)
86.
87.         # 更新第1隐层的系数
88.         W1[0,0] = W1[0,0] - a * E1[0] * Y1[0] * (1 - Y1[0]) * XX[i][0]
89.         W1[1,0] = W1[1,0] - a * E1[0] * Y1[0] * (1 - Y1[0]) * XX[i][1]
90.         theta1[0] = theta1[0] - a * E1[0] * Y1[0] * (1 - Y1[0])
91.         W1[0,1] = W1[0,1] - a * E1[1] * Y1[1] * (1 - Y1[1]) * XX[i][0]
92.         W1[1,1] = W1[1,1] - a * E1[1] * Y1[1] * (1 - Y1[1]) * XX[i][1]
93.         theta1[1] = theta1[1] - a * E1[1] * Y1[1] * (1 - Y1[1])
94.         #print("第1隐层的连接系数", W1)
95.         #print("第1隐层的阈值系数", theta1)
96.     print("平均总误差" + str(E/4.0))
97. >>> …
98. 轮: 1999
99. 样本: 0
100. 实例: [0. 0.]
101. 标签 [0. 1.]
102. 第2隐层的输出: [0.07158904 0.92822515 0.        ]
103. 样本: 1
104. 实例: [0. 1.]
105. 标签 [1. 0.]
```

```
106. 第2隐层的输出: [0.9138734 0.08633152 0.           ]
107. 样本: 2
108. 实例: [1. 0.]
109. 标签 [1. 0.]
110. 第2隐层的输出: [0.91375259 0.08644981 0.           ]
111. 样本: 3
112. 实例: [1. 1.]
113. 标签 [0. 1.]
114. 第2隐层的输出: [0.11774177 0.88200493 0.           ]
115. 平均总误差 0.008480711186161102
```

　　第 29 行到第 43 行的代码分别是前向传播预测中式(5-12)和式(5-13)的实现。后面反向传播学习过程的代码也分别是按层计算校对误差并更新参数的计算式的实现。

　　经过 2000 轮训练,每轮平均总误差由 0.32 降为 0.008,能够准确地模拟异或运算,最后一轮的四个输出与相应标签值对比为:

```
[0.07158904,0.92822515]→[0.,1.],
[0.9138734,0.08633152]→[1.,0.],
[0.91375259,0.08644981]→[1.,0.],
[ 0.11774177,0.88200493]→[0.,1.].
```

　　可见,预测输出很接近实际标签值。关于这些输出与标签值的比较,将在 5.4.2 节有关损失函数的内容中进一步讨论。

　　下面用深度学习框架来模拟异或运算,因为截至本书完稿时 MindSpore 还不支持在 CPU 平台上运行 SGD 算子,该示例只用 TensorFlow 2 框架来实现,见代码 5-7。

代码 5-7　深度学习框架模拟异或运算(TensorFlow 2 模拟异或运算示例. ipynb)

```python
1. import tensorflow as tf
2. import numpy as np
3.
4. # 样本实例
5. XX = np.array([[0.0,0.0],
6.                [0.0,1.0],
7.                [1.0,0.0],
8.                [1.0,1.0]])
9. # 样本标签
10. L = np.array([[0.0,1.0],
11.               [1.0,0.0],
12.               [1.0,0.0],
13.               [0.0,1.0]])
14.
15. tf_model = tf.keras.Sequential([
16.     tf.keras.layers.Dense(4, activation = 'sigmoid', input_shape = (2,), kernel_
    initializer = 'random_uniform', bias_initializer = 'zeros'),
17.     tf.keras.layers.Dense(2, activation = 'sigmoid', kernel_initializer = 'random_
    uniform', bias_initializer = 'zeros')
```

```
18. ])
19.
20. tf_model.compile(optimiaer = tf.keras.optimizers.SGD(), loss = tf.keras.losses.mean_
    squared_error, metrics = ['accuracy'])
21.
22. tf_model.summary()
23. tf_model.fit(XX, L, batch_size = 4, epochs = 2000, verbose = 1)
24. tf_model.evaluate(XX, L)
25. >>> …
26. …
27. Epoch 2000/2000
28. 4/4 [ ============================= ] - 0s 1ms/sample - loss: 0.1588 -
    accuracy: 1.0000
29. 4/1 [ ============================= ] - 0s 61ms/sample - loss: 0.1587 -
    accuracy: 1.0000
30. [0.1586894541978836, 1.0]
31.
32. tf_model.predict(XX)
33. >>> array([[0.3823219 , 0.6143209 ],
34.            [0.60479236, 0.39570323],
35.            [0.6001088 , 0.40094683],
36.            [0.41395947, 0.58794016]], dtype = float32)
```

当采用如图 5-10 所示的 $(2,2,2)$ 全连接层神经网络时,训练 2000 轮时,误差约为 0.19,四个标签对应的输出为:

```
[0.43767142,0.56202793]→[0.,1.],
[0.5493321,0.45261452]→[1.,0.],
[0.575727,0.42299467]→[1.,0.],
[0.43716326,0.5625658 ]→[ 0.,1.].
```

如果增加隐层的数量,将有效提高模拟效果,比如在第 16 行,将隐层节点数量增加到 4 个,则如第 30 行输出,误差降到约 0.16,对应标签输出如第 33 行到第 36 行所示。读者可以尝试继续增加隐层数量、层数,或者增加训练轮数,比较模拟效果的差异。

2. 误差反向传播学习算法

将 5.4.1 节中的示例推导过程推广到一般情况。

设 BP 神经网络共有 $M+1$ 层,包括输入层和 M 个隐层(第 M 个隐层为输出层)。网络输入分量个数为 U,输出分量个数为 V。其节点编号方法与图 5-8 所示的示例相同。

设神经元采用的激励函数为 $f(x)$。

设训练样本为 $(\boldsymbol{x}, \boldsymbol{l})$,实例向量 $\boldsymbol{x} = (x^{(1)}, x^{(2)}, \cdots, x^{(U)})$,标签向量 $\boldsymbol{l} = (l^{(1)}, l^{(2)}, \cdots, l^{(V)})$。

1) 前向传播预测

设第 1 隐层共有 n_1 个节点,它们的输出记为 $\boldsymbol{y}_1 = [y_1^{(1)}, y_1^{(2)}, \cdots, y_1^{(n_1)}]$,它们的

阈值系数记为 $\boldsymbol{\theta}_1 = [\theta_1^{(1)}, \theta_1^{(2)}, \cdots, \theta_1^{(n_1)}]$，从输入层到该隐层的连接系数记为 $\boldsymbol{W}_1 = $

$$\begin{bmatrix} w_1^{(1,1)} & \cdots & w_1^{(1,n_1)} \\ \vdots & \ddots & \vdots \\ w_1^{(U,1)} & \cdots & w_1^{(U,n_1)} \end{bmatrix}。可得：$$

$$\boldsymbol{y}_1 = f(\boldsymbol{x}\boldsymbol{W}_1 + \boldsymbol{\theta}_1) \tag{5-29}$$

设第 2 隐层共有 n_2 个节点，它们的输出记为 $\boldsymbol{y}_2 = [y_2^{(1)}, y_2^{(2)}, \cdots, y_2^{(n_2)}]$，它们的阈值系数记为 $\boldsymbol{\theta}_2 = [\theta_2^{(1)}, \theta_2^{(2)}, \cdots, \theta_2^{(n_2)}]$，从第 1 隐层到该隐层的连接系数记为 $\boldsymbol{W}_2 = $

$$\begin{bmatrix} w_1^{(1,1)} & \cdots & w_1^{(1,n_2)} \\ \vdots & \ddots & \vdots \\ w_1^{(n_1,1)} & \cdots & w_1^{(n_1,n_2)} \end{bmatrix}。可得：$$

$$\boldsymbol{y}_2 = f(\boldsymbol{y}_1\boldsymbol{W}_2 + \boldsymbol{\theta}_2) \tag{5-30}$$

依次可前向计算各层输出，直到输出层。输出为 $\boldsymbol{z} = (z^{(1)}, z^{(2)}, \cdots, z^{(V)})$。

需要注意的是，所有连接系数和阈值系数在算法运行前都需要指定一个初始值，可采用赋予随机数的方式。

2) 反向传播学习

设损失函数采用均方误差。输出层的校对误差记为 $\boldsymbol{E}_M$：

$$\boldsymbol{E}_M = (E_M^1, E_M^2, \cdots, E_M^V) = \boldsymbol{z} - \boldsymbol{l} \tag{5-31}$$

第 $M-1$ 层的校对误差记为 $\boldsymbol{E}_{M-1}$：

$$\boldsymbol{E}_{M-1} = \boldsymbol{E}_M \times \begin{bmatrix} \dfrac{\partial y_M^{(1)}}{\partial y_{M-1}^{(1)}} & \cdots & \dfrac{\partial y_M^{(1)}}{\partial y_{M-1}^{(n_{M-1})}} \\ \vdots & \ddots & \vdots \\ \dfrac{\partial y_M^{(V)}}{\partial y_{M-1}^{(1)}} & \cdots & \dfrac{\partial y_M^{(V)}}{\partial y_{M-1}^{(n_{M-1})}} \end{bmatrix} \tag{5-32}$$

其中，右侧的矩阵是第 M 层输出对第 $M-1$ 层输出的偏导数排列的矩阵（即第 M 层输出对第 $M-1$ 层输出的雅可比矩阵）；n_{M-1} 是第 $M-1$ 层的节点数。

依次可反向计算各层的校对误差，直到第 1 隐层。

接下来，根据校对误差更新连接系数和阈值系数。对第 i 隐层的第 j 节点的第 k 个连接系数 $w_i^{(k,j)}$：

$$w_i^{(k,j)} \leftarrow w_i^{(k,j)} - \alpha \cdot E_i^j \cdot \frac{\partial y_i^{(j)}}{\partial w_i^{(k,j)}} \tag{5-33}$$

其中，$\dfrac{\partial y_i^{(j)}}{\partial w_i^{(k,j)}}$ 的计算为：

$$\begin{aligned} \frac{\partial y_i^{(j)}}{\partial w_i^{(k,j)}} &= \frac{\partial y_i^{(j)}}{\partial(\boldsymbol{y}_{i-1} \times \boldsymbol{W}_{i|j} + \theta_i^{(j)})} \cdot \frac{\partial(\boldsymbol{y}_{i-1} \times \boldsymbol{W}_{i|j} + \theta_i^{(j)})}{\partial w_i^{(k,j)}} \\ &= f'(x) \mid_{x = y_{i-1} \times \boldsymbol{W}_{i|j} + \theta_i^{(j)}} \cdot y_{i-1}^{(k)} \end{aligned} \tag{5-34}$$

其中，$y_{i-1}\times W_{i|j}+\theta_i^{(j)}$ 为该节点输入的线性组合部分；$W_{i|j}$ 表示 W_i 的第 j 列。式(5-34)中，如果出现 $y_0^{(k)}$，则它表示 $x^{(k)}$，即原始输入。

对该节点的阈值系数 $\theta_i^{(j)}$：

$$\theta_i^{(j)} \leftarrow \theta_i^{(j)} - \alpha \cdot E_i^j \cdot \frac{\partial y_i^{(j)}}{\partial \theta_i^{(j)}} = \theta_i^{(j)} - \alpha \cdot E_i^j \cdot f'(x)\big|_{x=y_{i-1}\times W_{i|j}+\theta_i^{(j)}} \qquad (5\text{-}35)$$

以上给出了单个训练样本的 BP 算法计算过程。当采用批梯度下降法时，对一批训练样本计算出导数后，取平均数作为下降的梯度。

一般的深度学习框架都内置实现了 BP 算法，除了进行特别的研究外，一般不需要用户实现或修改 BP 算法。

5.4.2　神经网络常用激活函数、损失函数和优化方法

前文的示例，主要采用的激活函数、损失函数和优化方法分别为：Sigmoid、MSE 和 SGD。本节用示例来讨论其他常用的激活函数、损失函数和优化方法，比较各函数和方法的效果。

先给出一个经典的分类任务示例：手写体数字识别。该示例采用全连接层神经网络，因为截至本书完稿时 MindSpore 框架对算子在 CPU 平台上运行的支持还不够多，仍然采用在 TensorFlow 2 深度学习框架下实现。

MNIST 数据集[①]是一个手写体的数字图片集，它包含有训练集和测试集，由 250 个人手写的数字构成。训练集包含 60000 个样本，测试集包含 10000 个样本。每个样本包括一幅图片和一个标签。每幅图片由 28×28 个像素点构成，每个像素点用 1 个灰度值表示。标签是与图片对应的 0~9 的数字。训练集的前 10 幅图片如图 5-11 所示。

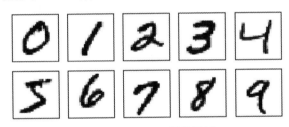

图 5-11　MNIST 图片示例

MNIST 数据集相对简单，适合作为学习神经网络的入门示例。手写体数字识别的任务是构建神经网络，并用训练集让神经网络进行有监督地学习，用验证集来验证它的分类效果。

构建多层全连接神经网络来进行分类任务，示例代码见代码 5-8。

代码 5-8　手写体数字识别多层全连接神经网络示例（MNIST 多层全连接神经网络应用示例.ipynb）

```
1. import numpy as np
2. import tensorflow.keras as ka
```

---

① http://yann.lecun.com/exdb/mnist/

```
3.  import datetime
4.
5.  np.random.seed(0)
6.
7.  (X_train, y_train), (X_val, y_val) = ka.datasets.mnist.load_data("E:\datasets\MNIST_
    Data\mnist.npz")                    # 加载数据集,并分成训练集和验证集
8.
9.  num_pixels = X_train.shape[1] * X_train.shape[2]   # 每幅图片的像素数为784
10.
11. # 将二维的数组拉成一维的向量
12. X_train = X_train.reshape(X_train.shape[0], num_pixels).astype('float32')
13. X_val = X_val.reshape(X_val.shape[0], num_pixels).astype('float32')
14.
15. # 归一化
16. X_train = X_train / 255
17. X_val = X_val / 255
18.
19. y_train = ka.utils.to_categorical(y_train)   # 转化为独热编码
20. y_val = ka.utils.to_categorical(y_val)
21. num_classes = y_val.shape[1]                  # 10
22.
23. # 多层全连接神经网络模型
24. model = ka.Sequential([
25.     ka.layers.Dense(num_pixels, input_shape = (num_pixels,), kernel_initializer =
    'normal', activation = 'sigmoid'),
26.     ka.layers.Dense(784, kernel_initializer = 'normal', activation = 'sigmoid'),
27.     ka.layers.Dense(num_classes, kernel_initializer = 'normal', activation = 'sigmoid')
28. ])
29. model.summary()
30.
31. model.compile(loss = 'categorical_crossentropy', optimizer = 'sgd', metrics = ['accuracy'])
32. # model.compile(loss = 'categorical_crossentropy', optimizer = 'adam', metrics = ['accuracy'])
33.
34. startdate = datetime.datetime.now()          # 获取当前时间
35. model.fit(X_train, y_train, validation_data = (X_val, y_val), epochs = 20, batch_size =
    200, verbose = 2)
36. enddate = datetime.datetime.now()
37.
38. print("训练用时: " + str(enddate - startdate))
39. >>>
40. Model: "sequential"
41. _____
42. Layer (type)              Output Shape           #      Param
43. =================================================================
44. dense (Dense)             (None, 784)                   615440
45. _____
```

```
46. dense_1 (Dense)              (None, 784)             615440
47. _____
48. dense_2 (Dense)              (None, 10)              7850
49. ====================================================================
50. Total params: 1,238,730
51. Trainable params: 1,238,730
52. Non-trainable params: 0
53. _____
54. Train on 60000 samples, validate on 10000 samples
55. Epoch 1/20
56. 60000/60000 - 23s - loss: 0.1025 - accuracy: 0.1292 - val_loss: 0.0903 - val_
    accuracy: 0.1221
57. Epoch 2/20
58. 60000/60000 - 14s - loss: 0.0901 - accuracy: 0.1226 - val_loss: 0.0899 - val_
    accuracy: 0.1230
59. Epoch 3/20
60. ……
```

第 7 行加载数据集。通过 keras.datasets.mnist.load_data()可能无法成功从官网下载,可以用下载工具提前下载或者从其他源下载。本例中已经提前下载 mnist.npz 文件,并存放在 E:\datasets\MNIST_Data\ 目录下。

第 12 行将二维的图像数据拉成一维,使数据适合多层神经网络的输入要求。第 16～17 行将样本特征进行归一化,灰度的取值范围是 0～255,因此除以 255 就实现了归一化。

第 19 行采用了独热(One-Hot)编码。独热编码常用来处理没有次序的分类特征。

分类特征是在一个集合里没有次序的有限个值,如人的性别、班级编号等。对分类特征常见的编码方式是整数,如男女性别分别表示为 1、0,一班、二班、三班等分别表示为 1、2、3 等。但是,整数编码天然存在次序,而原来的分类特征是没有次序的。如果算法不考虑它们的差别,则会带来意想不到的后果。比如,班级分别用 1、2、3、4 等来编码时,如果机器学习算法忽略了次序问题,就会认为一班和二班之间的距离是 1,而一班和三班之间的距离是 2。

为了防止此类错误的出现,常采用独热编码。假如分类特征有 n 个类别,独热编码则使用 n 位来对它们进行编码。例如,假设有四个班,则一班到四班分别编码为 0001、0010、0100、1000,每个编码只有一位有效。如此,任意两个班之间的 L_p 距离都相等,如 L_1 距离都为 2,L_2 距离都为 $\sqrt{2}$,L_3 距离都为 $\sqrt[3]{2}$,…,L_∞ 距离都为 1。

在用于分类的神经网络中常对输出的类标签采用独热编码。如本示例中,输出的标签类别数为 10,如果不采用独热编码,那么神经网络的输出层为 1 个节点,输出值则可能出现 0 到 9 以外的数。如果采用独热编码,则输出层的节点为 10 个,每次只有一个节点输出 1,其他全为 0。实际上,如表 5-3 所示的模拟异或运算的训练样本的标签就采用了独热编码。

第 24 行到 28 行构建了一个四层神经网络,它有三个隐层(全连接层),激活函数都采用 Sigmoid 函数。损失函数采用均方误差 MSE,优化算法采用梯度下降法,评测指标采用准确率。

训练 20 轮,对测试样本仅能达到 0.1921 的识别率。

为了使读者更加深入地理解全连接层神经网络,结合该示例来解读两个有关模型的问题。

第 29 行用 summary()方法输出了模型的参数情况,如第 39 行至 51 行所示。可以看到三个全连接层的参数个数分别是 615440、615440 和 7850。因为图片是由 28×28 个像素点构成,因此输入层的节点个数为 784(第 9 代码),第一隐层为 784 个节点,因此作为全连接层,其连接系数个数为 $784\times784=614656$,再加上 784 个节点的阈值系数,所以第一隐层共有 615440 个要学习的参数。

第 7 行在加载数据时,分成了训练集和验证集。在第 35 行模型训练时,在每轮训练结束时用验证集来验证模型效果。将 verbose 参数设置为 2,可以显示详细的训练过程,如第 56 行所示,分别列出每轮训练结束后的训练样本损失值、训练样本准确率、验证样本损失值和验证样本准确率。它们在训练迭代过程中的变化,可以揭示出某些训练情况,如训练样本损失值下降而验证样本损失值上升,则可能已经开始过拟合,如两者持续不变或微小变化,则说明训练遇到瓶颈,可能需要采取减少梯度下降法中的学习率(步长)等措施。

下面用该示例来讨论神经网络中常用的激活函数、损失函数和优化方法。

1. 激活函数

常用的激活函数还有 ReLU 函数、Softplus 函数、tanh 函数和 Softmax 函数等。

ReLU 函数的定义为:

$$f(x)=\max(0,x) \tag{5-36}$$

Softplus 函数的定义为:

$$f(x)=\ln(1+e^x) \tag{5-37}$$

ReLU 函数和 Softplus 函数求导简单、收敛快,在神经网络中得到了广泛应用。它们的图像如图 5-12 中实线和虚线所示,Softplus 函数可以看作是"软化"了的 ReLU 函数。

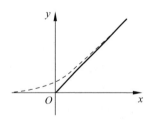

tanh 函数的图像类似于 Sigmoid 函数,作用也类似于 Sigmoid 函数。它的定义为:

$$\tanh(x)=\frac{\sinh(x)}{\cosh(x)}=\frac{e^x-e^{-x}}{e^x+e^{-x}} \tag{5-38}$$

实际上:

$$\tanh(x)=2\mathrm{Sigmoid}(2x)-1 \tag{5-39}$$

图 5-12　ReLU 函数与 Softplus 函数

假设有一组实数 $y_1,y_2,\cdots,y_K$(可看作多分类的结果),Softmax 函数将它们转化为一组对应的概率值:

$$p_k=\frac{e^{y_k}}{\sum\limits_{i=1}^{K}e^{y_i}},k=1,2,\cdots,K \tag{5-40}$$

易知 $\sum p_k=1$。

Softmax 函数通过指数运算放大 $y_1,y_2,\cdots,y_K$ 之间的差别,使小的值趋近 0,而使最大值趋近 1,因此它的作用类似于取最大值 max 函数,但又不那么生硬,所以叫

Softmax。假如有一组数 1、2、5、3，容易计算出它们的 Softmax 函数值分别约为 0.01、0.04、0.83、0.11，将它们的原数值和 Softmax 函数值、max 函数值等比例画出，如图 5-13 所示。

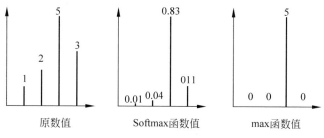

图 5-13 Softmax 函数作用示例

Softmax 函数在神经网络中主要用来作输出值的归一化，常用于分类任务的神经网络的输出层的激活函数中。

修改代码 5-8 第 24 行到第 27 行代码，使模型分别采用不同激活函数组合进行比较，其他参数不变，仍为 MSE 损失函数、SGD 优化方法，并训练 20 轮，运行结果如表 5-4 所示。

表 5-4 MNIST 分类中不同激活函数组合时的效果比较

序 号	隐层 1	隐层 2	输出层	测试样本准确率
1	Softmax	Softmax	Softmax	0.1135
2	ReLU	ReLU	ReLU	0.9202
3	Softplus	Softplus	Softplus	0.8136
4	tanh	tanh	tanh	0.9030
5	Sigmoid	Sigmoid	Softmax	0.2195
6	ReLU	ReLU	Softmax	0.8617

可见，采用不同的激活函数，其效果有很大的差异。

采用什么样的激活函数，要根据理论研究、工程经验和试验综合分析。如在 4.5.3 节的过拟合示例中，如果采用 Softplus 激活函数，训练轮数仍为 5000，网络结构仍然是四层 (1,5,5,1) 结构，分别对样本特征进行归一化处理和不归一化处理时拟合多项式的结果如图 5-14 所示。

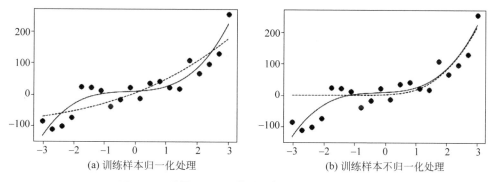

(a) 训练样本归一化处理　　　　　(b) 训练样本不归一化处理

图 5-14 采用 Softplus 激活函数拟合多项式的结果

这是因为 Softplus 函数将负数趋近 0(见图 5-12),因此在不归一化处理时,网络对目标函数的负数部分处理能力很低。

2. 损失函数

前文采用的平方和形式的损失函数 MSE 是基于欧氏距离的损失函数。神经网络中常用的损失函数还有 KL 散度损失函数(Kullback-Leibler Divergence)、交叉熵(Crossentropy)损失函数等。

交叉熵可以用来衡量两个分布之间的差距,下面以示例入手讨论。

代码 5-6 模拟了异或运算三层感知机的误差反向传播学习过程,最后给出了预测输出与标签值的对比,重新列出如下:

```
(a) [ 0.07158904 0.92822515 ] → [ 0. 1.]
(b) [ 0.9138734 0.08633152 ] → [ 1. 0.]
(c) [ 0.91375259 0.08644981 ] → [ 1. 0.]
(d) [ 0.11774177 0.88200493 ] → [ 0. 1.]
```

对于(a)和(d)两项输出,标签值都是$[\,0.\quad 1.\,]$,直观来看(a)的预测应该更准一些。如何形式化地度量它们与标签值的差距呢?

用 p_i 表示第 i 个输出的标签值,即真实值;用 q_i 表示第 i 个输出值,即预测值。将 p_i 与 q_i 之间的对数差在 p_i 上的期望值称为相对熵:

$$D_{KL}(\parallel p \parallel q) = E_{p_i}(\ln p_i - \ln q_i) = \sum_{i=1}^{n} p_i(\ln p_i - \ln q_i) = \sum_{i=1}^{n} p_i \ln \frac{p_i}{q_i} \quad (5-41)$$

计算(a)和(d)两项输出的相对熵:

$$\begin{cases} D_a = 0 \times \ln \dfrac{0}{0.07158904} + 1 \times \ln \dfrac{1}{0.92822515} = 0.07447962 \\ D_d = 0 \times \ln \dfrac{0}{0.11774177} + 1 \times \ln \dfrac{1}{0.88200493} = 0.12555622 \end{cases} \quad (5-42)$$

其中,$0 \times \ln 0$ 计为 0。

与直接观察的结论相同。可见,相对熵越大的输出与标签值差距越大。如果 p_i 与 q_i 相同,那么 $D_{KL}(p \parallel q) = 0$。

值得注意的是,相对熵不具有对称性。相对熵又称为 KL 散度。

将相对熵的定义式(5-41)进一步展开:

$$D_{KL}(p \parallel q) = \sum_{i=1}^{n} p_i(\ln p_i - \ln q_i) = \sum_{i=1}^{n} p_i \ln p_i + \left[-\sum_{i=1}^{n} p_i \ln q_i \right] \quad (5-43)$$

前一项的值只与真实值 p_i 有关,因此一般用后一项作为两个分布之间差异的度量,称为交叉熵:

$$H(p, q) = -\sum_{i=1}^{n} p_i \ln q_i \quad (5-44)$$

如果只有正负两个分类(标签记为 1 和 0),记第 i 个输出的标签值为 y_i,记它被预测为正类的概率为 p_i,那么式(5-44)为:

$$H(y,p) = -\frac{1}{n}\sum_{i=1}^{n} y_i \log p_i + (1-y_i)\log(1-p_i) \tag{5-45}$$

交叉熵损失函数在梯度下降法中可以改善 MSE 学习速率降低的问题,得到了广泛的应用。

采用 SGD 优化方法,三层分别采用 ReLU、ReLU 和 Softmax 激活函数,训练 20 轮,采用不同的损失函数进行比较,代码 5-8 所示的示例的运行结果如表 5-5 所示。

表 5-5 MNIST 分类中采用不同损失函数时的效果比较

序 号	损 失 函 数	测试样本准确率
1	KLD	0.9523
2	categorical_crossentropy	0.9540
3	MSE	0.8617

3. 多层神经网络常用优化算法

下面讨论常用于多层神经网络中的优化算法,它们都是梯度下降法的改进方法,主要从增加动量和调整优化步长两方面着手。

1) 步长优化算法

在 4.2.1 节要简要讨论了步长对梯度下降的影响及调整大小的策略。为了克服固定步长的弊端,MindSpore 深度学习框架和 TensorFlow 2 深度学习框架都提供了动态调整步长的方法。

代码 5-9 MindSpore 和 TensorFlow 2 中的 SGD 原型

```
1. # MindSpore 框架下
2. class mindspore.nn.SGD(params, learning_rate = 0.1, momentum = 0.0, dampening = 0.0,
   weight_decay = 0.0, nesterov = False, loss_scale = 1.0)
3.
4. # TensorFlow 框架下
5. tf.keras.optimizers.SGD(
6.     learning_rate = 0.01, momentum = 0.0, nesterov = False, name = 'SGD', ** kwargs
7. )
```

MindSpore 和 TensorFlow 2 中的 SGD 原型见代码 5-9。两者原型中的 learning_rate 超参数(即梯度下降法中的步长,也称为学习率)默认初始值都是固定的 0.1,可以设置为动态的步长。设置动态步长可以使用框架预定义的方法,也可以使用用户自行定义的方法。

MindSpore 提供了函数和类两种预定义的动态调整步长方法,两种方法的具体功能相近,它们分别按余弦函数、指数函数、与时间成反比、多项式函数等方式衰减步长。用官网上的指数函数衰减例子[①]来说明,见代码 5-10。

---

① https://www.mindspore.cn/doc/api_python/zh-CN/r1.1/mindspore/nn/mindspore.nn.exponential_decay_lr.html#mindspore.nn.exponential_decay_lr

代码 5-10　mindspore.nn.exponential_decay_lr 应用示例

```
1. learning_rate = 0.1
2. decay_rate = 0.9
3. total_step = 6
4. step_per_epoch = 2
5. decay_epoch = 1
6. output = exponential_decay_lr(learning_rate, decay_rate, total_step, step_per_epoch,
   decay_epoch)
7. print(output)
8. >>> [0.1, 0.1, 0.09000000000000001, 0.09000000000000001, 0.08100000000000002,
   0.08100000000000002]
```

设当前为第 i 步,其步长的计算方法为:

$$\text{decayed\_learning\_rate}[i] = \text{learning\_rate} \times \text{decay\_rate}^{\frac{\text{current\_epoch}}{\text{decay\_epoch}}} \tag{5-46}$$

其中,$\text{current\_epoch} = \text{floor}\left(\dfrac{i}{\text{step\_per\_epoch}}\right)$,floor 为向下取整运算。

在示例中,当 $i=0$ 时,$\text{current}_{\text{epoch}} = \text{floor}\left(\dfrac{0}{2}\right) = 0$,即当前为第 0 轮,可知 decayed_learning_rate$[0] = 0.1$。读者可自行验算其他输出值。

在 TensorFlow 2 框架中也提供了类似的动态调整步长方法,它们都在 tensorflow. keras. optimezers. schedules 模块内。读者可在需要时查阅资料,不再赘述。

这些动态调整步长的方法,实际上并没有结合优化的具体进展来设定步长,仍然可以看成是一组预先设定的步长,只不过它们的大小按一定的方式逐步衰减了。

因此,人们又研究出结合优化具体进展的自适应步长调整方法。

Adagrad(Adaptive Gradient)算法记录下所有历史梯度的平方和,并用它的平方根来除以步长,这样就使得当前的实际步长越来越小。

MindSpore 中实现该算法的类为 mindspore. nn. Adagrad。TensorFlow 2 中实现该算法的类是 tf. keras. optimizers. Adagrad。

2) 动量优化算法

在经典力学中,动量(Momentum)表示物体的质量和其质心速度的乘积,体现为物体在其运动方向上保持运动的趋势。在梯度下降法中,如果使梯度下降的过程具有一定的"动量",具有保持原方向运动的一定的"惯性",则有可能在下降的过程中"冲过"小的"洼地",避免陷入极小值点,如图 5-15 所示。其中,在第 3 个点处,其梯度负方向如虚线实箭头所示,而在动量的影响下,仍然保持向左的"惯性",从而"冲出"了局部极小点。

加入动量优化,梯度下降法还可以克服前进路线振荡的问题,从而加快收敛速度。

在 SGD 算法中,通过配置 Momentum 参数(见

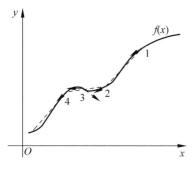

图 5-15　加入动量的梯度下降
过程示意图

代码 5-9 中相应的参数），就可以使梯度下降法利用这种"惯性"。Momentum 参数设置的是"惯性"的大小。

加入动量的梯度下降的迭代关系式还有一种改进方法，称为 NAG（Nesterov Accelerated Gradient）。该方法中，计算梯度的点发生了变化，它可以理解为先按"惯性"前进一小步，再计算梯度。这种方法在每一步都往前多走了一小步，有时可以加快收敛速度。设置 SGD 的 nesterov（见代码 5-9 中相应的参数）为 True，即可使用该算法。

在 MindSpore 中专门实现了该算法：mindspore.nn.Momentum，实际上，在第 4 章的模拟线性回归示例中已经应用过（代码 4-14 的第 32 行）该算子。

3）结合动量和步长优化的算法

结合动量和步长进行优化的算法有 RMSProp（Root Mean Square Prop）算法和 Adam（Adaptive Moment Estimation）算法等。

RMSProp 算法通过对 Adagrad 算法逐步增加控制历史信息与当前梯度的比例系数、增加动量因子和中心化操作形成了三个版本。在 MindSpore 中，实现该算法的类是 mindspore.nn.RMSProp，在 TensorFlow 2 中实现该算法的是 tensorflow.keras.optimizers.RMSprop。

Adam 算法是一种结合了 AdaGrad 算法和 RMSProp 算法优点的算法。Adam 算法综合效果较好，应用广泛。

在 MindSpore 中，实现 Adam 算法的是 mindspore.nn.Adam。在 TensorFlow 2 中实现该算法的是 tf.keras.optimizers.Adam。

下面仍然示例它们的效果，如果需要深入研究原理，可参考原版书。

代码 5-8 所示的示例，如果采用 Adam 算法，还是训练 20 轮，能够达到 0.9812 的识别率。读者可自行试验一下。

神经网络三隐层分别采用 ReLU、ReLU 和 Softmax 激活函数组合，采用交叉熵损失函数，训练 20 轮，采用不同的优化方法，代码 5-8 所示的示例的运行结果如表 5-6 所示。

表 5-6　MNIST 分类中采用不同优化方法时的效果比较

序　　号	优化方法	测试样本准确率
1	SGD	0.9540
2	AdaGrad	0.9735
3	rmsprop	0.9824
4	Adam	0.9823

不同的优化算法有不同的特点，读者可通过更多的练习来摸索它们的应用方法和特点。

5.4.3　局部收敛与梯度消散

本节简要讨论多层神经网络的两个问题。

1. 局部收敛

BP 神经网络不一定收敛，也就是说，网络的训练不一定成功。误差的平方是非凸函数,BP 神经网络是否收敛或者能否收敛到全局最优,与初始值有关。读者可以将代码 5-6 中的参数全部置初值为 0.1 再运行,看能否收敛。

全局优化与凸函数的问题,以及机器学习算法尽量避免局部最优的方法,前文已经进行了简要讨论,有需要的读者也可参考原版书。

2. 梯度消散和梯度爆炸

在校对误差反向传播的过程中,见式(5-32),如果偏导数较小(如图 2-7 中大于 c 的区域,称为处于非线性激活函数的饱和区),在多次连乘之后,校对误差会趋近 0,导致梯度也趋近 0,前面层的参数无法得到有效更新,这种情况称为梯度消散。梯度消散会使得增加再多的层也无法提高效果,甚至反而会降低效果。

相反,如果偏导数较大,则梯度会在反向传播的过程中呈指数级增长,导致溢出,无法计算,网络不稳定,这种情况称为梯度爆炸。

梯度消散和梯度爆炸只在层次较多的网络中出现,常用的解决方法包括尽量使用合适的激活函数(如 ReLU 函数,它在正数部分导数为 1);预训练;合适的网络模型(有些网络模型具有预防梯度消散和梯度爆炸能力);梯度截断,等等。

5.5 卷积神经网络

卷积神经网络(Convolutional Neural Network,CNN)在提出之初被成功应用于手写字符图像识别[11],2012 年的 AlexNet 网络[12]在图像分类任务中取得成功,此后,卷积神经网络发展迅速,现在已经被广泛应用于图形、图像、语音识别等领域。

图片的像素数往往非常大,如果用多层全连接网络来处理,则参数数量将大到难以有效训练的地步。受猫脑研究的启发,卷积神经网络在多层全连接网络的基础上进行了改进,它在不减少层数的前提下有效地提升了训练速度。卷积神经网络在多个研究领域都取得了成功,特别是在与图形有关的分类任务中。

5.5.1 卷积神经网络示例

视频讲解

本节用示例来展示卷积神经网络在图像识别方面的优势,并将在随后的几节中逐一剖析其中的关键点。

代码 5-8 所示的是用多层全连接神经网络来完成手写体数字识别示例。通过采用交叉熵损失函数和 Adam 优化算法,以及修改网络结构、增加训练轮数等措施,发现最高能达到 0.983 左右的识别率。

先示例在 TensorFlow 2 框架下的实现,再对比示例 MindSpore 框架下的实现。

在 TensorFlow 2 框架下,用较简单的卷积神经网络只需要 2 轮训练就可以轻松达到 0.986 的识别率,见代码 5-11。

代码 5-11　TensorFlow 2 框架下 MNIST 示例(MINST 卷积神经网络示例. ipynb)

```
1. import numpy as np
2. import tensorflow.keras as ka
```

```
3.  import datetime
4.
5.  np.random.seed(0)
6.
7.  (X_train, y_train), (X_val, y_val) = ka.datasets.mnist.load_data("E:\datasets\MNIST_
    Data\mnist.npz")
8.
9.  # 将数组转换成卷积层需要的格式
10. X_train = X_train.reshape(X_train.shape[0],28, 28, 1).astype('float32')
11. X_val = X_val.reshape(X_val.shape[0], 28, 28, 1).astype('float32')
12.
13. X_train = X_train / 255
14. X_val = X_val / 255
15.
16. y_train = ka.utils.to_categorical(y_train)          # 转化为独热编码
17. y_val = ka.utils.to_categorical(y_val)
18. num_classes = y_val.shape[1]                         # 10
19.
20. # CNN 模型
21. model = ka.Sequential([
22.     ka.layers.Conv2D(filters = 32, kernel_size = (5, 5), input_shape = (28, 28, 1),
    activation = 'relu'),
23.     ka.layers.MaxPooling2D(pool_size = (2, 2)),
24.     ka.layers.Dropout(0.2),
25.     ka.layers.BatchNormalization(),
26.     ka.layers.Flatten(),
27.     ka.layers.Dense(128, activation = 'relu'),
28.     ka.layers.Dense(num_classes, activation = 'softmax')
29. ])
30. model.summary()
31.
32. model.compile(loss = 'categorical_crossentropy', optimizer = 'adam', metrics = ['accuracy'])
33.
34. startdate = datetime.datetime.now()                 # 获取当前时间
35. model.fit(X_train, y_train, validation_data = (X_val, y_val), epochs = 2, batch_size =
    200, verbose = 2)
36. enddate = datetime.datetime.now()
37. print("训练用时: " + str(enddate - startdate))
```

第 21 行到 29 行是构建卷积神经网络的代码,第 22 行添加的是卷积层,第 23 行添加的是池化层。

卷积层和池化层是卷积神经网络的核心组成,它们和全连接层一起可以组合成很多层次的网络。卷积神经网络还可以按需添加用来抑制过拟合的 Dropout 层(第 24 行)、加快收敛和抑制梯度消散的批标准化 BatchNormalization 层(第 25 行)、拉平多维数据的 Flatten 层(第 26 行)等。

在 MindSpore 框架中,对照实现该示例的代码见代码 5-12。

代码 5-12   MindSpore 框架下 MNIST 示例（MINST 卷积神经网络示例.ipynb）

```
1. import os
2. import mindspore.dataset as ds
3. import mindspore.nn as nn
4. from mindspore import Model
5. from mindspore.common.initializer import Normal
6. from mindspore.train.callback import LossMonitor
7. import mindspore.dataset.vision.c_transforms as CV
8. import mindspore.dataset.transforms.c_transforms as C
9. from mindspore.nn.metrics import Accuracy
10. from mindspore import dtype as mstype
11. from mindspore.nn import SoftmaxCrossEntropyWithLogits
12.
13. def create_dataset(data_path, batch_size = 32, repeat_size = 1, num_parallel_workers = 1):
14.     # 从 mnist 文件产生数据集
15.
16.     mnist_ds = ds.MnistDataset(data_path)
17.
18.     rescale = 1.0 / 255.0                    # 归一化比例
19.     shift = 0.0
20.     rescale_nml = 1 / 0.3081
21.     shift_nml = -1 * 0.1307 / 0.3081
22.
23.     # map 算子
24.     rescale_nml_op = CV.Rescale(rescale_nml, shift_nml)
25.     rescale_op = CV.Rescale(rescale, shift)
26.     hwc2chw_op = CV.HWC2CHW() # (height, width, channel) -> (channel, height, width)
27.     type_cast_op = C.TypeCast(mstype.int32)
28.
29.     mnist_ds = mnist_ds.map(operations = type_cast_op, input_columns = "label", num_
parallel_workers = num_parallel_workers)
30.     mnist_ds = mnist_ds.map(operations = rescale_op, input_columns = "image", num_
parallel_workers = num_parallel_workers)
31.     mnist_ds = mnist_ds.map(operations = rescale_nml_op, input_columns = "image", num_
parallel_workers = num_parallel_workers)
32.     mnist_ds = mnist_ds.map(operations = hwc2chw_op, input_columns = "image", num_
parallel_workers = num_parallel_workers)
33.
34.     buffer_size = 10000
35.     mnist_ds = mnist_ds.shuffle(buffer_size = buffer_size)
36.     mnist_ds = mnist_ds.batch(batch_size, drop_remainder = True)
37.     mnist_ds = mnist_ds.repeat(repeat_size)
38.
39.     return mnist_ds
40.
41.
42. class CNNNet(nn.Cell):
43.     def __init__(self, num_class = 10, num_channel = 1):
```

```
44.        super(CNNNet, self).__init__()
45.        self.conv = nn.Conv2d(num_channel, 32, 5, pad_mode = 'valid', has_bias = True)
46.        self.fc1 = nn.Dense(32 * 12 * 12, 128, weight_init = Normal(0.02))
47.        self.fc2 = nn.Dense(128, num_class, weight_init = Normal(0.02))
48.        self.relu = nn.ReLU()
49.        self.max_pool2d = nn.MaxPool2d(kernel_size = 2, stride = 2)
50.        self.flatten = nn.Flatten()
51.        self.dropout = nn.Dropout(keep_prob = 0.8)
52.        self.bn = nn.BatchNorm2d(num_features = 32)
53.        self.softmax = nn.softmax()
54.    def construct(self, x):
55.        x = self.relu(self.conv(x))
56.        x = self.max_pool2d(x)
57.        x = self.dropout(x)
58.        x = self.bn(x)
59.        x = self.flatten(x)
60.        x = self.relu(self.fc1(x))
61.        x = self.softmax(self.fc2(x))
62.        return x
63.
64. lr = 0.01
65. momentum = 0.9
66. dataset_size = 1
67. mnist_path = "E:\datasets\MNIST_Data"
68. net_loss = SoftmaxCrossEntropyWithLogits(sparse = True, reduction = 'mean')
69. train_epoch = 2
70. net = CNNNet()
71. net_opt = nn.Momentum(net.trainable_params(), lr, momentum)
72. ms_model = Model(net, net_loss, net_opt, metrics = {"Accuracy": Accuracy()})
73. ds_train = create_dataset(os.path.join(mnist_path, "train"), 200, dataset_size)
74. startdate = datetime.datetime.now()        # 获取当前时间
75. ms_model.train(train_epoch, ds_train, callbacks = [LossMonitor()], dataset_sink_mode
    = False)
76. enddate = datetime.datetime.now()
77. print("训练用时: " + str(enddate - startdate))
78. >>> epoch: 1 step: 1, loss is 2.325413
79. epoch: 1 step: 2, loss is 2.2675755
80. …
81. epoch: 2 step: 299, loss is 0.099331215
82. epoch: 2 step: 300, loss is 0.023031829
83. 训练用时: 0:03:47.365005
84.
85. ds_eval = create_dataset(os.path.join(mnist_path, "test"))
86. acc = ms_model.eval(ds_eval, dataset_sink_mode = False)
87. print(format(acc))
88. >>> {'Accuracy': 0.9801682692307693}
```

第 13 行到第 39 行数据处理函数，它完成对训练集和验证集馈入模型前的准备工作。

第 42 行到第 62 行建立 CNN 模型,该模型结构与代码 5-11 所示的 TensorFlow 2 框架下的结构相近,都包括卷积层、池化层、Dropout 层、Flatten 层和 BatchNormalization 层等。

由于截至本书完稿时 MindSpore 还不支持在 CPU 平台上运行除 Momentum 之外的优化算法,因此无法采用其他优化算法。该示例本次运行最终在验证集上的准确率为 0.98。

5.5.2　卷积层

代码 5-11 中第 22 行和代码 5-12 中第 45 行的二维卷积层 Conv2d 的输入是 input_shape=(28,28,1),这与前文讨论的所有机器学习模型的输入都不同。前文模型的输入是一维向量,该一维向量要么是经特征工程提取出来的特征,要么是被拉成一维的图像数据(见代码 5-8 所示的多层全连接神经网络手写体数字识别示例)。而这里卷积层的输入是图片数据组成的多维数据。

在 3.6 节介绍过有关图像的知识。在 MNIST 图片中,只有一种颜色,通常称灰色亮度。MNIST 图片的维度是(28,28,1),前面两维存储 28×28 个像素点的坐标位置,后面 1 维表示像素点的灰色亮度值,因此它是 28×28 的单通道数据。

在数学领域,卷积是一种积分变换。卷积在很多领域都得到了广泛的应用,如在统计学中它可用来做统计数据的加权滑动平均,在电子信号处理中通过将线性系统的输入与系统函数进行卷积得到系统输出……。在深度学习中,它用来做数据的卷积运算,在图像处理领域取得了非常好的效果。

在单通道数据上的卷积运算示例如图 5-16 所示。单通道数据上的卷积运算包括待处理张量 I、卷积核 K 和输出张量 S 三个组成部分,它们的大小分别为 4×4、3×3 和 2×2。

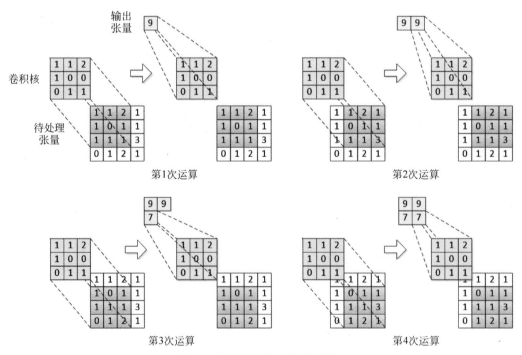

图 5-16　卷积运算示例(见彩插)

共进行了 4 次运算。第 1 次运算先用卷积核的左上角去对准待处理张量的左上角,位置为 $I(0,0)$,如图中深色部分。然后,将卷积核与对准部分的相应位置的值相乘再求和(可看作矩阵的点积运算):$1×1+1×1+2×2+1×1+0×0+0×1+0×1+1×1+1×1=9$。所以,第 1 次运算的输出为 9,记为 $S(0,0)=9$。

第 2 次运算,将卷积核向右移动一步,卷积核的左上角对准待处理张量的位置为 $I(0,1)$,再进行相应位置值的相乘求和,得到输出为 $S(0,1)=9$。

第 3 次运算,因为卷积核已经到达最右边,因此下移一行,从最左边 $I(1,0)$ 开始对准,然后再进行相应位置值的相乘求和,得到输出为 $S(1,0)=7$。

第 4 次运算,将卷积核向右移动一步,到达 $I(1,1)$,再与对准部分的相应位置的值相乘求和,得到输出为 $S(1,1)=7$。

卷积核已经到达待处理张量的最右侧和最下侧,卷积运算结束。每次输出的结果也按移动位置排列,得到输出张量 $\boldsymbol{S}=\begin{bmatrix} 9 & 9 \\ 7 & 7 \end{bmatrix}$。

记待处理的张量为 I,卷积核为 K,每一次卷积运算可表述为:

$$S(i,j)=(I*K)(i,j)=\sum_{m=1}^{M}\sum_{n=1}^{N}I(i+m-1,j+n-1)K(m,n) \tag{5-47}$$

其中,$I*K$ 表示卷积运算,M 和 N 分别表示卷积核的长度和宽度。i,j 是待处理张量 $\boldsymbol{I}$ 的坐标位置,也是卷积核左上角对齐的位置。

按式(5-47)从上到下,从左到右依次卷积运算,可得输出张量 $\boldsymbol{S}$。记待处理张量 I 的长度和宽度为 P 和 Q,则输出张量 S 的长度 P' 和 Q' 宽度分别为:

$$\begin{cases} P'=P-M+1 \\ Q'=Q-N+1 \end{cases} \tag{5-48}$$

在 MindSpore 框架中,在设置有关层的输入参数时,需要计算该值(将在后文详细讨论)。

代码 5-11 所示的示例,输入为 $28×28$,卷积核为 $5×5$,因此输出为 $24×24$。

在实际应用中,与神经元模型一样,卷积运算往往还要加 1 个阈值 θ,即:

$$S(i,j)=(I*K)(i,j)=\sum_{m=1}^{M}\sum_{n=1}^{N}I(i+m,j+n)K(m,n)+\theta \tag{5-49}$$

其中,卷积核 K 和阈值 θ 是要学习的参数。

如果数据是多通道的,则卷积核也分为多层,每一层对应一个通道,各层参数不同。每层卷积核的操作与单通道上的卷积操作相同,最终输出是每层输出的和再加上阈值,如图 5-17 所示。因此,无论输入的张量有多少个通道,经过一个卷积核后的输出都是单层的。

从卷积运算的过程可见,卷积层的输出只与部分输入有关。虽然要扫描整个输入层,但卷积核的参数是一样的,这称为参数共享(Parameter Sharing)。参数共享显著减少了需要学习的参数的数量。

在卷积运算中,一般会设置多个卷积核。代码 5-11 所示的示例中设置了 32 个卷积核(TensorFlow 2 中称为过滤器 filters),每个卷积核输出一层,因此该卷积层的输出是

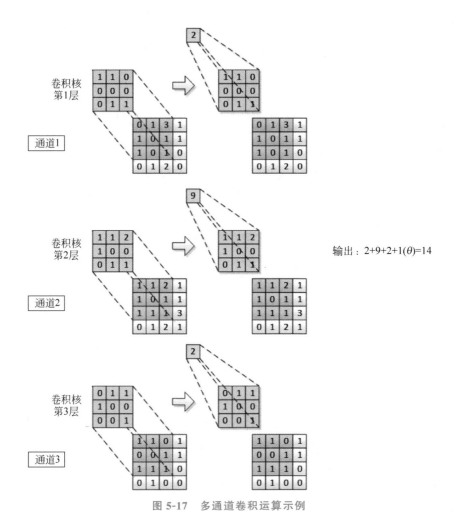

图 5-17　多通道卷积运算示例

32 层的,也就是说将 $28 \times 28 \times 1$ 的数据变成了 $24 \times 24 \times 32$ 的。在画神经网络结构图时,一般用图 5-18 中的长方体来表示上述卷积运算,用水平方向长度表示卷积核的数量。

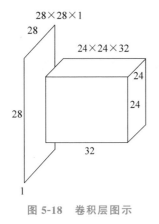

图 5-18　卷积层图示

再来算一下代码 5-11 示例中该卷积层的训练参数量。因为输入是单通道的,因此每个卷积核只有一层,它的参数为 $5 \times 5 + 1 = 26$ 个,共 32 个卷积核,因此训练参数为 $26 \times 32 = 832$ 个。

如果待处理的张量规模很大,可以将卷积核由依次移动改为跳跃移动,即一次移动两个或多个数据单元,这称为加大步长(Strides)。加大步长可以减少计算量、加快训练速度。

为了提取到边缘的特征,可以在待处理张量的边缘填充 0 再进行卷积运算,称为零填充(Zero-Padding),如图 5-19 所示。填充也可以根据就近的值进行填充。

边缘填充的另一个用途是在张量与卷积核不匹配时,通过填充使之匹配,从而卷积核能扫描到所有数据。

如采用图 5-19 所示的填充,在步长为 1 时,输出张量的长度和宽度都要加 2。

来观察一下代码 5-11 中第 22 行的二维卷积层的详细情况。该卷积层的输入为 $(28,28,1)$ 的张量,为一幅 MNIST 图片。它设置了 32 个卷积核,每个卷积核大小为 $(5,5)$,不进行边缘填充(默认设置),采用 ReLU 激活函数。

图 5-19 边缘填充示例

代码 5-12 的第 45 行和第 55 行在 MindSpore 下完成了同样的工作。MindSpore 和 TensorFlow 2 下的 Conv2d 算子的定义原型见代码 5-13,读者可以对比一下它们的参数。

代码 5-13 MindSpore 和 TensorFlow 2 中 Conv2d 算子的原型

```
1. # MindSpore
2. class mindspore.nn.Conv2d(in_channels, out_channels, kernel_size, stride = 1, pad_mode =
   'same', padding = 0, dilation = 1, group = 1, has_bias = False, weight_init = 'normal', bias_
   init = 'zeros', data_format = 'NCHW')
3.
4. # TensorFlow 2
5. tf.keras.layers.Conv2D(
6.     filters, kernel_size, strides = (1, 1), padding = 'valid',
7.     data_format = None, dilation_rate = (1, 1), groups = 1, activation = None,
8.     use_bias = True, kernel_initializer = 'glorot_uniform',
9.     bias_initializer = 'zeros', kernel_regularizer = None,
10.    bias_regularizer = None, activity_regularizer = None, kernel_constraint = None,
11.    bias_constraint = None, ** kwargs
12. )
```

需要注意的是,它们默认的输入数据的格式不一样。TensorFlow 2 的 Conv2d 的输入图像格式为 $(\text{height},\text{width},\text{channel})$,而 MindSpore 的 Conv2d 默认的输入图像格式为 $(\text{channel},\text{height},\text{width})$。它们的通道数的位置不一样,可以通过设置 data_format 参数来改变默认格式。代码 5-12 的第 26 行将原始格式转换成 MindSpore 框架默认的要求格式。

代码 5-14 对 MindSpore 和 TensorFlow 2 框架中 Conv2d 算子以本小节的例子进行了验证,通过分别设置卷积核的数量(即通道数)和边缘填充方式,来观察输出张量的 shape。如第 11 行的输出,是在 MindSpore 框架下,对图 5-16 所示的卷积运算在不进行边缘填充时的验证输出。MindSpore 框架中 Conv2d 算子的输入和输出的四维张量的含义分别为(批大小,通道数,高,宽)。其他情况读者可自行对比验证,不再赘述。

代码 5-14 Conv2d 算子验证(Conv2d 算子验证.ipynb)

```
1. # MindSpore
2. import mindspore
3. import numpy as np
4. import mindspore.nn as nn
5. from mindspore import Tensor
```

```
 6. input = Tensor(np.ones([1, 1, 4, 4]), mindspore.float32)
 7.
 8. net = nn.Conv2d(1, 1, 3, has_bias = True, pad_mode = 'valid')      # 1 卷积核,valid 边缘填充
 9. output = net(input).shape
10. print("1 卷积核,valid 边缘填充", output)
11. >>> 1 卷积核,valid 边缘填充 (1, 1, 2, 2)
12. net = nn.Conv2d(1, 5, 3, has_bias = True, pad_mode = 'valid') # 5 卷积核,valid 边缘填充
13. output = net(input).shape
14. print("5 卷积核,valid 边缘填充", output)
15. >>> 5 卷积核,valid 边缘填充 (1, 5, 2, 2)
16. net = nn.Conv2d(1, 1, 3, has_bias = True, pad_mode = 'same')   # 1 卷积核,same 边缘填充
17. output = net(input).shape
18. print("1 卷积核,same 边缘填充", output)
19. >>> 1 卷积核,same 边缘填充 (1, 1, 4, 4)
20. net = nn.Conv2d(1, 1, 3, has_bias = True, pad_mode = 'pad')      # 1 卷积核,pad 边缘填充
21. output = net(input).shape
22. print("1 卷积核,pad 边缘填充", output)
23. >>> 1 卷积核,pad 边缘填充 (1, 1, 2, 2)
24.
25. # TensorFlow 2
26. import tensorflow as tf
27. input_shape = (1, 4, 4, 1)
28. x = tf.random.normal(input_shape)
29.
30. network = tf.keras.layers.Conv2D(1, 3, activation = 'relu', padding = "valid", input_
    shape = input_shape[1:])
31. y = network(x)
32. print("1 卷积核,valid 边缘填充", y.shape)
33. >>> 1 卷积核,valid 边缘填充 (1, 2, 2, 1)
34. network = tf.keras.layers.Conv2D(1, 3, activation = 'relu', padding = "same", input_
    shape = input_shape[1:])
35. y = network(x)
36. print("1 卷积核,same 边缘填充", y.shape)
37. >>> 1 卷积核,same 边缘填充 (1, 4, 4, 1)
38. network = tf.keras.layers.Conv2D(5, 3, activation = 'relu', padding = "valid", input_
    shape = input_shape[1:])
39. y = network(x)
40. print("5 卷积核,valid 边缘填充", y.shape)
41. >>> 5 卷积核,valid 边缘填充 (1, 2, 2, 5)
```

5.5.3 池化层和 Flatten 层

池化(Pooling)层一般跟在卷积层之后,用于压缩数据和参数的数量。

池化操作也称为下采样(Sub-Sampling),具体过程与卷积层基本相同,只不过池化层的卷积核只取对应位置的最大值或平均值,分别称为最大池化或平均池化。最大池化操作如图 5-20 所示,将对应位置中的最大值输出,结果为 2。如果是平均池化,则将对应位置中的所有值求平均值,得到输出 1。池化层没有需要训练的参数。

池化层的移动方式与卷积层不同,它不重叠地移动,图 5-20 所示的池化操作,输出的张量的规模为 2×2。代码 5-11 第 23 行和代码 5-12 第 56 行池化层输出的张量为 $12\times12\times32$。

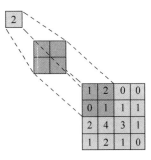

代码 5-11 第 24 行和和代码 5-12 第 57 行添加的是 Dropout 层。

代码 5-11 第 25 行和和代码 5-12 第 58 行添加的是所谓的批标准化层,将在 5.5.4 节讨论。

图 5-20　最大池化操作示例

代码 5-11 第 26 行和和代码 5-12 第 59 行添加的是 Flatten 层。Flatten 层很简单,只是将输入的多维数据拉成一维的,可以理解为将数据"压平"。

代码 5-11 第 27、28 行和和代码 5-12 第 60、61 行添加的是全连接层。代码 5-12 中的全连接层在第 46、47 行定义。

MindSpore 中的全连接层算子 Dense 需要显式设置输入参数个数,来看第 46 行定义的 Dense 算子的输入参数个数是如何计算的。在卷积层中,每个卷积核将输入的 $1\times28\times28$(按 MindSpore 默认的数据格式要求,将通道数写在前面)格式的数据转换成了 $1\times24\times24$(式(5-48))格式的数据,因为有 32 个卷积核,因此该卷积层的最终输出数据格式为 $32\times24\times24$。再经过一个核为 2×2 的池化层,输出数据格式为 $32\times12\times12$。因此,它就是第 46 行定义 Dense 算子时的输入参数。

在画神经网络结构图时,可以用类似图 5-18 中的不同颜色的长方体来表示池化层和全连接层。除卷积层、池化层和全连接层(输入之前隐含 Flatten 层)之外的层,不改变网络结构,因此,一般只用这三层来表示神经网络的结构。画出代码 5-11 和代码 5-12 所示示例的神经网络结构如图 5-21 所示。

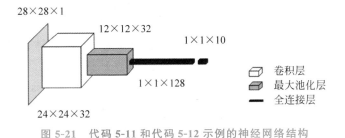

图 5-21　代码 5-11 和代码 5-12 示例的神经网络结构

5.5.4　批标准化层

批标准化(Batch Normalization)可以抑制梯度消散,加速神经网络训练。批标准化的提出者认为深度神经网络的训练之所以复杂,是因为在训练时每层的输入都随着前一层的参数的变化而变化。因此,在训练时,需要仔细调整步长和初始化参数来取得好的效果。

针对上述问题,在训练阶段,批标准化对每一层的批量输入数据 x 进行标准化操作

(见 7.1 节),使之尽量避免落入非线性激活函数的饱和区。具体来讲就是使之均值为 0,方差为 1。记每一批输入数据为 $\mathcal{B}=\{x_1, x_2, \cdots, x_m\}$,对其中任一 x_i 进行如下操作:

$$
\begin{cases}
\mu_B = \dfrac{1}{m}\sum_{i=1}^{m} x_i \\[2mm]
\sigma_B^2 = \dfrac{1}{m}\sum_{i=1}^{m}(x_i - \mu_B)^2 \\[2mm]
\hat{x}_i = \dfrac{x_i - \mu_B}{\sqrt{\sigma_B^2 + \varepsilon}} \\[2mm]
y_i = \gamma_i \hat{x}_i + \beta_i
\end{cases}
\tag{5-50}
$$

其中,ε 为防止分母为 0 的很小的常数。前三步分别为计算均值、计算方差、标准化,最后一步是对归一化后的结果进行缩放和平移,其中的 $\boldsymbol{\gamma}_i$ 和 $\boldsymbol{\beta}_i$ 是要学习的参数,它们都是 m 维的向量。μ_B 和 σ_B^2 是从输入数据中计算得到,是不需要学习的参数。

代码 5-11 和代码 5-12 所示的示例中,在 Dropout 层和 Flatten 层之间加入了批标准化层。对比是否加入该层的运行结果,可以发现在加入该层后,网络将更快收敛。读者可以自行验证。

5.5.5　典型卷积神经网络

在深度学习的发展过程中,出现了很多经典的卷积神经网络,它们对深度学习的学术研究和工业生产都起到了促进的作用,如 VGG、ResNet、Inception 和 DenseNet 等,很多实际使用的卷积神经都是在它们的基础上进行改进的。初学者应从试验开始,阅读论文和实现代码(MindSpore 框架中的 model_zoo[①] 和 TensorFlow 2 框架中的 keras. applications 包中包含了很多有影响力的神经网络模型的源代码)来全面了解它们。

下面简要讨论 VGG 卷积神经网络,并简要示例其应用。

VGG-16 是牛津大学的 Visual Geometry Group 在 2015 年发布的共 16 层的卷积神经网络,有约 1.38 亿个网络参数。该网络常被初学者用来学习和体验卷积神经网络。

VGG-16 模型是针对 ImageNet 挑战赛设计的,该挑战赛的数据集为 ILSVRC-2012 图像分类数据集。ILSVRC-2012 图像分类数据集的训练集有总共有 1281167 张图片,分为 1000 个类别,它的验证集有 50000 张图片样本,每个类别 50 个样本。

ILSVRC-2012 图像分类数据集是 2009 年开始创建的 ImageNet 图像数据集的一部分。基于该图像数据集举办了具有很大影响力的 ImageNet 挑战赛,很多新模型就是在该挑战赛上发布的。

VGG-16 模型的网络结构如图 5-22 所示,从左侧输入大小为 $224 \times 224 \times 3$ 的彩色图片,在右侧输出该图片的分类。

输入层之后,先是 2 个大小为 3×3、卷积核数为 64、步长为 1、零填充的卷积层,此时的数据维度大小为 $224 \times 224 \times 64$,在水平方向被拉长了。

---

① https://gitee.com/mindspore/mindspore/tree/r1.1/model_zoo/official

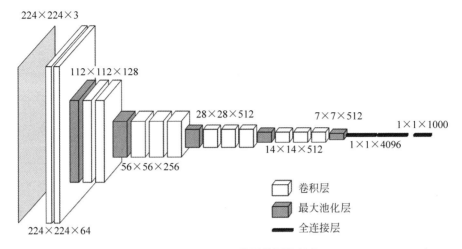

图 5-22　VGG-16 模型的网络结构

　　然后是 1 个大小为 2×2 的最大池化层,将数据的维度降为 112×112×64,再经过 2 个大小为 3×3、卷积核数为 128、步长为 1、零填充的卷积层,再一次在水平方向上被拉长,变为 112×112×128。

　　然后是 1 个大小为 2×2 的最大池化层,和 3 个大小为 3×3、卷积核数为 256、步长为 1、零填充的卷积层,数据维度变为 56×56×256。

　　然后是 1 个大小为 2×2 的最大池化层,和 3 个大小为 3×3、卷积核数为 512、步长为 1、零填充的卷积层,数据维度变为 28×28×512。

　　然后是 1 个大小为 2×2 的最大池化层,和 3 个大小为 3×3、卷积核数为 512、步长为 1、零填充的卷积层,数据维度变为 14×14×512。

　　然后是 1 个大小为 2×2 的最大池化层,数据维度变为 7×7×512。

　　然后是 1 个 Flatten 层将数据拉平。

　　最后是 3 个全连接层,节点数分别为 4096、4096 和 1000。

　　除最后一层全连接层采用 Softmax 激活函数外,所有卷积层和全连接层都采用 ReLU 激活函数。

　　从上面网络结构可见,经过卷积层,通道数量不断增加,而经过池化层,数据的高度和宽度不断减少。

　　Visual Geometry Group 后又发布了 19 层的 VGG-19 模型。

　　MindSpore 和 TensorFlow 2 实现了 VGG-16 模型和 VGG-19 模型[1][2],建议读者仔细阅读并分析。TensorFlow 2 还提供了用 ILSVRC-2012-CLS 图像分类数据集预先训练好的 VGG-16 和 VGG-19 模型,下面给出一个用预先训练好的模型来识别一幅图片(图 5-23)的例子。

---

[1]　https://gitee. com/mindspore/mindspore/blob/master/model_zoo/official/cv/vgg16/README. md

[2]　https://github. com/tensorflow/tensorflow/blob/master/tensorflow/python/keras/applications/vgg16. py

图 5-23 试验用小狗图片

例子代码见代码 5-15。

代码 5-15 VGG-19 预训练模型应用(vgg19_app. ipynb)

```
1. import tensorflow.keras.applications.vgg19 as vgg19
2. import tensorflow.keras.preprocessing.image as imagepre
3.
4. # 加载预训练模型
5. model = vgg19.VGG19(weights = 'E:\\MLDatas\\vgg19_weights_tf_dim_ordering_tf_kernels.
   h5', include_top = True)                        # 加载预先下载的模型
6. # 加载图片并转换为合适的数据形式
7. image = imagepre.load_img('116.jpg', target_size = (224, 224))
8. imagedata = imagepre.img_to_array(image)
9. imagedata = imagedata.reshape((1,) + imagedata.shape)
10.
11. imagedata = vgg19.preprocess_input(imagedata)
12. prediction = model.predict(imagedata)          # 分类预测
13. results = vgg19.decode_predictions(prediction, top = 3)
14. print(results)
15. #[[('n02113624', 'toy_poodle', 0.6034094), ('n02113712', 'miniature_poodle',
   0.34426507), ('n02113799', 'standard_poodle', 0.0124355545)]]
```

可见,图片为 toy poodle(玩具贵宾犬)的概率最大,约为 0.6。

5.6 习题

1. 下表为某二分类器预测结果的混淆矩阵,试计算准确率、平均准确率、精确率、召回率和 F_1-score。

	预测为"0"的样本数	预测为"1"的样本数
标签为"0"的样本数	1026	1101
标签为"1"的样本数	1007	911026

2. 与 MNIST 手写体数字集一样,CIFAR-10 包含了 60 000 张图片,共 10 类。训练集 50 000 张,测试集 10 000 张。但与 MNIST 不同的是,CIFAR-10 数据集中的图片是彩色的,每张图片的大小是 $32\times32\times3$,3 代表 R/G/B 三个通道,每个像素点的颜色由 R/G/B 三个值决定,R/G/B 的取值范围为 $0\sim255$。仿照 MNIST 手写体数字识别,用 MindSpore 框架或 TensorFlow 2.0 框架实现卷积神经网络对 CIFAR-10 进行分类试验。

3. 试计算代码 5-11 和代码 5-12 所示例的卷积神经网络中各层需要学习的参数数量。

4. 在 5.4.1 节的误差反向传播学习示例中,计算第 2 个训练样本 $(0,1)$ 的前向传播过程。网络参数的初值与示例初值相同: $\boldsymbol{W}_1=\begin{bmatrix}0.1 & 0.2\\0.2 & 0.3\end{bmatrix}$, $\boldsymbol{\theta}_1=\begin{bmatrix}0.3 & 0.3\end{bmatrix}$, $\boldsymbol{W}_2=\begin{bmatrix}0.4 & 0.5\\0.4 & 0.5\end{bmatrix}$, $\boldsymbol{\theta}_2=\begin{bmatrix}0.6 & 0.6\end{bmatrix}$。

5. 接第 4 题,再计算反向传播学习过程中 $w_1^{(1,2)}$ 的更新。

6. 在单通道数据上进行卷积运算,待处理张量 $\boldsymbol{I}$ 和卷积核 $\boldsymbol{K}$ 分别如下,请计算在卷积核移动步长为 1 的输出张量 $\boldsymbol{S}$。阈值 $\theta=0$。

待处理张量:

19	11	2	0	8
3	22	0	9	1
58	4	23	11	15
7	1	0	9	10
0	0	1	8	2

卷积核:

1	2
0	1

7. 接第 6 题,如果在边缘采用 0 填充,请计算输出张量 $\boldsymbol{S}$。

第 **6** 章

标注与循环神经网络

标注模型用于处理有前后关联关系的序列问题。在预测时,它的输入是一个观测序列,该观测序列的元素一般具有前后的关联关系。它的输出是一个标签序列,也就是说,标注模型的输出是一个向量,该向量的每个元素是一个标签,它们与输入序列的元素一一对应。标签的值是有限的离散值。

本章讨论概率标注模型,包括隐马尔可夫模型和条件随机场模型。

本章同样基于 MindSpore 和 TensorFlow 2 深度学习框架,对循环神经网络进行讨论并示例它在标注任务中的应用。

6.1 标注任务与序列问题

记输入的序列为 $x=(x^{(1)},x^{(2)},\cdots,x^{(n)})$,输出的标签序列为 $y=(y^{(1)},y^{(2)},\cdots,y^{(n)})$。标注任务分为学习过程和标注过程。

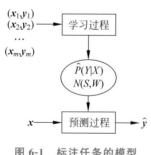

图 6-1　标注任务的模型

可完成标注任务的模型有概率模型和神经网络模型两类。

概率模型在学习过程学习到从序列 x 到序列 y 的条件概率:

$$\hat{P}(y^{(1)},y^{(2)},\cdots,y^{(n)}\mid x^{(1)},x^{(2)},\cdots,x^{(n)}) \quad (6\text{-}1)$$

概率模型在标注过程按照学习得到的条件概率分布模型,以概率值最大的方式对新的输入序列找到相应的输出标签序列,如图 6-1 所示。具体来讲,就是对一个输入的测试

序列 $x=(x^{(1)},x^{(2)},\cdots,x^{(n)})$ 找到使条件概率 $\hat{P}(y^{(1)},y^{(2)},\cdots,y^{(n)}\mid x^{(1)},x^{(2)},\cdots,$ $x^{(n)})$ 最大的标记序列 $\hat{y}=(\hat{y}^{(1)},\hat{y}^{(2)},\cdots,\hat{y}^{(n)})$。

　　神经网络模型在学习过程建立起能正确反映从序列 x 到序列 y 的映射关系的神经网络 $N(S,W)$，并在标注过程将测试序列 $x=(x^{(1)},x^{(2)},\cdots,x^{(n)})$ 输入神经网络，得到输出序列 $\hat{y}=(\hat{y}^{(1)},\hat{y}^{(2)},\cdots,\hat{y}^{(n)})$。

　　目前，用来完成标注任务的神经网络主要是循环神经网络。

　　实际上，标注只是序列问题中的一种。与序列有关的任务还有序列聚类、序列回归和序列分类等任务，它们也都可以看作机器学习的聚类、回归和分类等任务中的一种。

　　完成序列任务的神经网络一般是多层的，即深度神经网络。比如，用循环神经网络来完成序列回归任务，像预测气温变化；用卷积神经网络或循环神经网络来完成序列分类任务，像电影评论的自动分类等。

6.2　隐马尔可夫模型

　　隐马尔可夫模型（Hidden Markov Model，HMM）是关于时序的概率模型，它可用于标注等问题中。

6.2.1　基本思想

　　以一个猜骰子的例子来形象说明隐马尔可夫模型。

　　假设一个盒子里可以装两个骰子，骰子的种类有四面的和六面的两种（如图 6-2 所示）。现在进行猜骰子实验，该实验由实验者和分析者完成。

　　实验者每次随机从盒子中取出一个骰子，然后补入一个另外种类的骰子。比如，盒子中当前有一个四面的骰子和一个六面的骰子，实验者如果取出的是四面的骰子，那么他要补入一个六面的骰子，如果取出的是六面的骰子，那么他要补入一个四面的骰子。

图 6-2　骰子的种类

　　实验者记录下每次实验后盒子中不同种类骰子的数量，可得到一个盒子状态的序列。用盒子中四面骰子的数量来标记盒子的状态：若盒子中有 k 个四面骰子，则称系统处于状态 k。显然盒子状态的取值空间为 $I=\{0,1,2\}$。同理，也可以用六面骰子的数量来标记盒子的状态。

　　不告诉分析者盒子的状态，也就是说盒子状态的序列对分析者是隐藏。但是，实验者会在每次实验后掷一次骰子，并将两个骰子的点数之和告诉他。于是分析者将得到一个数字序列，称为观察序列。

　　一次实验的示例如图 6-3 所示。盒子的第 1 个状态为 1，说明盒子中有一个四面的骰子和六面的骰子；盒子的第 2 个状态为 2，说明上次实验中，实验者抓出了六面的骰子，补入了四面的骰子……。在盒子的第 1 个状态，实验者通过掷骰子，得到点数之和 6，并告知分析者；在盒子的第 2 个状态，分析者得到点数之和为 2……。分析者得到的值称为观测值或者发射值。它们组成的序列，称为观测序列或者发射序列。

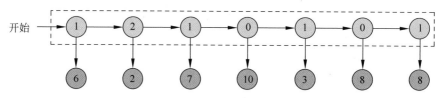

图 6-3　隐马尔可夫模型示例

该实验的模型就是隐马尔可夫模型。对分析者而言,隐马尔可夫模型描述了一个可观测的随机序列,该观测序列由一个不可观测的状态序列生成。

易知实验者在实验中能抓出什么骰子只与当前盒子的状态有关,而与盒子以前的状态无关。具有这种特性的序列,被称为具有马尔可夫性。

盒子状态的变化可以由初始概率和转移概率来确定。

初始概率是指盒子最初处于什么状态的概率。盒子可能出现的状态有 0、1、2 三种,假设两种骰子随机等概放入,那么三种状态出现的概率分别为 0.25、0.5、0.25,用一个向量 $\boldsymbol{\pi} = (\pi_0, \pi_1, \pi_2) = (0.25, 0.5, 0.25)$ 来表示,称此向量为初始状态概率向量。

当现状态为 0 时,下一步转移到状态 0 的概率为 0.0。这是因为从装了两个六面骰子的盒子中,只能抓出一个六面的骰子,下一步只能补入一个四面的骰子。用 $a_{00} = 0.0$ 来表示从状态 0 转移状态 0 的概率,称为转移概率。同样可知 $a_{01} = 1.0, a_{02} = 0.0$。

分析出所有转移概率,并写成矩阵形式:

$$\boldsymbol{A} = \begin{bmatrix} a_{00} & a_{01} & a_{02} \\ a_{10} & a_{11} & a_{12} \\ a_{20} & a_{21} & a_{22} \end{bmatrix} = \begin{bmatrix} 0 & 1 & 0 \\ 0.5 & 0 & 0.5 \\ 0 & 1 & 0 \end{bmatrix} \tag{6-2}$$

这种矩阵称为一步转移概率矩阵,因为转移只是一步的。矩阵的横坐标表示当前状态,纵坐标表示下一步状态。

对分析者不可见的状态序列可以认为是由 $\boldsymbol{\pi}$ 和 $\boldsymbol{A}$ 依概率产生的。具体来讲,就是先按 $\boldsymbol{\pi}$ 中各状态的概率值产生初始状态,然后再按 $\boldsymbol{A}$ 中各状态的转移概率值依次产生下一步状态。需要注意的是,这里所说的产生,是按概率产生,即每个值都可能出现,只不过出现的概率是事先确定的。

分析者见到的观测值又是由状态值依据观测概率(或称为发射概率)产生的。

图 6-3 示例的第 1 个状态为 1,说明盒子中有一个四面的骰子和六面的骰子。此时,能掷出的点数分别为 2、3、4、5、6、7、8、9、10 共 9 个。用 $b_1(2)$ 表示在状态 1 时观测到点数 2 的观测概率,可知: $b_1(2) = \dfrac{1}{4} \times \dfrac{1}{6} = \dfrac{1}{24}$。

计算出所有观测概率,并写成矩阵形式,可得到观测概率矩阵:

$$B = [b_i(j)]_{3 \times 11} = \begin{bmatrix} \dfrac{1}{36} & \dfrac{1}{18} & \dfrac{1}{12} & \dfrac{1}{9} & \dfrac{5}{36} & \dfrac{1}{6} & \dfrac{5}{36} & \dfrac{1}{9} & \dfrac{1}{12} & \dfrac{1}{18} & \dfrac{1}{36} \\ \dfrac{1}{24} & \dfrac{1}{12} & \dfrac{1}{8} & \dfrac{1}{6} & \dfrac{1}{6} & \dfrac{1}{6} & \dfrac{1}{8} & \dfrac{1}{12} & \dfrac{1}{24} & 0 & 0 \\ \dfrac{1}{16} & \dfrac{1}{8} & \dfrac{3}{16} & \dfrac{1}{4} & \dfrac{3}{16} & \dfrac{1}{8} & \dfrac{1}{16} & 0 & 0 & 0 & 0 \end{bmatrix} \tag{6-3}$$

可见,隐马尔可夫模型是由 $\boldsymbol{\pi}$、$\boldsymbol{A}$ 以及 $\boldsymbol{B}$ 依概率确定。$\boldsymbol{\pi}$ 和 $\boldsymbol{A}$ 决定状态序列,$\boldsymbol{B}$ 决定观测序列。记隐马尔可夫模型为 λ,λ 可以由三元符号表示,即:

$$\lambda = (\boldsymbol{A}, \boldsymbol{B}, \boldsymbol{\pi}) \tag{6-4}$$

$\boldsymbol{A}$,$\boldsymbol{B}$,$\boldsymbol{\pi}$ 称为隐马尔可夫模型的三要素。

隐马尔可夫模型在实际应用中,一般有以下三种问题。

1. 概率计算问题

给定模型 $\lambda = (\boldsymbol{A}, \boldsymbol{B}, \boldsymbol{\pi})$ 和观测序列 $O = \{o_1, o_2, \cdots, o_T\}$,计算在模型 λ 下观测序列 O 出现的概率 $P(O|\lambda)$。这个问题一般用来检测模型的正确性,如果概率大的序列很少出现,或者概率小的序列经常出现,则要怀疑模型三要素是否正确。可以通过穷举状态序列的方法来计算指定观测序列的概率,即计算出任一状态序列的概率,并乘以从该状态序列到指定观测序列的概率,然后将所有乘积求和。该方法计算量太大,一般采用用时较少的前向-后向算法(forward-backward algorithm)来计算。

2. 学习问题

估计出隐马尔可夫模型的参数 $\lambda = (\boldsymbol{A}, \boldsymbol{B}, \boldsymbol{\pi})$ 的问题是学习问题。隐马尔可夫模型的学习分为监督学习和无监督学习。监督学习的训练样本包含有观测序列和状态序列,无监督学习的训练样本只含有观测序列。通过监督学习估计出模型的参数比较容易,下文将通过示例来讨论。通过无监督学习来估计模型的参数则比较难实现,一般要利用 Baum-Welch 算法。

3. 预测问题

已知观测序列 $O = \{o_1, o_2, \cdots, o_T\}$ 和模型 $\lambda = (\boldsymbol{A}, \boldsymbol{B}, \boldsymbol{\pi})$,求使条件概率 $P(Q|O)$ 最大的状态序列 $Q = \{q_1, q_2, \cdots, q_T\}$,即给定观测序列,求最有可能的状态序列。对应前面的例子,就是通过总点数序列来估计盒子的骰子状态序列。一般采用维特比(vitebi)算法来求解预测问题。

预测问题(也称为解码(Decoding)问题)面向实际应用,如解决本章的标注问题。如图 2-4 所示词性标注,在已知模型参数和句子(已分好词)的情况下,要给每个词贴上有"名词""动词"等标签,这里已分好词的句子是观测序列,标签序列是状态序列。智能拼音输入法也属于标注问题,将输入的字母序列估计成汉字序列的过程,就是给每个切分的字母串(观测序列)对应汉字词(状态序列)的过程,此时,各汉字词是字母串的标签。在自然语言处理领域,学习好的隐马尔可夫模型称为语言模型。

在本节的例子中,盒子中骰子的状态可以看成是总点数的标签,因此预测盒子的骰子状态的问题也是标注问题。

下文用 hmmlearn 隐马尔可夫模型扩展库的应用示例来加深对隐马尔可夫模型的理解。hmmlearn 曾经是 Scikit-Learn 项目的一部分,现已独立成单独的 Python 扩展库。在 Anaconda 环境中,可以用 conda install hmmlearn 命令直接安装。

如前所述,观测概率 $b_i(j)$ 是在状态 i 观测到现象 j 的概率,它的计算要依据事先假定的分布。hmmlearn 实现了三种常用的观测概率分布的隐马尔可夫模型：多项式分布隐马尔可夫模型、高斯分布隐马尔可夫模型和高斯混合分布隐马尔可夫模型。

在猜骰子的例子中，实际上假定观测概率 $b_i(j)$ 符合多项式分布。多项式分布隐马尔可夫模型适用于观测值为离散取值的情况。

高斯分布隐马尔可夫模型假定观测概率 $b_i(j)$ 服从高斯分布，因此，描述观测概率的不是如式(6-3)的观测概率矩阵，而是高斯分布概率密度函数(即正态分布概率密度函数)。在学习过程中，模型要学习到高斯分布的两个参数：均值和方差。高斯分布隐马尔可夫模型适用于观测值为连续取值的情况。

高斯混合分布隐马尔可夫模型假定观测概率 $b_i(j)$ 服务多个叠加的高斯分布，其基本思想是用多个单一的分布来拟合一个复杂的分布，该做法类似于聚类中的高斯混合模型和回归中的多项式模型。高斯混合分布隐马尔可夫模型适用于观测值为连续取值的情况。

视频讲解

6.2.2 隐马尔可夫模型中文分词应用示例

自然语言处理领域的很多问题都是序列标注问题。中文分词是将中文句子分解成有独立含义的字或词，如"我爱自然语言处理"可分解成"我 爱 自然 语言 处理"或"我 爱 自然语言 处理"。中文分词是中文自动处理最基础的步骤，它是后续词性标注(图 2-4 所示)和语义分析的前导任务。英文自动处理的任务中不存在分词问题。

当前，标注方法是比较成功的分词方法。标注分词方法给句子中的每个字标记一个能区分词的标签，如 SBME 四标注法中，S 表示是该字是单字，B 表示该字是一个词的首字，M 表示该字是一个词的中间字，E 表示该字是一个词的结尾字。"我爱自然语言处理"一句两种分词的标注如图 6-4 所示。

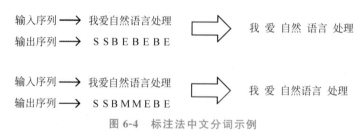
图 6-4 标注法中文分词示例

分词模型要对输入序列产生正确的输出序列。采用隐马尔可夫模型作为分词模型时，输入的序列是观测值序列，输出的标签序列是隐状态序列。

应用隐马尔可夫模型来分词，先要用大量的训练样本来训练模型，属于监督学习。在自然语言处理领域，训练样本称为语料。

用语料来有监督训练隐马尔可夫模型比较容易理解。用概率论的极大似然估计法和矩估计法都可以得到用频率来估计概率的结论。也就是说，对隐马尔可夫模型的三要素 A,B,π，只需要统计它们中的每个元素在语料库中出现的频率即可。为了防止出现概率为 0 的情况，可采取如多项式朴素贝叶斯分类器中用到的平滑技术(5.3 节)。

本节中文分词示例的语料库由已经分好词的句子组成，如"着力 促进 有 能力 在 城镇 稳定 就业 和 生活 的 常住 人口 有序 实现 市民化"，词与词之间用空格间隔。为了方便后续统计频率,先将它们转换成如图 6-4 所示的标记格式,见代码 6-1。

代码 6-1 训练样本预处理(中文分词示例. ipynb)

```
1. import numpy as np
2.
3. file = open("traindata.txt", encoding = 'utf - 8')
4. new_sents = []
5. sents_labels = []
6. for line in file.readlines():
7.     line = line.split()
8.     new_sent = ''
9.     sent_labels = ''
10.    for word in line:
11.        if len(word) == 1:
12.            new_sent += word
13.            sent_labels += 'S'
14.        elif len(word) > = 2:
15.            new_sent += word
16.            sent_labels += 'B' + 'M' * (len(word) - 2) + 'E'
17.    if new_sent != '':
18.        new_sents.append([new_sent])
19.        sents_labels.append([sent_labels])
20. print("训练样本准备完毕!")
21. print('共有数据 %d 条' % len(new_sents))
22. print('平均长度: ', np.mean([len(d[0]) for d in new_sents]))
23. >>>训练样本准备完毕!
24. 共有数据 62946 条
25. 平均长度: 8.67100371747212
```

处理完成后,不用空格间隔的句子存放于 new_sents 列表中,对应的 SBME 四标签序列存放于 sents_labels 列表中。

统计频率得到隐马尔可夫模型并用来预测的代码见代码 6-2。

代码 6-2 中文分词隐马尔可夫模型示例(中文分词示例. ipynb)

```
1. # 统计初始概率矩阵 pi
2. state = ['S', 'B', 'M', 'E']
3. pi = np.zeros(4)
4. for i in range(len(sents_labels)):
5.     if sents_labels[i][0][0] == 'S':
6.         pi[0] += 1
7.     if sents_labels[i][0][0] == 'B':
8.         pi[1] += 1
9. pi /= np.sum(pi)
10.
11. # 统计转移概率矩阵 A 和观测概率矩阵 B
12. A = np.zeros((4, 4))
13. B = np.zeros((4, 65536))                    # GB 2312 编码
14. for i in range(len(sents_labels)):
15.     for j in range(len(sents_labels[i][0])):
16.         B[state.index(sents_labels[i][0][j]), ord(new_sents[i][0][j])] += 1   # 观
测频率加 1
```

```
17.        for j in range(len(sents_labels[i][0]) - 1):
18.            A[state.index(sents_labels[i][0][j]), state.index(sents_labels[i][0][j +
   1])] += 1                                      # 转移频率加1
19.
20. for i in range(4):
21.     if np.sum(A[i]) != 0:
22.         A[i] = A[i] / np.sum(A[i])
23. print(A)
24. >>> [[0.33211976 0.66788024 0.          0.          ]
25.  [0.         0.         0.13974717 0.86025283]
26.  [0.         0.         0.29698601 0.70301399]
27.  [0.34046515 0.65953485 0.          0.          ]]
28.
29. for i in range(4):
30.     B[i] /= np.sum(B[i])
31.
32. from hmmlearn import hmm
33. model = hmm.MultinomialHMM(n_components = 4)
34. model.startprob_ = pi
35. model.emissionprob_ = B
36. model.transmat_ = A
37.
38. test_str = "中国首次火星探测任务天问一号探测器实施近火捕获制动"
39. test_data = []
40. for i in range(len(test_str)):        # 得到编码
41.     test_data.append(ord(test_str[i]))
42. test_data = np.array(test_data).reshape(-1, 1)
43. states = model.predict(test_data)
44. print(states)
45. >>> [1 3 1 3 1 3 1 3 1 3 0 1 2 3 1 2 3 1 3 1 3 1 3 1 3]
46.
47. test_out = ""
48. for i in range(len(states)):
49.     test_out += test_str[i]
50.     if states[i] == 0 or states[i] == 3:
51.         test_out += ' '
52. test_out = test_out.strip()
53. print(test_out)
54. >>> 中国 首次 火星 探测 任务 天 问一号 探测器 实施 近火 捕获 制动
```

第13行为0初始化观测概率矩阵。这里仅限于对GB 2312汉字编码字符集中的汉字进行统计。

第32行从hmmlearn扩展库中导入hmm隐马尔可夫模型模块。

第33行到第36行,先序列化一个多项式隐马尔可夫模型,然后将它的三要素分别赋值。

第43行是用该模型对测试语句进行解码,得到隐状态序列如第45行所示,它的值对应第2行定义的各种状态。

最后根据预测状态对测试语句进行间隔处理,方便直接观看。

要注意的是,本示例仅用于示例模型,所用的语料库很小,而且也没有对标点符号等情况进行处理。从分词结果来看,对专有名词"天问一号"分词出现了错误。实际上,如何识别出在语料库中未曾出现过的专有名词是自然语言处理领域的一个难点问题,这个问题称为命名实体识别,它已经不仅仅是分词问题了。

6.3 条件随机场模型

条件随机场(Conditional Random Field,CRF)可用来完成标注任务,它的理论推导比较难理解,它的应用却很容易理解。

6.3.1 基本思想

以图 2-4 所示的词性标注任务为例来说明条件随机场的应用思路。图中汉字序列"我 爱 自然 语言 处理"的正确标注序列为"代词 动词 名词 名词 动词"。假如有另一个标注序列"代词 动词 名词 动词 动词"与之比较,如何来评价哪个序列更合理呢?

条件随机场的做法是给两个序列"打分",得分高的序列被认为是更合理的。既然要打分,那就要有"评价标准",这个评价标准称为特征函数。例如,可以定义相邻两个词的词性的关系为一个特征函数,那么对于"语言 处理"来说,上文提到的两个序列分别标注为"名词 动词"和"动词 动词"。从语言学的知识可知,"动词"一般不与"动词"相邻,因此,对该特征函数来说,第一个标注序列可以得分,而后一个标注序列不得分。

假如定义了很多这样的特征函数,那么就可以用这些特征函数的评分结果转化的概率值来衡量哪个标注序列更合理。

在条件随机场的应用中,需要用户自己定义特征函数。特征函数分为刻画相邻变量相互影响和变量自身影响两类。

不同的特征函数刻画特征的重要性不同,在条件随机场里是用特征函数的权重系数来刻画它们的重要性,因此,条件随机场学习的目标就是得到每个特征函数的合理权重系数。

一般条件随机场的计算很复杂,简化为线性链结构的条件随机场计算相对简单,在标注问题中有广泛的应用。在线性链条件随机场(Linear Chain Conditional Random Field)中,定义转移特征函数 t 和状态特征函数 s 用来刻画相邻变量相互影响和变量自身影响。

设观测序列为 $\boldsymbol{x}=(x^{(1)},x^{(2)},\cdots,x^{(n)})$;待预测的标签序列为 $\boldsymbol{y}=(y^{(1)},y^{(2)},\cdots,y^{(n)})$,也称为隐变量状态序列。假定 $\boldsymbol{x}$ 和 $\boldsymbol{y}$ 具有相同的结构。条件随机场学习的目标是从训练集中得到条件概率模型 $P(\boldsymbol{y}|\boldsymbol{x})=P(y^{(1)},y^{(2)},\cdots,y^{(n)}|x^{(1)},x^{(2)},\cdots,x^{(n)})$。

转移特征函数(Transition Feature Function)用于刻画相邻标签变量之间的相关关系以及观测序列对它们的影响,对于观测序列 $\boldsymbol{x}$ 的第 i 个位置,转移特征函数 t 标记为:

$$t(y^{(i-1)},y^{(i)},\boldsymbol{x},i) \quad i=2,\cdots,n \tag{6-5}$$

状态特征函数(Status Feature Function)用于刻画观测序列对标签变量的影响,对于观测序列 $\boldsymbol{x}$ 的第 i 个位置,状态特征函数 s 标记为:

$$s(y^{(i)}, \boldsymbol{x}, i) \quad i = 1, 2, \cdots, n \tag{6-6}$$

特征函数一般取值 0 或 1。特征函数需要根据任务由人工设定,例如图 2-4 所示的词性标注例子中,可以定义一个状态特征函数 s:

$$s(y^{(i)}, \boldsymbol{x}, i) = \begin{cases} 1, & \text{当 } y_i = [\text{动词}] \text{ 且 } x_i = \text{处理} \\ 0, & \text{其他} \end{cases} \tag{6-7}$$

它表示在句子的第 i 个位置,当输入为"处理"时,如果对应的标签变量值为"动词"时,特征函数值为 1,否则为 0。

可以定义一个转移特征函数 t:

$$t(y^{(i-1)}, y^{(i)}, \boldsymbol{x}, i) = \begin{cases} 1, & \text{当 } y^{(i-1)} = [\text{名词}], y^{(i)} = [\text{动词}], x_i = \text{处理} \\ 0, & \text{其他} \end{cases} \tag{6-8}$$

它表示在句子的第 i 个位置,当输入为"处理"时,如果对应的标签变量值为"动词"且前一个标签变量值为"名词"时,特征函数值为 1,否则为 0。因此上文提到的两个序列中,正确的序列在此转移特征函数上可以得分,而错误的序列不能得分。

根据相关知识和假定,可以将条件概率模型 $P(\boldsymbol{y}|\boldsymbol{x})$ 写为:

$$P(\boldsymbol{y} \mid \boldsymbol{x}) = \frac{1}{Z(\boldsymbol{x})} \exp\Big(\sum_j \sum_{i=2}^{n} \lambda_j t_j(y^{(i-1)}, y^{(i)}, \boldsymbol{x}, i) +$$

$$\sum_k \sum_{i=1}^{n} \mu_k s_k(y^{(i)}, \boldsymbol{x}, i) \Big) \tag{6-9}$$

其中,下标 j 表示转移特征函数的序号;λ_j 表示该转移特征函数的权重系数;下标 k 表示状态特征函数的序号;μ_k 表示该状态特征函数的权重系数;$Z(\boldsymbol{x})$ 是转化为概率的归一化因子:

$$Z(\boldsymbol{x}) = \sum_y \exp\Big(\sum_j \sum_{i=2}^{n} \lambda_j t_j(y^{(i-1)}, y^{(i)}, \boldsymbol{x}, i) +$$

$$\sum_k \sum_{i=1}^{n} \mu_k s_k(y^{(i)}, \boldsymbol{x}, i) \Big) \tag{6-10}$$

与隐马尔可夫模型一样,应用条件随机场有概率计算、学习和预测三个问题。

条件随机场的概率计算问题是给定条件随机场 $P(\boldsymbol{y}|\boldsymbol{x})$,输入序列 $\boldsymbol{x}$ 和输出序列 $\boldsymbol{y}$,计算条件概率 $P(y^{(i)}|\boldsymbol{x})$,$P(y^{(i)}, y^{(i+1)}|\boldsymbol{x})$ 以及相应的数学期望的问题。

学习问题是在给定训练集时,估计条件随机场模型的参数,即特征函数的权重系数。

预测问题是在给定条件随机场和观测序列的条件下,求条件概率最大的标注序列,即对观测序列进行标注。

6.3.2 条件随机场中文分词应用示例

此节通过分析一个条件随机场工具的应用示例来加深对条件随机场的理解。

有很多条件随机场的工具可供使用,如果理解了条件随机场的基本概念和基本思路,就容易应用它们来解决实际问题了。在实际应用中,特征函数的数量可能会很大,一般不是由用户逐个来定义,而是通过工具提供的模板来批量定义。

CRF++工具①是一个简单、可定制、开源的条件随机场工具,可用于序列数据的标注任务,广泛应用于自然语言处理任务中。CRF++用 C++语言实现,在 Windows 平台上,使用工具包中的 crf_learn. exe、crf_test. exe、libcrfpp. dll 三个文件即可完成模型的训练和预测。

下面用 CRF++来实现 6.2.2 节的中文分词示例。

在使用工具之前,要将训练语料和测试语句转换成符合 CRF++要求的格式(如表 6-1 所示),见代码 6-3。

代码 6-3　CRF++中文分词数据预处理(中文分词示例. ipynb)

```
1. # 将训练语料改成 CRF++的格式,并写入文件 crf_train_file
2. crf_train_file = "crf_train_file"
3. output_file = open(crf_train_file, 'w', encoding = 'utf - 8')
4. for i in range(len(new_sents)):
5.     for j in range(len(new_sents[i][0])):
6.         output_file.write(new_sents[i][0][j] + '' + sents_labels[i][0][j] + '\n')
7.     output_file.write('\n')
8. output_file.close()
9.
10. # 将测试文本改成 CRF++的格式,并写入文件 crf_test_file
11. crf_test_file = "crf_test_file"
12. output_file = open(crf_test_file, 'w', encoding = 'utf - 8')
13. for i in range(len(test_str)):
14.     output_file.write(test_str[i] + '\n')
15. output_file.close()
```

将 crf_learn. exe、crf_test. exe、libcrfpp. dll 文件复制到工作目录下,定义一个模板文件 template(关于模板,将在后文详细分析)。

在控制台环境下,执行 crf_learn template crf_train_file crf_model 命令进行训练,得到模型文件 crf_model。

在控制台环境下,执行 crf_test —m crf_model crf_test_file > crf_test_output 命令得到测试语句的输出文件 crf_test_output。

用 Python 程序将测试语句的分词输出转换成习惯的词间隔的形式,见代码 6-4。

代码 6-4　CRF++中文分词数据后处理(中文分词示例. ipynb)

```
1. # 将测试语句的分词输出改写方便观看的格式
2. crf_test_output = "crf_test_output"
3. input_file = open(crf_test_output, encoding = 'utf - 8')
4. str = ""
5. for line in input_file.readlines():
6.     line = line.split()
7.     if len(line) == 2:
8.         if line[1] == 'E' or line[1] == 'S':
```

---

① http://taku910. github. io/crfpp/

```
9.              str += line[0] + ' '
10.         else:
11.              str += line[0]
12. input_file.close()
13. print(str)
14. >>>中国 首次 火星 探测 任务 天问 一 号 探测器 实施 近火 捕获 制动
```

从第 14 行的输出可见,CRF++能够对测试语句进行较好的分词,对专有名词"天问一号"的处理似乎比 hmmlearn 更合理。当然,这里仅是示例应用,这种比较并不全面。

下面分析一下 CRF++的模板,它实际上产生了上文讨论的条件随机场的特征函数。示例用的模板文件内容如下:

```
# Unigram
U00:%x[-2,0]
U01:%x[-1,0]
U02:%x[0,0]
U03:%x[1,0]
U04:%x[2,0]
…
```

代码 6-3 将训练语料改写成如表 6-1 所示意的 CRF++要求的格式。

表 6-1　CRF++训练语料格式 1

row	col	
	0	1
0	要	S
1	坚	B
2	持	E
3	以	B
4	人	M
5	为	M
6	本	E

表中第 0 列是语料文字,第 1 列是该文字对应的标签。基于该格式的语料,可以定义 CRF++中的一元模板(Unigram Template)。模板的形式为: $\%x[row,col]$,其中 row 指定行的相对位置,col 指定列的绝对位置,如果当前位置为第 5 行,那么,$[0,0]$ 是指"为"字,$[-1,0]$ 是指"人"字。本例中,只有一个特征可用,因此 col 只能取值 0。

一元模板的作用是生成一系列用[row,col]指定位置的特征与当前行位置 row 的不同标签的特征函数。如 U02:$\%x[0,0]$ 模板(字母 U 表示一元模板),是指用当前行位置的第 0 列特征与当前行位置的不同标签生成特征函数。随着当前行位置从第 0 行移动到最后一行,该模板将会生成一系列特征函数。以表 6-1 示意的语料,U02:$\%x[0,0]$ 模板将生成以下 28 个特征函数:

```
func1  = if (output = B and feature = U01:"要") return 1 else return 0
func2  = if (output = M and feature = U01:"要") return 1 else return 0
func3  = if (output = E and feature = U01:"要") return 1 else return 0
func4  = if (output = S and feature = U01:"要") return 1 else return 0
func5  = if (output = B and feature = U01:"坚") return 1 else return 0
func6  = if (output = M and feature = U01:"坚") return 1 else return 0
func7  = if (output = E and feature = U01:"坚") return 1 else return 0
func8  = if (output = S and feature = U01:"坚") return 1 else return 0
...
Func25 = if (output = B and feature = U01:"本") return 1 else return 0
func26 = if (output = M and feature = U01:"本") return 1 else return 0
func27 = if (output = E and feature = U01:"本") return 1 else return 0
func28 = if (output = S and feature = U01:"本") return 1 else return 0
```

表 6-1 示意的语料共 7 个汉字,采用的是四标签标注法,因此共产生 $4 \times 7 = 28$ 个特征函数。

实际上,U02:%x[0,0]模板产生的特征函数类似于式(6-6)所定义的状态特征函数。根据表 6-1 的第 0 行,func1、func2、func3 将返回值 0,func4 将返回值 1。特征函数的返回值会用于调整它们的权重系数。

而对于式(6-5)所定义的转移特征函数,可以用 U01:%x[-1,0]模板来产生。

CRF++用二元模板(Bigram Template)扩展了条件随机场的传统特征函数。二元模板是在一元模板的基础上引入了前一个输出标签作为特征函数的元素,从而产生了能反映前后标签关系的特征函数。有关该工具定义的二元模板,不再赘述,感兴趣的读者可参考其官方网站的文献。

6.4 循环神经网络

循环神经网络(Recurrent Neural Network,RNN)是用于对序列的非线性特征进行学习的深度神经网络。循环神经网络的输入是有前后关联关系的序列。

循环神经网络可以用来解决与序列有关的问题,如序列回归、序列分类和序列标注等任务。序列的回归问题,如气温、股票价格的预测问题,它的输入是前几个气温、股票价格的值,输出的是连续的预测值。序列的分类问题,如影评的正负面分类、垃圾邮件的检测,它的输入是影评和邮件的文本,输出的是预定的有限的离散的标签值。序列的标注问题,如自然语言处理中的中文分词和词性标注,循环神经网络可处理传统机器学习中的隐马尔可夫模型、条件随机场等模型胜任的标注任务。

6.4.1 基本单元

循环神经网络的基本单元如图 6-5(a)所示。类似隐马尔可夫链,把循环神经网络基本结构的中间部分称为隐层,向量 s 标记了隐层的状态。隐层的输出有两个,一个是 y,另一个反馈到自身。到自身的反馈将与下一步的输入共同改变隐层的状态向量 s。因此,隐层的输入也有两个,分别是当前输入 x 和来自自身的反馈(首步没有来自自身的反馈)。

视频讲解

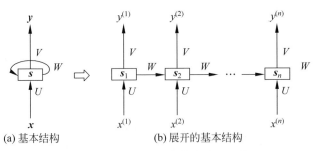

图 6-5　循环神经网络基本单元示意

　　循环神经网络的反馈机制使得它有了记忆功能,具备了处理序列的能力。将基本单元按每步输入展开,如图 6-5(b)所示。$x^{(1)},x^{(2)},\cdots,x^{(n)}$ 是每步的输入,$s_1,s_2,\cdots,s_n$ 是每步的状态,$y^{(1)},y^{(2)},\cdots,y^{(n)}$ 是每步的输出。图中的 U,V,W 是矩阵,分别是从输入到隐层状态、隐层状态到输出、当前状态到后一步状态的变换参数,它们是要学习的内容。要注意的是,图 6-5(b)只是图 6-5(a)所示基本单元的展开,并不是有多个基本单元,也就是说,图 6-5(b)中的 U,V,W 矩阵分别只是一个,并不是每一步都有一个不同的 U,V,W 矩阵。

　　下面用一个简单的前向传播示例来理解 U,V,W 矩阵。

　　设输入为长度仅为 2 的序列 $x=(x^{(1)},x^{(2)})$,其中,$x^{(1)}$ 和 $x^{(2)}$ 是一个三维的向量(向量常用来数字化表示一个基本的输入单元,如自然语言处理中用来表示词的词编码向量)。设输出的标签序列为 $y=(y^{(1)},y^{(2)})$。那么适应该输入和输出要求的由基本单元组成的循环网络的结构如图 6-6 所示。

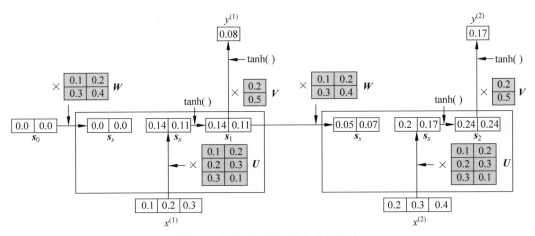

图 6-6　循环神经网络前向传播示意

　　图 6-6 中的循环神经网络的输入样本的观测序列有两个分量 $x^{(1)},x^{(2)}$,即每次输入的步长数为 2。观测序列的分量是三维的向量。隐状态是一个二维的向量 s。输出的是一维的标量,分别是 $y^{(1)},y^{(2)}$。U,V,W 的值如图中所示。

　　记由上一步状态转换而来的状态分量为 s_s,由输入转换而来的状态分量为 s_x,则状态向量 $s=\tanh(s_s+s_x)$,其中,$\tanh()$ 是激活函数(见式(5-38))。设初始隐状态为 $s_0=[0.0\quad0.0]$。

对第 1 步来说：

$$
\begin{cases}
\boldsymbol{s}_s = \boldsymbol{s}_0 \times \boldsymbol{W} = \begin{bmatrix} 0.0 & 0.0 \end{bmatrix} \times \begin{bmatrix} 0.1 & 0.2 \\ 0.3 & 0.4 \end{bmatrix} = \begin{bmatrix} 0.0 & 0.0 \end{bmatrix} \\[4mm]
\boldsymbol{s}_x = \boldsymbol{x}^{(1)} \times \boldsymbol{U} = \begin{bmatrix} 0.1 & 0.2 & 0.3 \end{bmatrix} \times \begin{bmatrix} 0.1 & 0.2 \\ 0.2 & 0.3 \\ 0.3 & 0.1 \end{bmatrix} = \begin{bmatrix} 0.14 & 0.11 \end{bmatrix} \\[4mm]
\boldsymbol{s} = \tanh(\boldsymbol{s}_s + \boldsymbol{s}_x) = \begin{bmatrix} \tanh(0.14) & \tanh(0.11) \end{bmatrix} = \begin{bmatrix} 0.14 & 0.11 \end{bmatrix} \\[4mm]
y^{(1)} = \tanh(\boldsymbol{s} \times \boldsymbol{V}) = \tanh\left(\begin{bmatrix} 0.14 & 0.11 \end{bmatrix} \times \begin{bmatrix} 0.2 \\ 0.5 \end{bmatrix} \right) = 0.08
\end{cases}
\tag{6-11}
$$

读者可以对照图 6-6,计算第 2 步的状态和输出。

在本示例中,为了简化问题,每个激活函数的输入都没有加阈值参数 θ,在实际应用时,该参数可根据需要添加。

TensorFlow 2 中 Keras 的 SimpleRNN 实现了如图 6-6 所示的 RNN 基本单元,它的类原型见代码 6-5。

代码 6-5 tf. keras. layers. SimpleRNNCell 原型

```
1. tf.keras.layers.SimpleRNNCell(
2.     units, activation = 'tanh', use_bias = True,
3.     kernel_initializer = 'glorot_uniform',
4.     recurrent_initializer = 'orthogonal',
5.     bias_initializer = 'zeros', kernel_regularizer = None,
6.     recurrent_regularizer = None, bias_regularizer = None, kernel_constraint = None,
7.     recurrent_constraint = None, bias_constraint = None, dropout = 0.0,
8.     recurrent_dropout = 0.0, ** kwargs
9. )
```

参数 units 设定该单元的状态向量 $\boldsymbol{s}$ 的维数。参数 use_bias 设定是否使用阈值参数 θ。

用 SimpleRnnCell 来模拟图 6-6 所示的循环神经网络前向传播[①]的代码见代码 6-6。

代码 6-6 TensorFlow 2 的 SimpleRnnCell 模拟循环神经网络前向传播
(模拟循环神经网络前向传播. ipynb)

```
1. import tensorflow as tf
2.
3. # (批大小, 步长数, 序列分量维数)
4. batch_size = 1
5. time_step = 2
6. step_dim = 3
7.
8. hidden_dim = 2                        # 隐状态维度
9.
```

---

① 将随 MindSpore 的更新而补充本书代码。

```
10. s0 = tf.constant([[0.0, 0.0]])                # 第 1 步输入的隐状态
11. x1 = tf.constant([[0.1, 0.2, 0.3]])           # 第 1 步输入的序列分量
12. simpleRnnCell = tf.keras.layers.SimpleRNNCell(hidden_dim , use_bias = False)
13. out1,s1 = simpleRnnCell(x1, [s0])             # 将当前步的 x 和上一步的隐状态输入到单元
    # 中,产生第 1 步的输出和隐状态
14. print("out1:", out1)
15. print("s1:", s1)
16. >>> out1: tf.Tensor([[ - 0.05700448 0.2253606 ]], shape = (1, 2), dtype = float32)
17.     s1:[< tf.Tensor: id = 53, shape = (1, 2), dtype = float32, numpy = array([[ - 0.05700448,
    0.2253606 ]], dtype = float32)>]
18.
19. x2 = tf.constant([[0.2, 0.3, 0.4]])           # 第 2 步输入的序列分量
20. out2,s2 = simpleRnnCell(x2, [s1[0]])          # 将当前步的 x 和上一步的隐状态输入到单元
    # 中,产生第 2 步的输出和隐状态
21. print("out2:", out2)
22. print("s2:", s2)
23. >>> out2: tf.Tensor([[ - 0.198356    0.54249984]], shape = (1, 2), dtype = float32)
24.     s2:[< tf.Tensor: id = 62, shape = (1, 2), dtype = float32, numpy = array([[ - 0.198356 ,
    0.54249984]], dtype = float32)>]
```

第 8 行定义了隐状态的维度为 2,它的大小决定了 W 矩阵的维度,它在第 12 行设置了参数 units。

第 6 行定义了输入序列的分量的维数为 3,它和 units 参数共同决定了 U 矩阵的维度。

第 5 行定义了输入序列的长度为 2,它决定了 SimpleRNN 的循环步数。在第 13 行和第 20 行分别两次用 simpleRnnCell 进行计算,第 1 步输出的状态是第 2 步的输入状态,即循环执行了 2 次。在实际实现时,可以用一个 for 循环来实现循环执行基本单元。在 TensorFlow 2 中,提供了 RNN 类来实现对基本单元的循环执行。

代码 6-5 中,没有模拟隐状态乘 V 再经 tanh() 激活函数的过程,因此,每步的输出等于隐状态(见第 16 行和第 17 行,第 23 行和第 24 行)。

需要说明的是,第 24 行输出的最终隐状态与式(6-11)计算的结果并不相同,这是因为 simpleRnnCell 单元内部系数的初始值与图 6-6 中设置的值不相同。可以通过将 W 矩阵和 U 矩阵初始化为全 1 来验证前向传播的计算结果,详见随书资源的"模拟循环神经网络前向传播.ipynb"文件。

因为循环神经网络中基本单元的状态不仅与输入有关,还与上一状态有关,因此,传统的反向传播算法不适用于 U,V,W 的更新。在循环神经网络中,参数更新的算法是通过时间反向传播(BackPropagation Trough Time,BPTT)算法,该算法多了一个在时间上反向传递的梯度,不再赘述。

6.4.2 网络结构

图 6-5(b)所示结构的特点是每一个输入都有一个对应的输出,称为 many to many 结构,它适合完成标注类任务。除了 many to many 结构外,循环神经网络还有其他几类常用结构,如图 6-7 所示。

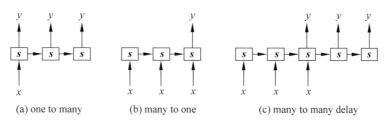

图 6-7　循环神经网络常用结构示意

one to many 结构是单输入多输出的结构,可用于输入图片给出文字说明。many to one 结构是多输入单输出的结构,可用于文本分类任务,如影评情感分类、垃圾邮件分类等。many to many delay 结构也是多输入多输出的结构,但它是有延迟的输出,该结构常用于机器翻译、机器问答等。

下面给出一个采用 many to one 结构的序列回归问题示例。该示例是等间隔对三角函数采样,得到指定长度的序列,用这个序列来预测序列后某点的值。示例采用 TensorFlow 2 框架下的 SimpleRNN 来实现,代码 6-6 中用到的 SimpleRnnCell 是 SimpleRNN 的基本单元。示例代码见代码 6-7。

第 16 行到 23 行生成训练数据。它是对 sin 三角函数依次采集 10 个点作为观测序列,并将紧接着的一个点值作为该观测序列的标签值。重复多次,得到训练集。

第 27 行到 34 行建立循环神经网络模型。

SimpleRNN 的输入有两个重要的参数:units 和 input_shape。units 是设定该单元的状态向量 s 的维数,它的大小决定了 W 矩阵的维度。input_shape 设定了输入序列的长度和每个序列分量的维数,示例中分别是 10 和 1。序列分量的维数和 units 共同决定了 U 矩阵的维度。输入序列的长度决定了 SimpleRNN 的循环步数,在最后一步,将状态向量 s 输出到一个全连接层,该连接层输出为 1 维的预测值,因此 V 矩阵的维度是 units×1。

代码 6-7　TensorFlow 2 实现序列回归问题示例(循环神经网络实现序列回归. ipynb)

```
1.  # 产生训练样本
2.  import numpy as np
3.  np.random.seed(0)
4.
5.  def myfun(x):
6.      '''目标函数
7.      input:x(float):自变量
8.      output:函数值'''
9.      return np.sin(x)
10. # 对函数值进行采点
11. x = np.linspace(0,15, 150)
12. y = myfun(x) + 1 + np.random.random(size = len(x)) * 0.3 - 0.15
13. # 设定的序列长度
14. input_len = 10
15.
16. train_x = []
```

```
17. train_y = []
18. for i in range(len(y) - input_len):
19.     train_data = []
20.     for j in range(input_len):
21.         train_data.append([y[i + j]])
22.     train_x.append(train_data)              # 添加训练序列
23.     train_y.append((y[i + input_len]))      # 添加训练序列后的一个值,即目标值
24.
25. # TensorFlow 2 框架下 SimpleRNN 实现
26. import tensorflow as tf
27.
28. model = tf.keras.Sequential()
29. model.add(tf.keras.layers.SimpleRNN(100,    # 隐状态向量维数,也称隐状态单元数
30.                     return_sequences = False, # 只返回最后一个状态
31.                     activation = 'relu',
32.                     input_shape = (input_len, 1)))  # 一次输入一个序列,序列是 1 维的
33. model.add(tf.keras.layers.Dense(1))    # 全连接层,输入是最后一个状态,输出是预测值
34. model.add(tf.keras.layers.Activation("relu"))
35. model.compile(loss = 'mean_squared_error', optimizer = 'adam')
36. model.summary()
37. model.fit(train_x, train_y, epochs = 10, batch_size = 10, verbose = 1)
38.
39. import matplotlib.pyplot as plt
40. plt.rcParams['axes.unicode_minus'] = False
41. plt.rc('font', family = 'SimHei', size = 13)
42. #plt.scatter(x, y, color = "black", linewidth = 1)
43. y0 = myfun(x) + 1
44. plt.plot(x, y0, color = "red", linewidth = 1)
45. y1 = model.predict(train_x)
46. plt.plot(x[input_len:], y1, "b-- ", linewidth = 1)
47. plt.show()
```

该示例的网络结构如图 6-7(b)所示,序列的长度为 10,因此,SimpleRNN 结构要循环 10 步,在最后一步,将状态输出到全连接层得到最终输出。

预测效果如图 6-8(a)所示,其中虚线为预测值。

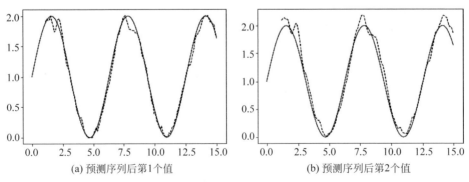

(a) 预测序列后第1个值   (b) 预测序列后第2个值

图 6-8 循环神经网络序列回归预测效果

视频讲解

在示例中,输出的是一维标量,实际上也可以是多维的向量。如,不仅要预测序列后的第 1 个值,还要预测序列后的第 2 个值,那么输出的就是一个二维的向量。此时,将代码 6-7 中第 31 行的全连接层的输出改为 2 即可。当然,训练样本的标签值也要从一维改为二维,即增加序列后第 2 个值。对序列后第 2 个值的预测效果如图 6-8(b)所示,具体代码可见随书资源"循环神经网络实现序列回归.ipynb"文件。

6.4.3 长短时记忆网络

长短时记忆网络(Long Short Term Memory,LSTM)是循环神经网络中最常用的一种,在实践中表现出了良好效果。

以基本单元为基础构建的循环神经网络虽然能够处理有关联的序列,但是由于梯度消散和梯度爆炸等原因,导致不能有效利用间距过长的信息的问题,称之为长期依赖(Long-Term Dependencies)问题。

长短时记忆网络是在各步间传递数据时,通过几个可控门(遗忘门、输入门、候选门、输出门)控制先前信息和当前信息的记忆和遗忘程度,从而使循环神经网络具备了长期记忆功能,能够利用间距很长的信息来解决当前问题。

图 6-6 所示的基本单元可以用图 6-9(a)简化表示(输入序列分量和输出序列分量的序号由上标表示改为下标表示),状态 $\boldsymbol{s}_i$ 和输出 $\boldsymbol{y}_i$ 可表示为:

$$\begin{cases} \boldsymbol{s}_i = \tanh(\boldsymbol{s}_{i-1} \times \boldsymbol{W} + \boldsymbol{x}_i \times \boldsymbol{U}) = \tanh\left(\begin{bmatrix} \boldsymbol{s}_{i-1} & \boldsymbol{x}_i \end{bmatrix} \times \begin{bmatrix} \boldsymbol{W} \\ \boldsymbol{U} \end{bmatrix}\right) \\ \boldsymbol{y}_i = \tanh(\boldsymbol{s}_i \times \boldsymbol{V}) \end{cases} \tag{6-12}$$

长短时记忆网络的基本单元如图 6-9(b)所示,从单元外部看,它与基本单元最大的区别在于每步的输出 $\boldsymbol{y}_i$ 也要馈入下一步的运算。

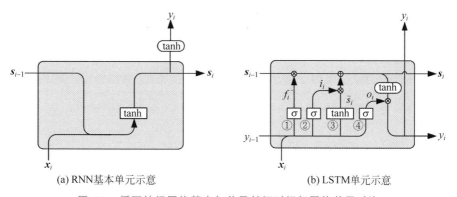

(a) RNN基本单元示意 (b) LSTM单元示意

图 6-9 循环神经网络基本与单元长短时记忆网络单元对比

图 6-9(b)中标记为①、②、③、④的分别称为遗忘门、输入门、候选门、输出门,σ 表示 Sigmoid 激活函数,tanh 表示 tanh 激活函数。

遗忘门用来控制上一步的状态 $\boldsymbol{s}_{i-1}$ 输入到本步的量,也就是遗忘上一步的状态的程度,它的输入是上一步的输出和本步的输入 $\begin{bmatrix} \boldsymbol{y}_{i-1} & \boldsymbol{x}_i \end{bmatrix}$,它的输出为:

$$f_i = \sigma(\begin{bmatrix} \boldsymbol{y}_{i-1} & \boldsymbol{x}_i \end{bmatrix} \cdot \boldsymbol{W}_f + \boldsymbol{b}_f) \tag{6-13}$$

式中,$\boldsymbol{W}_f$、$\boldsymbol{b}_f$ 是要学习的参数,下同。

遗忘门的输出 f_i 通过乘操作作用于上一步的状态 $\boldsymbol{s}_{i-1}$。

输入门和候选门用来将新信息输入本步的状态。候选门通过 tanh 函数提供候选输入信息:

$$\tilde{\boldsymbol{s}}_i = \tanh([\boldsymbol{y}_{i-1} \quad \boldsymbol{x}_i] \cdot \boldsymbol{W}_s + \boldsymbol{b}_s) \tag{6-14}$$

输入门通过 Sigmoid 函数来控制输入量:

$$\mathrm{in}_i = \sigma([\boldsymbol{y}_{i-1} \quad \boldsymbol{x}_i] \cdot \boldsymbol{W}_{\mathrm{in}} + \boldsymbol{b}_{\mathrm{in}}) \tag{6-15}$$

输入门的输出 in_i 通过乘操作作用于候选输入信息 $\tilde{\boldsymbol{s}}_i$。

经过遗忘门和输入信息后得到本步的状态 $\boldsymbol{s}_i$:

$$\boldsymbol{s}_i = \boldsymbol{s}_{i-1} \times f_i + \tilde{\boldsymbol{s}}_i \times \mathrm{in}_i \tag{6-16}$$

同样地,输出门用来控制本步状态 $\boldsymbol{s}_i$ 的输出 $\boldsymbol{y}_i$:

$$\begin{cases} o_i = \sigma([\boldsymbol{y}_{i-1} \quad \boldsymbol{x}_i] \cdot \boldsymbol{W}_o + \boldsymbol{b}_o) \\ \boldsymbol{y}_i = \tanh(\boldsymbol{s}_i) \times o_i \end{cases} \tag{6-17}$$

本步产生的新状态 $\boldsymbol{s}_i$ 和输出 $\boldsymbol{y}_i$ 将馈入下一步的运算中。

代码 6-7 所示的示例中,读者可将 SimpleRNN 换为 LSTM 作为循环神经网络单元试验一下。

为了进一步理解长短时记忆网络的单元结构,来计算一下它的参数个数。以代码 6-7 所示的示例为例,输入的 $\boldsymbol{x}_i$ 是一维的,输出 $\boldsymbol{y}_i$ 是 100 维的,单元状态 $\boldsymbol{s}_i$ 为 100 维,$\boldsymbol{W}_f$、$\boldsymbol{W}_s$、$\boldsymbol{W}_{\mathrm{in}}$ 和 $\boldsymbol{W}_o$ 是 101×100 的矩阵,$\boldsymbol{b}_f$、$\boldsymbol{b}_s$、$\boldsymbol{b}_{\mathrm{in}}$ 和 $\boldsymbol{b}_o$ 是 100 维的向量,因此,单元的参数个数为 40800。

6.4.4　双向循环神经网络和深度循环神经网络

在某些非实时问题中,不仅要利用目标前面的信息,还需要利用目标后面的信息,如图 2-4 所示词性标注问题中,"'处理'为动词"的信息会有助于判断前面的"语言"一词的词性。双向循环神经网络(Bidirectional RNN)可用来解决需要利用双向信息的问题。

双向循环神经网络是将两个循环神经网络上下叠加在一起,输出由它们的状态共同决定,如图 6-10 所示。

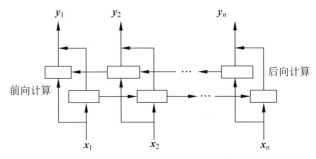

图 6-10　双向循环神经网络

下面的循环神经网络先从左到右前向计算一遍,得到每步的状态值。然后,上面的循环神经网络再从右到左后向计算一遍,此时的输入次序正好是反过来的,得到每步的状态值。最后将两个循环神经网络对应步的输出相加后经过激活函数得到该步的输出。

TensorFlow 2 中提供了 Bidirectional 层来支持双向循环神经网络。

深度循环神经网络(DeepRNN)也是将多个循环神经网络上下叠加起来。与双向循环神经网络不同的是,它不是双向计算,而是所有层同时前向计算,下层的输出是上层的输入,如图 6-11 所示。深度循环神经网络一般会比单层的循环神经网络取得更好的效果。

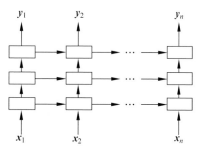

图 6-11　深度循环神经网络

当然,也可以将深度循环神经网络和双向循环神经网络结合起来,构成深度双向循环神经网络。

将代码 6-7 所示的示例用两层循环神经网络来实现,关键代码见代码 6-8。第 2 行和第 5 行各是一层 SimpleRNN 单元。

代码 6-8　深度循环神经网络序列回归问题示例模型代码(循环神经网络实现序列回归. ipynb)

```
1. model = tf.keras.Sequential()
2. model.add(tf.keras.layers.SimpleRNN(100, activation = 'relu',
3.                                     return_sequences = True,
4.                                     input_shape = (input_len, 1)))
5. model.add(tf.keras.layers.SimpleRNN(100, return_sequences = False,
6.                                     activation = 'relu'))
7. model.add(tf.keras.layers.Dense(1))
8. model.add(tf.keras.layers.Activation("relu"))
9. model.compile(loss = 'mean_squared_error', optimizer = 'adam')
```

6.4.5　循环神经网络中文分词应用示例

本节同样用 6.2.2 节的中文分词示例的循环神经网络实现来说明循环神经网络在标注问题方面的应用。

本节的示例主要可分为四步,TensorFlow 2 框架下的实现代码见代码 6-9。

1) 提取训练语料中的所有字,形成字典

该步的主要目的是给训练语料中用到的字进行编号,见第 13 行到第 23 行。

2) 将语料中的句子转化为训练样本

模型对每个输入训练样本的长度要求一致,因此,可以指定一个固定长度,过长的句子应截断后面过长的部分。过短的句子在后面填充 0,并指定一个新的标签“X”与之对应。通过字典将句子的汉字序列转换为数字序列。标签用独热编码(见 5.4.2 节)表示。

3) 搭建模型进行训练

采用深度双向循环神经网络模型,见第 52 行到第 59 行。

第 53 行是词向量层。词向量可以简单地理解为用指定维度的向量来对汉字进行编码。在本示例中,用一个的 64 维向量来表示一个汉字。词向量各维度的值是要学习的参数,假设有 4684 个汉字,每个汉字用 64 维的向量来表示,则词向量层需要学习的参数共

4684×64＝299776 个。词向量在自然语言处理领域是很重要的技术,得到了广泛应用。

第 54 行是双向 LSTM 层,第 55 行是 Dropout 层。第 56 行和第 57 行再增加一层双向 LSTM 和 Dropout。第 58 行是对每步都输出到一个全连接层,全连接层的输出是独热码表示的预测标签值。

4) 利用训练好的模型进行分词

先要将待分词的句子转换成适合模型输入的形式,再用模型进行分词。

对"中国首次火星探测任务天问一号探测器实施近火捕获制动"一句的分词结果为:"中国 首次 火星 探测 任务 天问 一 号 探测器 实施 近 火 捕 获制动"。

代码 6-9　TensorFlow 2 框架下实现中文分词示例(中文分词示例.ipynb)

```
1. import re
2.
3. # 重要参数
4. tags = {'S': 0, 'B': 1, 'M': 2, 'E': 3, 'X': 4}       # 标签
5. embedding_size = 32                                    # 词向量大小
6. maxlen = 32                                            # 序列长度,长于则截断,短于则填充 0
7. hidden_size = 32
8. batch_size = 64
9. epochs = 1
10. checkpointfilepath = 'weights.best.hdf5'             # 中间结果保存文件
11. modepath = 'dz.h5'                                    # 模型保存文件
12.
13. # 1.提取出所有用到的字,形成字典
14. stat = {}
15. for i in range(len(new_sents)):
16.     for v in new_sents[i][0]:
17.         stat[v] = stat.get(v, 0) + 1
18. stat = sorted(stat.items(), key = lambda x:x[1], reverse = True)
19. vocab = [s[0] for s in stat]
20. print("不同字的个数: " + str(len(vocab)))
21. char2id = {c : i + 1 for i, c in enumerate(vocab)}     # 编号 0 为填充值,因此从 1 开始编号
22. id2char = {i + 1 : c for i, c in enumerate(vocab)}
23. print("字典创建完毕!")
24. >>>不同字的个数: 3878
25. 字典创建完毕!
26.
27. # 2.将训练语句转化为训练样本
28. trainX = []
29. trainY = []
30. for i in range(len(new_sents)):
31.     x = [0] * maxlen                                   # 默认填充值
32.     y = [4] * maxlen                                   # 默认标签 X
33.     sent = new_sents[i][0]
34.     labe = sents_labels[i][0]
35.     replace_len = len(sent)
36.     if len(sent) > maxlen:
```

```
37.         replace_len = maxlen
38.     for j in range(replace_len):
39.         x[j] = char2id[sent[j]]
40.         y[j] = tags[labe[j]]
41.     trainX.append(x)
42.     trainY.append(y)
43. trainX = np.array(trainX)
44. trainY = tf.keras.utils.to_categorical(trainY, 5)
45. print("训练样本准备完毕,训练样本共" + str(len(trainX)) + "句.")
46. >>>训练样本准备完毕,训练样本共 62947 句.
47.
48. # 3.搭建模型,并训练
49. from tensorflow.keras.layers import Input, Dense, Embedding, LSTM, Dropout, TimeDistributed,
    Bidirectional
50. from tensorflow.keras.models import Model
51. from tensorflow.keras.callbacks import ModelCheckpoint
52. X = Input(shape = (maxlen, ), dtype = 'int32')
53. embedding = Embedding(input_dim = len(vocab) + 1, output_dim = embedding_size, input_
    length = maxlen, mask_zero = True)(X)
54. blstm = Bidirectional(LSTM(hidden_size, return_sequences = True), merge_mode = 'concat')
    (embedding)
55. blstm = Dropout(0.4)(blstm)
56. blstm = Bidirectional(LSTM(hidden_size, return_sequences = True), merge_mode = 'concat')
    (blstm)
57. blstm = Dropout(0.4)(blstm)
58. output = TimeDistributed(Dense(5, activation = 'softmax'))(blstm)
59. model = Model(X, output)
60. model.summary()
61. >>> Model: "model_2"
62. _____
63. Layer (type)              Output Shape              Param #
64. =================================================================
65. input_3 (InputLayer)      [(None, 32)]              0
66. _____
67. embedding_2 (Embedding)   (None, 32, 32)            124128
68. _____
69. bidirectional_4 (Bidirection (None, 32, 64)         16640
70. _____
71. dropout_4 (Dropout)       (None, 32, 64)            0
72. _____
73. bidirectional_5 (Bidirection (None, 32, 64)         24832
74. _____
75. dropout_5 (Dropout)       (None, 32, 64)            0
76. _____
77. time_distributed_2 (TimeDist (None, 32, 5)          325
78. =================================================================
79. Total params: 165,925
80. Trainable params: 165,925
```

```
81. Non-trainable params: 0
82.
83. import os
84. if os.path.exists(checkpointfilepath):        # 与下面的 checkpoint 起到及时保存训练结
    # 果的作用
85.     print("加载前次训练模型参数.")
86.     model.load_weights(checkpointfilepath)
87. model.compile(loss = 'categorical_crossentropy', optimizer = 'adam', metrics = ['accuracy'])
88. checkpoint = ModelCheckpoint(checkpointfilepath, monitor = 'acc', verbose = 1, save_
    best_only = True,
89.                              mode = 'max')
90. model.fit(trainX, trainY, batch_size = batch_size, epochs = epochs, callbacks =
    [checkpoint])
91. model.save(modepath)
92. # print(model.evaluate(trainX, trainY, batch_size = batch_size))
93. >>> Train on 62947 samples
94. 62912/62947 [============================>.] - ETA: 0s - loss: 0.1944 -
    accuracy: 0.7093 - ETA: 57s - loss: 0.2171 - - - ETA: 30s - loss: 0 - ETA: 24s -
    loss: 0.2034 - accuracy: 0 - ETA: - - ETA: - ETA: 2s - loss: 0.1952 WARNING:
    tensorflow:Can save best model only with acc available, skipping.
95. 62947/62947 [==============================] - 241s 4ms/sample - loss:
    0.1943 - accuracy: 0.7094
96.
97. # 4.利用训练好的模型进行分词
98. def predict(testsent):
99.     # 将汉字句子转换成模型需要的输入形式
100.    x = [0] * maxlen
101.    replace_len = len(testsent)
102.    if len(testsent) > maxlen:
103.        replace_len = maxlen
104.    for j in range(replace_len):
105.        x[j] = char2id[testsent[j]]
106.    # 调用模型进行预测
107.    label = model.predict([x])
108.    # 根据模型预测结果对输入句子进行切分
109.    label = np.array(label)[0]
110.    s = ''
111.    for i in range(len(testsent)):
112.        tag = np.argmax(label[i])
113.        if tag == 0 or tag == 3:            # 单字和词结尾加空格切分
114.            s += testsent[i] + ''
115.        elif tag == 1 or tag == 2:
116.            s += testsent[i]
117.    print(s)
118. predict(test_str)
119. >>> 中国 首次 火星 探测 任务 天问 一 号 探测器 实施 近 火 捕 获制动
```

6.5 习题

1. 在如图 6-9(b)所示的长短时记忆网络中,当输入的 x_i 是 10 维的、单元状态 s_i 为 100 维时,请计算 LSTM 单元的参数数量。

2. 尝试用长短时记忆网络、双向循环神经网络和深度循环神经网络,以及它们的不同组合来实现代码 6-7 所示的示例,比较并分析它们的效果。

3. 在循环神经网络的基本结构中,设隐层状态是一个 2 维的向量 s; U,V,W 是矩阵,分别是从输入到隐层状态、隐层状态到输出、当前隐层状态到后一步隐层状态的变换参数;激活函数采用 $\tanh(\cdot)$; s 的初值为 $(0.0,0.0)$。

设输入序列 x 长为 3,即 $x=(x^{(1)},x^{(2)},x^{(3)})$,输入序列的每一分量 $x^{(i)}$ 是一个二维的向量,x 的具体值为:$x=((0,1),(1,0),(1,1))$。设 $U=\begin{pmatrix}1 & 0\\0 & 1\end{pmatrix}$,$V=\begin{pmatrix}0\\1\end{pmatrix}$,$W=\begin{pmatrix}1 & 0\\1 & 1\end{pmatrix}$。

试计算输出序列 y 的第一分量 $y^{(1)}$。

第 7 章

特征工程与超参数调优及综合实例

第 2 章的应用流程示例初步讨论了机器学习应用中的一些工程问题,如特征工程和超参数调优等,本章以综合实例的方式进一步讨论这些问题。此外,在实例中尽可能应用多种机器学习模型,并对它们进行比较,使读者加深理解。

特征工程是创造性很强的工作,没有固定的套路,因此,本章先对特征工程和超参数调优的一般性方法进行简要介绍,随后在综合实例中结合具体情景进行详细讨论。

图像和文本处理是机器学习两个重要的应用领域,人们深入研究了对图像和文本进行特征提取的方法。随着深度学习研究的深入,采用深度神经网络来自动提取图像和文本的特征取得了重大进展,得到了广泛的应用。但是,在文本处理领域中,尤其是在无监督学习的应用中,人工提取特征还发挥着一定的作用,本章最后讨论传统自然语言处理领域中常用的人工提取文本特征的一些方法。

7.1 特征工程

特征工程的目标是从实例的原始数据中提取出供模型训练的合适特征。在掌握了机器学习的算法之后,特征工程就是最具创造性的活动了。实际上,在很多相关竞赛的作品中,选手们所用的模型基本相似,其主要差别就在于所提取的特征不同。

特征的提取与问题的领域知识密切相关。在 2.2 节的简化应用示例中,提取出一个"是否周末"的特征,就可以使模型的预测效果有大的提升。

一般来说,进行特征工程,要先从总体上理解数据,必要时可通过可视化来帮助理解,然后运用领域知识进行分析和联想,处理数据提取出特征。并不是所有提取出来的特征都会对模型预测有正面帮助,还需要通过预测结果来对比分析。

进行特征工程,通常要用到 NumPy、Pandas、sklearn、Matplotlib 等扩展库。

本节讨论有关特征工程的一般性方法,具体应用因问题而异,将在后文结合综合实例讨论。

7.1.1　数据总体分析

得到样本数据后,先要对数据的总体概况进行初步分析。分析数据的总体概况,一般根据经验进行,没有严格的步骤和程序,内容主要包括查看数据以及数据的维度、属性和类型,对数据进行简要统计,分析数据类别分布等。

对于数值型的特征,数据统计常从平均值、最小值、最大值、标准差、较小值、中值、较大值等指标入手。对于对象型的类别特征,数据统计常从唯一值个数、众数及其次数等指标入手。

实现数据总体分析的常见工具见表 7-1。

7.1.2　数据可视化

数据可视化通过直观的方式增加对数据的理解,帮助提取有用特征。

1. 特征取值分布

特征的取值分布情况可以为分析特征提供重要信息。一般采用直方图和饼图来可视化取值分布。Python 扩展库 Matplotlib 提供了多种画图方法。

2. 离散型特征与离散型标签的关系

样本特征的值与该样本的标签的关系,是机器学习最为关心的事情。可视化方法可以直观地展现标签值随某特征取值的变化而变化的情况。

特征的取值分为离散和连续两类,同样标签也分为离散和连续两类。分类任务中的标签是离散型的,回归任务中的标签是连续型的。在分类任务中,标签可分为二分类和多分类的。可采用马赛克图(Mosaic Plot)[①]来可视化离散型特征值与离散型标签的关系。

2.2 节给出了一个简单的机器学习应用流程示例。来看看该示例中,性别与购物之间关系的可视化,以及周末与购物之间关系的可视化。

代码 7-1　离散型特征与离散型标签关系可视化示例(马赛克图示例. ipynb)

```
1. # 训练数据分项依次为:年,月,日,性别(1 男,0 女),是否购物(1 购,0 不购)
2. train_data = [ [2020, 11, 1, 1, 1],
3.                [2020, 11, 1, 0, 1],
4.                [2020, 11, 1, 0, 1],
5.                [2020, 11, 1, -1, 1],
6.                [2020, 11, 1, 1, 1],
```

---

① http://www.statsmodels.org/stable/generated/statsmodels.graphics.mosaicplot.mosaic.html

```
7.              [2020, 11, 1, 0, 1],
8.              [2020, 11, 1, 0, 0],
9.              [2020, 11, 1, 0, 1],
10.             [2020, 11, 2, 1, 0],
11.             [2020, 11, 2, 1, 1],
12.             [2020, 11, 2, 0, 0],
13.             [2020, 11, 2, 1, 1],
14.             [2020, 11, 3, 0, 0],
15.             [2020, 11, 3, 0, 0],
16.             [2020, 11, 4, 1, 0],
17.             [2020, 11, 4, 0, 1],
18.             [2020, 11, 5, 0, 0],
19.             [2020, 11, 5, 0, 0],
20.             [2020, 11, 6, 1, 1],
21.             [2020, 11, 6, 1, 1],
22.             [2020, 11, 7, 0, 0],
23.             [2020, 11, 7, 1, 0],
24.             [2020, 11, 7, 0, 1],
25.             [2020, 11, 7, 0, 1],
26.             [2020, 11, 8, 1, 1],
27.             [2020, 11, 8, 0, 1],
28.             [2020, 11, 9, 0, 0],
29.             [2020, 11, 9, 0, 0],
30.             [2020, 11, 10, 1, 1],
31.             [2020, 11, 11, 1, 0],
32.             [2020, 11, 11, 1, -1],
33.             [2020, 11, 12, 0, 0]]
34. # 清除不合格的数据
35. del train_data[30]
36. del train_data[3]
37. len(train_data)
38.
39. import datetime        # 导入 datetime 模块,该模块用来处理与日期和时间有关的计算
40. # 定义一个判断是否为周末的函数
41. def isweekend( date ):
42.     theday = datetime.date( date[0], date[1], date[2] )     # 创建一个 date 对象
43.     if theday.isoweekday() in { 6, 7 }:        # 如果 date 是周末则返回1,否则返回 0
44.         return 1
45.     else:
46.         return 0
47.
48. # 是否周末的特征,性别,是否购物三项数据
49. train_set1 = []
50. for i in range(len(train_data)):
51.         weekend = isweekend(train_data[i][:3])
52.         train_set1.append( [weekend, train_data[i][3], train_data[i][4]] )
53.
54. import pandas as pd
```

```
55. df = pd.core.frame.DataFrame(train_set1)
56. #print(df)              # 初步查看数据
57.
58. wk = df[0].astype('str').apply(lambda x: '周末' if x == '1' else '非周末')
59. man = df[1].astype('str').apply(lambda x: '男' if x == '1' else '女')
60. label = df[2].astype('str').apply(lambda x: '购物' if x == '1' else '不购物')
61. #print(label)           # 查看标签
62.
63. from statsmodels.graphics.mosaicplot import mosaic
64. import matplotlib.pyplot as plt
65. plt.rc('font', family = 'SimHei', size = 13)
66.
67. mosaic_data1 = pd.concat([man, label], axis = 1)
68. #print(mosaic_data)     # 查看马赛克图的数据
69. mosaic(data = mosaic_data1, index = [1, 2], gap = 0.01, title = u'性别与购物的关系')
```

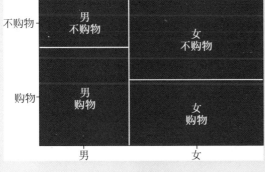

```
70. >>>
71.
72. mosaic_data = pd.concat([wk, label], axis = 1)
73. mosaic(data = mosaic_data, index = [0, 2], gap = 0.01, title = u'周末与购物的关系')
```

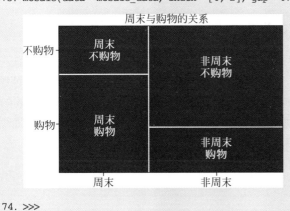

```
74. >>>
```

第 54 行导入 Pandas 扩展库,第 58 到第 60 行生成周末、性别、购物三列中文的绘图数据。

第 63 行从 statsmodels.graphics.mosaicplot 包中导入 mosaic 绘图工具。

第 67 行到第 69 行,用性别和购物数据来绘制马赛克图。可以直观地看出,男性进店后有购物行为的比例高于女性。

第 72 行到第 73 行,用周末和购物数据来绘制马赛克图。可以直观地看出,在周末,进店后有购物行为的比例远高于非周末。

3. 连续型特征与离散型标签的关系

观察连续型特征与离散型标签的关系,常用盒图(Box Plots)。对于单个变量,盒图描述的是其分布的四分位图:上边缘、上四分位数、中位数、下四分位数和下边缘,如图 7-1 所示。上边缘是最大数,上四分位数是由大到小排在四分之一的那个值,中位数是排在中间的那个数,下四分位数是排在四分之三的那个数,下边缘是最小数。单个变量的盒图便于观察变量值的分布中心、扩展和偏移,另外还可以发现离群的异常值的存在。

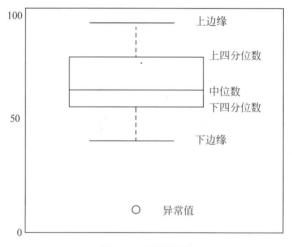

图 7-1 盒图示例

4. 离散型特征与连续型标签的关系

盒图也可以用来观察离散型特征与连续型标签的关系,将输出的分类改为输入的分类,对每个输入的分类的输出画成一个盒图,然后将所有输入分类的盒图放在一起观察。

密度图(Density Plots)也可用来可视化类似关系。在密度图中,将每个离散的特征值画一条曲线,多条曲线放在一起进行比较,如图 7-2 所示。每个离散特征值的曲线的横坐标设为连续的标签值,纵坐标设为对应标签值的密度。

密度图与前面介绍过的直方图类似,也描述的是数据的分布情况,可以看成将直方图区间无限细分后形成的平滑曲线。

5. 连续型特征与连续型标签的关系

连续型特征与连续型标签的关系是常用的画图方式,即将输入、输出值对应在平面上作点,可采用 Matplotlib 和 Pandas 中的 scatter()函数。

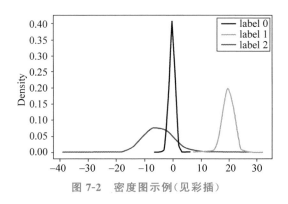

图 7-2　密度图示例（见彩插）

7.1.3　数据预处理

数据预处理包括的内容很多，且处理方式依个人思路不同，体现出创新性。下面列出一些常见的预处理。

1. 独热编码

在 5.4.2 节已经讨论过独热编码。对独热编码的处理，sklearn 在 preprocessing 包中提供了 OneHotEncoder 类。深度学习框架也提供了类似的处理方法。

2. 特征值变换

为了适合算法需要，有时需要对特征值进行某种变换。常用的变换包括平方、开方、取对数和差分运算等，即：

$$\begin{cases} x_{\text{new}} = x^2 \\ x_{\text{new}} = \sqrt{x} \\ x_{\text{new}} = \ln x \\ \nabla f(x_k) = f(x_{k+1}) - f(x_k) \end{cases} \tag{7-1}$$

举一个数据变换的常见例子。如果某次考试后，老师发现百分制的成绩及格率太低，想把及格率提高到一些，但不能改变成绩的次序，那怎么办呢？一个办法就是将原始成绩的算术平方根乘以 10 作为最终成绩。

3. 特征值分布处理

有些算法对特征的取值分布比较敏感，需要预先对取值的分布进行调整。在讨论 k-means 算法时已经分析过此情况，并介绍了归一化方法（见 3.1 节）。除了归一化方法，对特征值的分布进行处理的常用方法还有标准化和正则化等。

标准化（Z-Score）方法是针对对特征值概率分布敏感的算法而进行的调整特征值概率分布的方法。它是对某个特征进行的操作，先计算出该特征的均值和方差，然后对所有样本的该特征值减去均值并除以标准差。如样本的第 j 个特征 $\boldsymbol{x}^{(j)}$ 的均值估计为

$\text{mean } x^{(j)} = \dfrac{1}{m}\sum\limits_{i=1}^{m} x_i^{(j)}$，方差估计为 $\text{var } x^{(j)} = \dfrac{1}{m}\sum\limits_{i=1}^{m}(x_i^{(j)} - \text{mean } x^{(j)})^2$，则 $x_i^{(j)}$ 的标准化操作为：

$$Z\text{-Score}(x_i^{(j)}) = \frac{x_i^{(j)} - \text{mean } x^{(j)}}{\sqrt{\text{var } x^{(j)}}} \tag{7-2}$$

标准化操作的实质是将取值分布聚集在 0 附近，方差为 1。实现标准化操作的有 sklearn. preprocessing 包的 scale 函数和 StandardScaler 类。

正则化(Normalization)是对样本进行的操作，它先计算每个样本的所有特征值的 p 范数，然后将该样本中的每个特征除以该范数，其结果使得每个样本的特征值组成的向量的 p 范数等于 1。范数的计算见式(4-17)。实现正则化操作的有 sklearn. preprocessing 包的 normalize 函数和 Normalizer 类。这里所说的正则化是指对样本进行的预处理操作，读者应与 4.4.2 节中抑制过拟合的正则化方法加以区别。

4. 缺失数据处理

有的算法能够自己处理缺失值。当使用不能处理缺失值的算法时，或者是想自己处理缺失值时，有以下两种方法。一是删除含有缺失的样本或者特征，这种方法会造成信息损失，可能会训练出不合理的模型。二是补全缺失值，这是常用的方法，即用某些值来代替缺失值。补全缺失值的目的是最大限度地利用数据，以提高预测成功率。对于补全缺失值，有两种做法。一种方法是将所有的缺失值都分为一类，相当于将缺失值的这些样本作为一个子集来训练。另一种方法是插补(Imputation)，即用最可能的值来代替缺失值。插补的做法，实际上也是预测，也就是说，是采用机器学习的方法来补全机器学习所需要的样本。

常用的插补方法有：①均值、众数插补，对于连续型特征，可采用均值来插补缺失数据，对于离散性的特征，可采用众数来插补缺失数据。②建模预测，利用其他特征值来建模预测缺失的特征值，它的做法与机器学习的方法完全一样，将缺失特征作为待预测的标签，将未缺失的样本划分训练集和验证集并训练模型。③插值，利用本特征的其他值来建模预测缺失值，常用的方法是拉格朗日插值法和牛顿插值法。

scipy. interpolate 模块提供了插值函数。

5. 异常数据处理

异常数据是明显偏离其余值的特征值。异常数据也称为离群点。通过统计分析可以发现离群点。统计分析中，常采用 3σ 原则来筛选离群点。3σ 原则是正态分布中，与均值超过 3 倍标准差的值。在正态分布的假设下，距离平均值 3σ 之外的值出现的概率要小于 0.003，属于极个别的小概率事件。

当发现离群点后，首先要结合领域知识进行分析，确定该值的出现到底是不是合理的。有些异常值的出现可能意味着规律的改变，是发现特殊规律的契机。如果是合理的异常值，则不需要处理，可以直接进行训练。如果是不合理的异常值，可删除该值，并按缺失值的处理方法进行处理。

7.1.4　特征选择

通过观察和分析,如果发现某个特征与标签值有关联关系,则应该纳入模型训练。而与标签值无关的特征,则应该排除,否则会干扰模型。

在特征选择和训练时效上,有时候需要做平衡。对于某些不重要的特征,在训练时效要求高的情况下,需要放弃。

常用的特征选择思路有以下几种。

1．根据特征取值的变化

如果某个特征取值的方差很小,也就是说该特征的值变化很小,那么可以认为它对标签值的影响很小,因此,必要时可以抛弃该特征。以极端的情况来举例,如果某特征取值的方差为 0,那么说明所有样本的该特征的值都相同,显然,该特征对模型建立没有贡献。

2．根据特征与标签的相关性

可将所有样本的某特征的取值看成一个向量。同样也可将所有样本的标签值看成一个向量。因此,可以用向量的相关性指标(协方差、相关系数、相关距离等,参见原版书)来度量特征取值与标签值的相关程度。

条件概率也是体现相关性的指标。通过比较标签取值的概率值以及在某特征条件下标签取值的概率值,可以知道标签与该特征是否独立。

与标签相关性弱的特征在必要时可以不采用。

3．根据不同特征之间的相关性

如果两个特征有强烈的相关性,那么会出现两列系数不固定的情况。此时,在固定标签值的情况下,其中一列的系数的升高可以通过另一列系数的降低来弥补,因此会出现差异较大的模型,也称为模型的方差较大。

特征强相关时,应该去掉多余的特征。

4．用模型尝试去特征

每次用去掉一个特征剩下的数据去训练模型,可以比较出哪个特征对模型的影响最小,并将其去掉。

5．根据某些算法对特征的打分

有的算法可以分析出特征的重要程度,如决策树和随机森林算法。根据分析结论选择特征即可。

常用来进行特征工程的类或函数如表 7-1 所示,其中,df 是 pandas.DataFrame 的常用别名,plt 是 matplotlib.pyplot 的常用别名,np 是 NumPy 的常用别名。

表 7-1　特征工程常用的类或函数

序号	分　类	功　能	类 或 函 数
1	数据总体分析	初步查看数据	df. info( ) df. head( ) df. shape df. dtypes df. columns df. isnull( ) df. duplicated( )
		数值型数据简要统计	df. describe( ) df. mean( ) df. corr( ) df. count( ) df. max( ) df. min( ) df. median( ) df. std( ) df. sum( )
		对象型数据简要统计	df. unique( ) df. nunique( )
		类别分布	df. groupby( )
2	数据可视化	直方图	plt. hist( ) df. plot(kind= 'hist' ,…)
		饼图	plt. pie( ) df. plot(kind= 'pie' ,…)
		盒图	plt. boxplot( ) df. plot(kind= 'box' ,…)
		密度图	seaborn. Kdeplot( ) df. plot(kind= 'density' ,…)
		折线图	plt. plot( ) df. plot(kind= 'line' ,…)
		散点图	matplotlib. pyplot. scatter( ) df. plot(kind= 'scatter' ,…)
		马赛克图	statsmodels. graphics. mosaicplot. mosaic( )
3	数据预处理	独热编码	sklearn. preprocessing. OneHotEncoder pandas. get_dummies( )
		特征值变换	df. replace( )
		特征值分布处理	sklearn. preprocessing. MinMaxScaler sklearn. preprocessing. scale sklearn. preprocessing. StandardScaler
		缺失值、异常数据处理等	df. dropna( ) df. drop_duplicates( ) scipy. interpolate

续表

序号	分 类	功 能	类 或 函 数
4	特征选择	特征取值变化	np. var( ) sklearn. feature_selection. VarianceThreshold( )
		特征与标签的相关性 特征之间的相关性	np. cov( ) np. corrcoef( ) df. corr( ) sklearn. feature_selection. SelectKBest( ) sklearn. feature_selection. SelectPercentile( ) sklearn. feature_selection. SelectFpr( )
		模型尝试去特征	sklearn. feature_selection. RFECV( )
		算法对特征打分	sklearn. tree. DecisionTreeClassifier sklearn. tree. DecisionTreeRegressor sklearn. ensemble. RandomForestClassifier sklearn. ensemble. RandomForestRegressor sklearn. feature_selection. SelectFromModel( )

7.2 超参数调优

超参数调优需要依靠试验以及人的经验。对算法本身的理解越深入,对实现算法的过程了解越详细,积累了越多的调优经验,就越能够越快速越准确地找到最合适的超参数。

试验的方法,就是设置了一系列超参数之后,用训练集来训练并用验证集来检验,多次重复以上过程,取效果最好的超参数。训练数据的划分可以采用保持法,也可以采用 K-折交叉验证法(见 2.2 节)。超参数调优的试验方法主要有两种:网格搜索和随机搜索。

1. 网格搜索

网格搜索的实现比较容易,它将各超参数形成的空间划分为若干小空间,在每一个小空间上取一组值作为代表进行试验。取效果最好的那组值作为最终的超参数值。

这种暴力的方法,只适合于小样本量、少参数的情况,否则效率很低。可以作适当改进:①在影响大的参数上作更细的切分,而在影响小的参数上作粗的切分;②先将网格粗切分,然后再对最好的网格进行细切分;③还有一种改进效率的贪心搜索方法,先在影响最大的参数上进行一维搜索,找到最优参数,然后固定它,再在余下参数中影响最大参数上进行一维搜索,如此下去,直到搜索完所有参数。这种贪心搜索方法的时间复杂度为参数总数的线性函数,而网格搜索方法的时间复杂度为参数总数的指数函数。但贪心搜索方法可能会收敛到局部最优值。

sklearn. model_selection. GridSearchCV 函数提供了网格搜索的功能。它要调用具体的分类器来进行分类,它要求被调用的分类器实现了 fit、predict、score 等方法。

2. 随机搜索

随机搜索的思想和网格搜索比较相似,只是不固定分隔子空间,而是随机分隔。它将每个特征的取值都看成是一个分布,然后依概率从中取值。每轮试验中,每个特征取一个值,进行模型训练。随机搜索一般会比网格搜索要快一些。但是无法保证得到最优超参数值。

sklearn. model_selection. RandomizedSearchCV 实现了随机搜索。

7.3 特征工程、建模与调优综合实例

本节以两个综合实例来进一步加深读者对特征工程、超参数调优以及机器学习模型应用的理解。

7.3.1 房价回归

Kaggle 提供了一个房价预测的题目[①],在官网及其他网站出现了大量对该题目的分析和研究,很适合初学者参考学习。

该题目依据房屋的属性信息,包括房屋的卧室数量、卫生间数量、房屋的大小、房屋地下室的大小、房屋的外观、房屋的评分、房屋的修建时间、房屋的翻修时间、房屋的位置信息等,对房屋的价格进行预测。

1. 初步数据分析

从 Kaggle 官网下载数据后,用 Pandas 进行初步分析,发现数据完整,没有缺失和重复的现象,相关代码见代码 7-2。

代码 7-2　房价回归的初步数据分析(Kaggle 房价预测. ipynb)

```
1. import pandas as pd
2. import matplotlib.pyplot as plt
3. import seaborn as sns
4. sns.set()
5. raw_data = pd.read_csv('kc_house_data.csv')
6. raw_data
7. >>>
```

	id	date	price	bedrooms	bathrooms	sqft_living	sqft_lot	floors	waterfront	view	...	grade	sqft_above	sqft_basement	yr
0	7129300520	20141013T000000	221900.0	3	1.00	1180	5650	1.0	0	0	...	7	1180	0	
1	6414100192	20141209T000000	538000.0	3	2.25	2570	7242	2.0	0	0	...	7	2170	400	
2	5631500400	20150225T000000	180000.0	2	1.00	770	10000	1.0	0	0	...	6	770	0	
3	2487200875	20141209T000000	604000.0	4	3.00	1960	5000	1.0	0	0	...	7	1050	910	
4	1954400510	20150218T000000	510000.0	3	2.00	1680	8080	1.0	0	0	...	8	1680	0	
...	...	...	...	...	...	...	...	...	...	...	...	...	...	...	
21608	263000018	20140521T000000	360000.0	3	2.50	1530	1131	3.0	0	0	...	8	1530	0	
21609	6600060120	20150223T000000	400000.0	4	2.50	2310	5813	2.0	0	0	...	8	2310	0	
21610	1523300141	20140623T000000	402101.0	2	0.75	1020	1350	2.0	0	0	...	7	1020	0	
21611	291310100	20150116T000000	400000.0	3	2.50	1600	2388	2.0	0	0	...	8	1600	0	
21612	1523300157	20141015T000000	325000.0	2	0.75	1020	1076	2.0	0	0	...	7	1020	0	

```
8. 21613 rows × 21 columns
9.
```

---

① https://www.kaggle.com/harlfoxem/housesalesprediction

```
10. raw_data.info()
11. >>>
12. <class 'pandas.core.frame.DataFrame'>
13. RangeIndex: 21613 entries, 0 to 21612
14. Data columns (total 21 columns):
15.  #    Column          Non-Null Count    Dtype
16.  --   ------          --------------    -----
17.  0    id              21613 non-null    int64
18.  1    date            21613 non-null    object
19.  2    price           21613 non-null    float64
20.  3    bedrooms        21613 non-null    int64
21.  4    bathrooms       21613 non-null    float64
22.  5    sqft_living     21613 non-null    int64
23.  6    sqft_lot        21613 non-null    int64
24.  7    floors          21613 non-null    float64
25.  8    waterfront      21613 non-null    int64
26.  9    view            21613 non-null    int64
27.  10   condition       21613 non-null    int64
28.  11   grade           21613 non-null    int64
29.  12   sqft_above      21613 non-null    int64
30.  13   sqft_basement   21613 non-null    int64
31.  14   yr_built        21613 non-null    int64
32.  15   yr_renovated    21613 non-null    int64
33.  16   zipcode         21613 non-null    int64
34.  17   lat             21613 non-null    float64
35.  18   long            21613 non-null    float64
36.  19   sqft_living15   21613 non-null    int64
37.  20   sqft_lot15      21613 non-null    int64
38. dtypes: float64(5), int64(15), object(1)
39. memory usage: 3.5+ MB
40.
41. raw_data.duplicated().sum()
42. >>> 0
```

2. 划分训练集和验证集，并标准化

因为 id 特征为顺序号，可去掉。此外，date 特征是交易时间，应与交易价格关系不大，也去掉（读者可思考如何分析二者之间的相关性）。

用 sklearn.model_selection 中的 train_test_split()划分训练集和验证集。

用 sklearn.preprocessing 中的 StandardScaler()对特征进行标准化。

相关代码见代码 7-3。

代码 7-3　房价回归的划分训练集和验证集并标准化（Kaggle 房价预测. ipynb）

```
1. X = raw_data.drop(['id', 'date', 'price'], axis=1)
2. y = raw_data['price']
3.
4. from sklearn.model_selection import train_test_split
5. X_train, X_test, y_train, y_test = train_test_split(X, y, test_size=0.3, random_state=
   1026)
```

```
 6.
 7. from sklearn.preprocessing import StandardScaler
 8. sc = StandardScaler()
 9. sc.fit(X_train)
10. X_train = sc.transform(X_train)
11. X_test = sc.transform(X_test)
```

3. 初步建立模型

选择 K 近邻回归、决策树回归、随机森林回归和梯度提升树回归等多个模型进行初步实验,用其中得分最高的梯度提升树模型进行下一步的超参数调优,用平均绝对误差和均方误差作为评价指标,见代码 7-4。

代码 7-4　房价回归的初步建立模型(**Kaggle 房价预测. ipynb**)

```
 1. import time
 2. from sklearn.metrics import mean_absolute_error, mean_squared_error
 3.
 4. from sklearn.neighbors import KNeighborsRegressor
 5. model = KNeighborsRegressor(n_neighbors = 10)
 6. time_start = time.time()
 7. model.fit(X_train, y_train)
 8. print('K 近邻回归模型训练用时: ', time.time() - time_start)
 9. y_pred = model.predict(X_test)
10. print ('K 近邻回归模型在验证集上的平均绝对误差和均方误差分别为: ',
11.        mean_absolute_error(y_test, y_pred), mean_squared_error(y_test, y_pred))
12. >>> K 近邻回归模型训练用时: 0.3280186653137207
13. K 近邻回归模型在验证集上的平均绝对误差和均方误差分别为: 91030.53642861274
   32512062006.533806
14.
15. from sklearn.tree import DecisionTreeRegressor
16. model = DecisionTreeRegressor()
17. time_start = time.time()
18. model.fit(X_train, y_train)
19. print('决策树回归模型训练用时: ', time.time() - time_start)
20. y_pred = model.predict(X_test)
21. print ('决策树回归模型在验证集上的平均绝对误差和均方误差分别为: ',
22.        mean_absolute_error(y_test, y_pred), mean_squared_error(y_test, y_pred))
23. >>>决策树回归模型训练用时: 0.31601810455322266
24. 决策树回归模型在验证集上的平均绝对误差和均方误差分别为: 99206.96714990746
   31145571514.505165
25.
26. from sklearn.ensemble import RandomForestRegressor
27. model = RandomForestRegressor(n_estimators = 500)
28. time_start = time.time()
29. model.fit(X_train, y_train)
30. print('随机森林回归模型训练用时: ', time.time() - time_start)
31. y_pred = model.predict(X_test)
32. print ('随机森林回归模型在验证集上的平均绝对误差和均方误差分别为: ',
33.        mean_absolute_error(y_test, y_pred), mean_squared_error(y_test, y_pred))
```

```
34. >>>随机森林回归模型训练用时: 77.83445191383362
35. 随机森林回归模型在验证集上的平均绝对误差和均方误差分别为: 70361.72845532486
    17383775928.81147
36.
37. from sklearn.ensemble import GradientBoostingRegressor
38. model = GradientBoostingRegressor(n_estimators = 500)
39. time_start = time.time()
40. model.fit(X_train, y_train)
41. print('梯度提升树回归模型训练用时: ', time.time() - time_start)
42. y_pred = model.predict(X_test)
43. print ('梯度提升树回归模型在验证集上的平均绝对误差和均方误差分别为:',
44.        mean_absolute_error(y_test,y_pred), mean_squared_error(y_test,y_pred))
45. >>> 梯度提升树回归模型训练用时: 20.9021954536438
46. 梯度提升树回归模型在验证集上的平均绝对误差和均方误差分别为: 69386.07737631856
    15182525864.909359
```

4. 超参数调优

对梯度提升树的 losss、learning_rate 和 min_samples_leaf 三个超参数分别设置搜索值,进行网格搜索,见代码 7-5。

代码 7-5　房价回归的网格搜索超参数调优(Kaggle 房价预测. ipynb)

```
1. from sklearn.model_selection import GridSearchCV
2.
3. model_slect = GradientBoostingRegressor()
4. parameters = {'loss':['ls','lad','huber','quantile'], 'learning_rate':[0.1, 0.2], 'min_
   samples_leaf': [1,2,3,4]}
5. time_start = time.time()
6. model_gs = GridSearchCV(estimator = model_slect, param_grid = parameters, verbose = 3)
7. model_gs.fit(X,y)
8. print('网络搜索用时: ', time.time() - time_start)
9. print('最高得分:', model_gs.best_score_)
10. print('最好参数:', model_gs.best_params_)
11. >>> 网络搜索用时: 780.259628534317
12. 最高得分: 0.8766234302373463
13. 最好参数: {'learning_rate': 0.2, 'loss': 'ls', 'min_samples_leaf': 4}
14.
15. model = GradientBoostingRegressor(n_estimators = 500, learning_rate = 0.2, loss = 'ls',
    min_samples_leaf = 4)
16. time_start = time.time()
17. model.fit(X_train, y_train)
18. print('调优后梯度提升树回归模型训练用时: ', time.time() - time_start)
19. y_pred = model.predict(X_test)
20. print ('调优后梯度提升树回归模型在验证集上的平均绝对误差和均方误差分别为:',
21.        mean_absolute_error(y_test,y_pred), mean_squared_error(y_test,y_pred))
22. >>> 调优后梯度提升树回归模型训练用时: 19.693126440048218
23. 调优后梯度提升树回归模型在验证集上的平均绝对误差和均方误差分别为: 67733.46138442458
    14434078426.849571
```

可见调优后模型的效果有了一定的提升。

5. 特征选择

如果因为某种原因要去掉一些特征,如何来分析呢?下面讨论一些常用方法。

用dataframe的corr函数和plot函数可以分析特征之间以及特征和标签值之间的相关系数,见代码7-6。

代码7-6　房价回归的特征相关分析(Kaggle 房价预测.ipynb)

```
1. plt.figure(figsize = (14,12))
2. sns.heatmap(raw_data.corr(), annot = True, cmap = "YlGnBu")
3. plt.title('Feature Correlation')
4. plt.tight_layout()
5. plt.show()
6. >>>
```

```
7.
8.
9. raw_data.plot(kind = 'scatter', x = 'sqft_living', y = 'price')
```

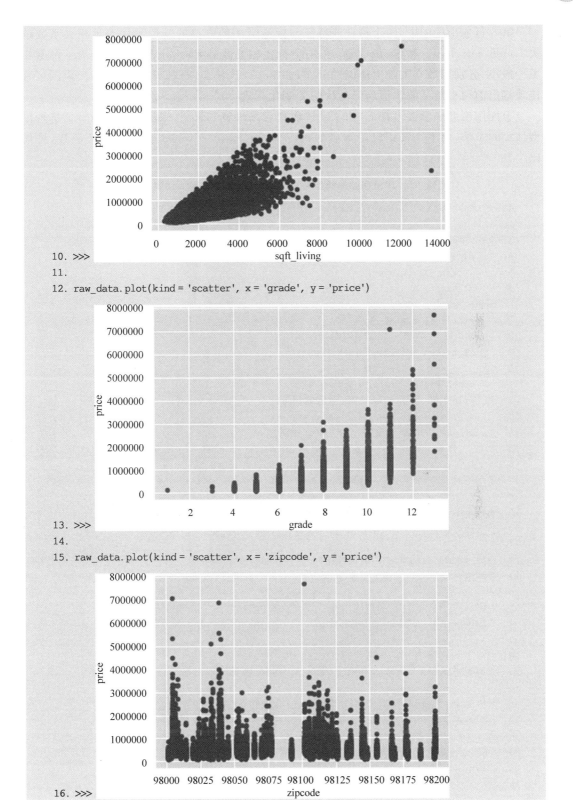

10. >>>
11.
12. `raw_data.plot(kind = 'scatter', x = 'grade', y = 'price')`

13. >>>
14.
15. `raw_data.plot(kind = 'scatter', x = 'zipcode', y = 'price')`

16. >>>

第 6 行输出的图中,两个特征或特征与标签交叉的方块的颜色越深表示相关系数越大。可见 sqft_living 和 grade 特征与 price 标签相关性最大,zipcode 特征与 price 标签相关性最小,分别用散点图画出他们的分布,如第 10 行、第 13 行和第 16 行所示。由图可直接观察出前两个特征的取值趋势与价格的变化相近。

下面用模型来尝试去特征,为了使读者更容易理解其思想,采用轮流去掉特征进行模型训练的方法,而不是采用已经封装好的 sklearn. feature_selection. RFECV 函数,见代码 7-7。

代码 7-7 房价回归的模型尝试选择特征(Kaggle 房价预测. ipynb)

```
1. columns = (X.columns).tolist()
2.
3. for column in columns:
4.     X1 = X.drop([column], axis = 1)
5.     # print(X1.columns)
6.     X1_train, X1_test, y_train, y_test = train_test_split(X1, y, test_size = 0.3,
   random_state = 1026)
7.     sc.fit(X1_train)
8.     X1_train = sc.transform(X1_train)
9.     X1_test = sc.transform(X1_test)
10.    time_start = time.time()
11.    model.fit(X1_train, y_train)
12.    print('去掉', column, '特征后的训练用时: ', time.time() - time_start)
13.    y_pred = model.predict(X1_test)
14.    print ('平均绝对误差和均方误差分别为: ',
15.       mean_absolute_error(y_test,y_pred), mean_squared_error(y_test,y_pred), "\n")
16. >>> 去掉 bedrooms 特征后的训练用时: 18.695069313049316
17. 平均绝对误差和均方误差分别为: 67867.44404472665 14474996919.57708
18.
19. 去掉 bathrooms 特征后的训练用时: 18.223042249679565
20. 平均绝对误差和均方误差分别为: 67154.94236638269 13786358853.670454
21.
22. 去掉 sqft_living 特征后的训练用时: 17.363993167877197
23. 平均绝对误差和均方误差分别为: 67955.5365715644 14237067694.345472
24.
25. 去掉 sqft_lot 特征后的训练用时: 16.639951944351196
26. 平均绝对误差和均方误差分别为: 68555.7190789115 15000510510.23864
27.
28. 去掉 floors 特征后的训练用时: 18.667067527770996
29. 平均绝对误差和均方误差分别为: 67639.75956228901 14450578415.468555
30.
31. 去掉 waterfront 特征后的训练用时: 19.14209508895874
32. 平均绝对误差和均方误差分别为: 69956.48617701781 15482701684.455404
33.
34. 去掉 view 特征后的训练用时: 18.86107873916626
35. 平均绝对误差和均方误差分别为: 69220.22756460136 14986230795.485622
36.
```

```
37. 去掉 condition 特征后的训练用时: 18.675068140029907
38. 平均绝对误差和均方误差分别为: 68647.19951190584 14513834645.137367
39.
40. 去掉 grade 特征后的训练用时: 18.34204888343811
41. 平均绝对误差和均方误差分别为: 72231.33974485227 15804436295.029549
42.
43. 去掉 sqft_above 特征后的训练用时: 17.63200831413269
44. 平均绝对误差和均方误差分别为: 68066.01078280242 15240823580.450882
45.
46. 去掉 sqft_basement 特征后的训练用时: 18.174039363861084
47. 平均绝对误差和均方误差分别为: 67209.94093183843 13767591118.7967
48.
49. 去掉 yr_built 特征后的训练用时: 18.107035636901855
50. 平均绝对误差和均方误差分别为: 69460.64080653782 15110839578.004446
51.
52. 去掉 yr_renovated 特征后的训练用时: 18.707069873809814
53. 平均绝对误差和均方误差分别为: 68119.98141898734 14382495966.211906
54.
55. 去掉 zipcode 特征后的训练用时: 18.031031370162964
56. 平均绝对误差和均方误差分别为: 69177.86504375203 15027711069.228336
57.
58. 去掉 lat 特征后的训练用时: 16.454941034317017
59. 平均绝对误差和均方误差分别为: 73228.02947902295 16122843219.176777
60.
61. 去掉 long 特征后的训练用时: 17.39299488067627
62. 平均绝对误差和均方误差分别为: 70997.58315322106 16454356069.784151
63.
64. 去掉 sqft_living15 特征后的训练用时: 17.51000142097473
65. 平均绝对误差和均方误差分别为: 68778.89070383909 15028537213.568727
66.
67. 去掉 sqft_lot15 特征后的训练用时: 16.680954217910767
68. 平均绝对误差和均方误差分别为: 67280.84420533884 14348519397.962866
```

从平均绝对误差来看,第一应去掉的特征是 bathrooms。从均方误差来看,第一应去掉的特征是 sqft_basement。

6. 神经网络模型

最后,尝试用全连接层神经网络来对该回归问题建模,在 TensorFlow 2 框架下实现,见代码 7-8。

代码 7-8　房价回归的神经网络模型(Kaggle 房价预测.ipynb)

```
1. import tensorflow as tf
2. tf_model = tf.keras.Sequential([
3.     tf.keras.layers.Dense(50, activation = 'relu', input_shape = (18,), kernel_
   initializer = 'random_uniform', bias_initializer = 'zeros'),
```

```
4.     tf.keras.layers.Dense(50, activation = 'relu', kernel_initializer = 'random_uniform',
    bias_initializer = 'zeros'),
5.     tf.keras.layers.Dense(1, activation = 'relu', kernel_initializer = 'random_uniform',
    bias_initializer = 'zeros')
6. ])
7.
8. batch_size = 50          # 每批训练样本数
9. tf_epoch = 2000
10. tf_model.compile(optimiaer = 'adam', loss = 'mean_squared_error')
11. tf_model.fit(X_train.tolist(), y_train.tolist(), batch_size = batch_size, epochs = tf_
    epoch, verbose = 1)
12. tf_model.summary()
13. >>> …
14. Epoch 1999/2000
15. 15129/15129 [ ============================= ] – 3s 192us/sample – loss:
    12097304587.9463
16. Epoch 2000/2000
17. 15129/15129 [ ============================= ] – 3s 216us/sample – loss:
    12111364736.3469
18. Model: "sequential_1"
19. _____
20. Layer (type)                  #    Output Shape              Param
21. ================================================================
22. dense_3 (Dense)                    (None, 50)                950
23. _____
24. dense_4 (Dense)                    (None, 50)                2550
25. _____
26. dense_5 (Dense)                    (None, 1)                 51
27. ================================================================
28. Total params: 3,551
29. Trainable params: 3,551
30. Non – trainable params: 0
31. _____
32.
33. y_pred = tf_model.predict(X_test.tolist())
34. print ('平均绝对误差和均方误差分别为: ',
35.        mean_absolute_error(y_test, y_pred), mean_squared_error(y_test, y_pred))
36. >>>平均绝对误差和均方误差分别为: 72110.74194893199 16271529025.663734
```

    采用了如图 4-12 所示的 4 层神经网络,中间两个隐层的节点数为 50,采用 ReLU 激活函数、MSE 损失函数和 Adam 优化算法。

    以每批 50 个样本进行训练 2000 轮,得到的模型在验证集上的得分情况如第 36 行输出所示。可见,该结构的神经网络模型效果不如梯度提升树。该模型在训练时,耗费了较多时间。

7.3.2 电信用户流失分类

该实例数据同样来自 kaggle[①]，它的每一条数据为一个用户的信息，共有 21 个有效字段，其中，最后一个字段 Churn 标志该用户是否流失。

1. 数据初步分析

可用 Pandas 的 read_csv 函数来读取数据，用 DataFrame 的 head、shape、info、duplicated、nunique 等来初步观察数据，详情可参考随书资源"kaggle 电信用户流失分类. ipynb"文件。

用户信息可分为个人信息、服务订阅信息和账单信息三类。

（1）个人信息包括 Gender（性别）、SeniorCitizen（是否老年用户）、Partner（是否伴侣用户）和 Dependents（是否亲属用户）。

（2）服务订阅信息包括 Tenure（在网时长）、PhoneService（是否开通电话服务业务）、MultipleLines（多线业务服务：Yes、No 或 No Phoneservice）、InternetService（互联网服务：No、DSL 数字网络或光纤网络）、OnlineSecurity（网络安全服务：Yes、No 或 No Internetserive）、OnlineBackup（在线备份业务服务：Yes、No 或 No Internetserive）、DeviceProtection（设备保护业务服务：Yes、No 或 No Internetserive）、TechSupport（技术支持服务：Yes、No 或 No Internetserive）、StreamingTV（网络电视服务：Yes、No 或 No Internetserive）、StreamingMovies（网络电影服务：Yes、No 或 No Internetserive）。

服务订阅信息具有一定的关联性，比如 PhoneService 为 No 的话，MultipleLines 的值只能为 No Phoneservice。同样，InternetService 的值对后面的几个特征的取值有相同的影响。因此，在对它们进行编码时要特别考虑这一点。

（3）账单信息包括 Contract（签订合同方式：月、一年或两年）、PaperlessBilling（是否开通电子账单）、PaymentMethod（付款方式：Bank Transfer、Credit Card、Electronic Check 或 Mailed Check）、MonthlyCharges（月费用）、TotalCharges（总费用）。

2. 流失用户与非流失用户特征分析

该数据明确给出了用户是否流失类别，因此，可以通过观察不同特征的取值变化来分析流失用户与非流失用户的特点，从而为制定营销策略提供参考。

（1）对于用来描述分类的对象型特征的分布，可用统计图来直观显示。

代码 7-9　画出不同类用户的个人信息分布图（kaggle 电信用户流失分类. ipynb）

```
1. import matplotlib.pyplot as plt
2. import seaborn as sns
3. fig, axes = plt.subplots(2, 2, figsize = (10, 8))
4. sns.countplot(x = 'gender', data = df, hue = 'Churn', ax = axes[0][0])
5. sns.countplot(x = 'SeniorCitizen', data = df, hue = 'Churn', ax = axes[0][1])
6. sns.countplot(x = 'Partner', data = df, hue = 'Churn', ax = axes[1][0])
7. sns.countplot(x = 'Dependents', data = df, hue = 'Churn', ax = axes[1][1])
```

[①] https://www.kaggle.com/radmirzosimov/telecom-users-dataset

代码 7-9 的作用是画出不同类用户的个人信息分布,结果如图 7-3 所示。

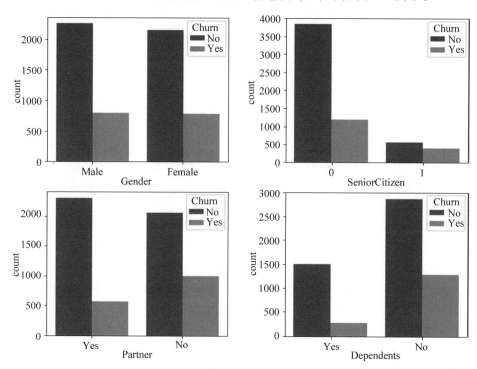

图 7-3　不同类用户的个人信息分布图

从图中可知,老年用户的流失率要高一些,伴侣用户的流失率要低一些,亲属用户的流失率要低一些。

同样可画出其他分类特征与是否流失的分布图,参见随书资源"kaggle 电信用户流失分类.ipynb"文件。

(2) 对于数值型特征的分布,可用密度图来直观显示。

代码 7-10　画出在网时长密度图(kaggle 电信用户流失分类.ipynb)

```
1. plt.rc('font', family = 'SimHei')
2. plt.title("在网时长密度图")
3. ax1 = sns.kdeplot(df[df['Churn'] == 'Yes']['tenure'], color = 'r', linestyle = '-', label =
   'Churn:Yes')
4. ax1 = sns.kdeplot(df[df['Churn'] == 'No']['tenure'], color = 'b', linestyle = '--', label =
   'Churn:No')
```

代码 7-10 的作用是画出在网时长密度分布,结果如图 7-4 所示。

图 7-4 中实线表示流失用户,虚线表示非流失用户。可见,新用户流失率要高一些。

同样可画出月费用密度图和总费用密度图。

要注意的是,原数据中,总费用是用对象型数据,需要先转换成数值型。在转换的过程中发现有个别数据为空格字符串,可采用删除数据或用 0 代替总费用特征的办法进行处理。

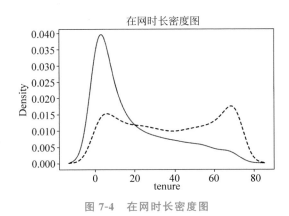

图 7-4　在网时长密度图

3. 分类预测

数据的类型分为对象型和数值型两类。对象型是离散的类别数据,需要对它们进行编码才能形成训练模型的特征。

如果是二值的对象型数据,可以直接用 0 和 1 来对它们进行编码。如果取值类别个数多于 2,一般可用独热编码。

对于需要进行距离计算的模型,一般还需要对数值型特征进行归一化处理或标准化处理。

经过上述处理后,采用保持法将训练样本切分为训练集和验证集,用来建模并验证模型。本次实验分别采用了多项式朴素贝叶斯模型、高斯朴素贝叶斯模型、逻辑回归模型、决策树模型、随机森林模型、装袋决策树模型、极端随机树模型、梯度提升树模型和多层全连接层神经网络模型。在实验中,不同模型对用户是否流失的预测的准确度和 AUC 值如表 7-2 所示。

表 7-2　各模型对用户流失预测的准确度和 AUC 值

指标	模　　　型								
	多项式朴素贝叶斯模型	高斯朴素贝叶斯模型	逻辑回归模型	决策树模型	随机森林模型	装袋决策树模型	极端随机树模型	梯度提升树模型	多层全连接层神经网络模型
准确度	0.7188	0.6765	0.8051	0.7293	0.8023	0.7934	0.7639	0.7861	0.7962
AUC	0.7473	0.7341	0.7223	0.6600	0.6980	0.6983	0.6581	0.6122	0.7057

下面给出在 MindSpore 框架中实现多层全连接层神经网络模型的代码,其他模型的实现代码见随书资源"kaggle 电信用户流失分类.ipynb"文件。

代码 7-11　MindSpore 框架下多层全连接层神经网络模型实现电信用户流失预测
（kaggle 电信用户流失分类.ipynb）

```
1.  # 多层全连接层神经网络模型 - MindSpore 框架下实现
2.  import mindspore as ms
3.  class ms_mode(ms.nn.Cell):
```

```
4.      def __init__(self):
5.          super(ms_mode, self).__init__()
6.          self.fc1 = ms.nn.Dense(38, 100)      #, Uniform(), Zero(), True)
7.          self.fc2 = ms.nn.Dense(100, 100)     #, Uniform(), Zero(), True)
8.          self.fc3 = ms.nn.Dense(100, 2)       #, Uniform(), Zero(), True)
9.          self.relu = ms.nn.ReLU()
10.         self.sigmoid = ms.nn.Sigmoid()
11.
12.     def construct(self, x):
13.         x = self.relu(self.fc1(x))
14.         x = self.relu(self.fc2(x))
15.         x = self.sigmoid(self.fc3(x))
16.         return x
17.
18. net = ms_mode()                              # 实例化
19. net_loss = ms.nn.loss.MSELoss()              # 定义损失函数
20. opt = ms.nn.Adam(params = net.trainable_params(), learning_rate = 0.00005)   # 定义优
    # 化方法
21. ms_model = ms.Model(net, net_loss, opt)      # 将网络结构、损失函数和优化方法进行
    # 关联
22.
23. y_train = np.array(y_train).astype(np.float32)
24.
25. yy = []
26. for y in y_train:                            # 独热编码
27.     if y == 0:
28.         yy.append([0, 1])
29.     else:
30.         yy.append([1, 0])
31.
32. yy = np.array(yy).astype(np.float32)
33.
34. class DatasetGenerator:
35.     def __init__(self, X, y):
36.         self.data = X
37.         self.label = y
38.
39.     def __getitem__(self, index):
40.         return self.data[index], self.label[index]
41.
42.     def __len__(self):
43.         return len(self.data)
44.
45. batch_size = 100                             # 每批训练样本数
46. repeat_size = 1                              # 样本重复次数
47.
48. import mindspore.dataset as ds
49. dataset_generator = DatasetGenerator(np.array(X_train).astype(np.float32), yy)
50. ds_train = ds.GeneratorDataset(dataset_generator, ["data", "label"], shuffle = False)
```

```
51. ds_train = ds_train.batch(batch_size)
52. ds_train = ds_train.repeat(repeat_size)
53.
54. from mindspore.train.callback import LossMonitor, TimeMonitor
55. loss_cb = LossMonitor(per_print_times = 1)
56. time_cb = TimeMonitor(data_size = ds_train.get_dataset_size())
57.
58. ms_epoch = 30
59. ms_model.train(ms_epoch, ds_train, dataset_sink_mode = False, callbacks = [loss_cb,
    time_cb])
60.
61. # 预测
62. predictions = []
63. #xx = X_test.values
64. for i in range(len(X_test)):
65.     y_p = ms_model.predict(ms.Tensor([[X_test[i]], ms.float32))
66.     predictions.append(y_p.asnumpy()[0][0])        # 直接取独热编码的第一个值
67.
68. predictions = list(np.round(predictions).reshape(-1,1))       # 四舍五入得到预测值
69.
70. print('Test set accuracy score: ', accuracy_score(y_test, predictions))
71. print('Area under the ROC curve: ', roc_auc_score(y_test, predictions))
72. print(classification_report(y_test, predictions))
73. >>> Test set accuracy score: 0.7962138084632516
74. Area under the ROC curve: 0.7057964340822246
```

75.		precision	recall	f1-score	support
76.					
77.	0	0.84	0.89	0.87	1331
78.	1	0.63	0.52	0.57	465
79.					
80.	accuracy			0.80	1796
81.	macro avg	0.74	0.71	0.72	1796
82.	weighted avg	0.79	0.80	0.79	1796

样本的标签采用独热编码(将标签转换为独热编码的代码为第 25 行到 32 行)。

全连接层神经网络的结构为(38,100,100,2),输出层采用 Sigmoid 激活函数。定义神经网络模型的代码为第 3 行到第 16 行。

第 48 行到第 56 行构建训练样本。

第 62 行到第 68 行对测试样本进行预测。

7.4　文本特征

本节讨论自然语言处理领域中常用的人工提取特征、形成文本向量的方法,并给出一个简单示例供读者参考。

7.4.1 文本特征提取及文本向量化

词频和 Tf-idf 是传统自然语言处理中常用的两个文本特征,即使在循环神经网络等深度学习技术出现后也存在着一定的应用需求。

以词频特征和 Tf-idf 特征为基础,可以将一段文本表示成一个向量。将多个文本向量化后,就可以运用向量距离计算方法来比较它们的相似性、用聚类算法来分析它们的自然分组。如果文本有标签,比如新闻类、军事类、财经类等,那么还可以用它们来训练一个分类模型,用于对未知文本进行标签预测。

1. 词频

简单地说,词频(Term Frequency,TF)是在文本中某词出现的次数。

将文本中每个词出现的次数按一定的顺序排列起来,就得到了一个向量,如已经分好词的句子:

小王 喜欢 看 电影,他 还 喜欢 吃 鱼

可以用向量:

```
[1, 1, 2, 1, 1, 1, 1, 1]
```

来表示。向量每一特征表示的词依次为:

```
['他', '吃', '喜欢', '小王', '电影', '看', '还', '鱼']
```

该词序也称为词典。

因为"喜欢"这个词在文本中出现了两次,所以,向量对应位置上的计数为 2。其他词都只出现了 1 次,所以计数都为 1。

这种将文本向量化的方法,称为词袋(Bag of Words)模型。由实现过程可以知道,词袋模型只是把文本看成装下词语的"袋子",它不考虑文本的语法、句法和单词顺序等因素。也就是说,它认为文本中每个词语出现的位置都是独立不相关的,与其他词语是否出现没有关系,不存在依赖性。

在 sklearn. feature_extraction. text 模块中,CountVectorizer 类实现了提取词频特征,并用词袋模型向量化文本,上面的例子实现见代码 7-12。

代码 7-12　文本特征提取及向量化(文本特征提取及向量化. ipynb)

```
1. from sklearn.feature_extraction.text import CountVectorizer
2. vectorizer = CountVectorizer(token_pattern = '(?u)\\b\\w + \\b')
3. corpus = [
4.     '小王 喜欢 看 电影,他 还 喜欢 吃 鱼'
5. ]
6. X = vectorizer.fit_transform(corpus)
7.
8. print(vectorizer.get_feature_names())
```

```
 9. >>> ['他', '吃', '喜欢', '小王', '电影', '看', '还', '鱼']
10.
11. X.toarray()
12. >>> array([[1, 1, 2, 1, 1, 1, 1, 1]], dtype = int64)
13.
14. corpus = [
15.      '小王 喜欢 看 电影,他 还 喜欢 吃 鱼',
16.      '小温 也 喜欢 看 电影,她 还 喜欢 旅游'
17. ]
18. X = vectorizer.fit_transform(corpus)
19. print(vectorizer.get_feature_names())
20. X.toarray()
21. >>> ['也', '他', '吃', '喜欢', '她', '小温', '小王', '旅游', '电影', '看', '还', '鱼']
22. array([[0, 1, 1, 2, 0, 0, 1, 0, 1, 1, 1, 1],
23.        [1, 0, 0, 2, 1, 1, 0, 1, 1, 1, 1, 0]], dtype = int64)
24.
25.
```

第 2 行中,在类的实例化时,传入的参数 1'(?u)\\b\\w+\\b',是正则表达式,它的意思是匹配文本中两个边界内的部分。

如果只对一个文本提取特征并向量化,并没有实际意义,因此,一般对多个文本同时提取特征,并分别向量化。

定义由 n 个文本组成的集合为 S,定义其中第 i 个文本 d_i 的特征向量为 $\boldsymbol{d}_i$:

$$\boldsymbol{d}_i = (\mathrm{TF}(t_1, d_i), \mathrm{TF}(t_2, d_i), \cdots, \mathrm{TF}(t_j, d_i), \cdots, \mathrm{TF}(t_m, d_i)) \tag{7-3}$$

其中,t_j 表示第 j 个词,m 为词的总数,$\mathrm{TF}(t_j, d_i)$ 表示第 j 个词在第 i 个文档中的频数。

对多个文本提取特征并向量化的示例如代码 7-12 第 14 行到 23 行所示。"他"只出现在第一个文本中,第二个文本的向量中对应的特征计数为 0。

当文本都表示为相同长度的向量后,就可以用于聚类、分类等机器学习建模了。

为了处理长度不同的文档,一般要将文本的特征向量进行正则化操作。

词频特征有一种简化应用,称为布尔词频。布尔词频是用 1 来统一表示非 0 的词频,即将式(7-3)中的 $\mathrm{TF}(t_j, d_i)$ 非 0 时取 1。显然,布尔词频只考虑"有"或"没有"两种状态,不管数量。

2. TF-IDF

相较于词频,TF-IDF(Term Frequency-Inverse Document Frequency)还综合考虑词语的稀有程度。它认为一个词语的重要程度不光正比于它在文本中的频次,还反比于有多少文本包含它。包含该词语的文本越多,就说明它越普通,越不能体现文本的特色。

TF-IDF 计算的基本形式是:

$$\mathrm{TF\text{-}IDF}(t_j, d_i) = \frac{\mathrm{TF}(t_j, d_i)}{\mathrm{DF}(t_j)} = \mathrm{TF}(t_j, d_i) \cdot \mathrm{IDF}(t_j) \tag{7-4}$$

其中,$\mathrm{DF}(t_j)$ 是包含单词 t_j 的文本数,$\mathrm{IDF}(t_j)$ 是 $\mathrm{DF}(t_j)$ 的倒数。

将式(7-3)中的 $\mathrm{TF}(t_j, d_i)$ 用 $\mathrm{TF\text{-}IDF}(t_j, d_i)$ 代替,就得到了以 TF-IDF 为特征的词

袋模型文本向量。

TF-IDF 有多个变种。它在实际应用时,还需要加平滑、取对数等。sklearn. feature_extraction. text 中的 TfidfTransformer 类实现了 TF-IDF 特征提取。

上述词袋模型只考虑了文本中词出现的频数,完全没有考虑词语出现的关联性,因此,其作用有限。如果能提取出代表一定关联性的特征,则更贴近实际情况。

如果把相继出现的两个词语作为一个特征提取,则考虑了间距为 1 的关联性。如"小王 喜欢 看 电影"文本中,可以提取出"小王 喜欢""喜欢 看""看 电影"三个这样的特征。在自然语言处理领域,以这样的特征构建的模型称为二元(2-gram)模型,相应地,把前述的模型称为一元模型。显然,二元模型中的特征数量要明显增加。通过设置 CountVectorizer 的 ngram_range 参数,可以实现二元的词袋模型。

如果继续考虑间距更长的关联性,可以实现三元甚至更多元的特征,但是,在实际应用中,这样提取出来的特征数量实在是太多了,难以实现。这种难题直到擅长处理关联关系的循环神经网络出现后,才有得以解决。

7.4.2 文本相似度比较示例

本节给出一个应用词频特征构成词袋模型向量,并进行相似度比较的示例。

有多种向量相似度比较方法,比如式(3-1)所示的欧氏距离。常用的还有余弦相似度、汉明距离以及 Google 公司采用的 SimHash 等。

余弦相似度刻画的是两个向量之间的夹角,它适合于与向量方向相关的距离度量。点 x_i,x_j 的余弦相似度为:

$$\cos\theta = \frac{x_i \cdot x_j}{\| x_i \| \| x_j \|} = \frac{\sum_{l=1}^{n} x_i^{(l)} x_j^{(l)}}{\sqrt{\sum_{l=1}^{n} (x_i^{(l)})^2} \sqrt{\sum_{l=1}^{n} (x_j^{(l)})^2}} \tag{7-5}$$

采用四段课程介绍的文本进行示例,它们分别是计算机应用数学课程、人工智能数学基础课程、密码学基础课程和英汉口译课程。

在统计词频之前,先要对它们进行分词。示例中采用 jieba 扩展库来进行分词,可用 conda install jieba 命令安装该扩展库。

代码 7-13　文本相似度比较示例(文本特征提取及向量化. ipynb)

1. str1 = "计算机应用数学课程面向计算机科学本科专业介绍基本数学技巧,以及这些技巧怎样在计算机科学中应用。现代计算机科学教育需要学生掌握宽阔的数学知识,并能灵活和创新地解决现在和将来的科技挑战。在该课程中,数学技巧主要涵括代数、几何、概率理论,随机模型、信息理论等。这些技巧将应用于不同专题的问题和算法设计,包括互联网、无线传感网、密码学、分布式系统、算法设计和优化等。最后,该课程向学生介绍在计算理论基础方面深层次的科学问题,如不可解性、复杂性和量子计算。"
2. str2 = "人工智能数学基础课程面向人工智能本科专业介绍基本数学技巧,以及这些技巧怎样在人工智能中应用。人工智能和多学科有紧密联系。因此一个完整的人工智能专业教育需要学生掌握宽阔的数学知识,并能灵活和创新地解决现在和将来的科技挑战。在该课程中,数学技巧主要涵括线性代数、高维几何、统计推断,数学优化,信息理论等。这些技巧将应用于不同专题的问题和算法设计,包括机器学习、大数据,遥感压缩、贝叶斯网络、计算生物和自然语言等。最后,该课程向学生介绍在计算理论基础方面深层次的科学问题,如复杂性和量子人工智能。"

3. str3 = "密码学基础课程的主要目的是介绍现代密码学的一些基本概念。与数字内容分布有关的两个主要问题是信息的隐秘性和数据来源。在简短介绍代数之后,将会在现代私钥和公钥加密的背景下讨论隐私问题及其解决方案。之后将回顾一下使用散列函数和数字签名来实现数字内容认证的一些工具。其中所提出的结构是建立设计安全系统和实际应用协议。同时,本课程也将涉及加密方案和协议的攻击和安全分析等内容。"

4. str4 = "英汉口译课程主要训练学生英汉、汉英双语转换的口译能力。课程从句子和简单会话过渡到口语段落以及口语语篇的翻译,内容涉及简单的日常生活会话、涉外导游、商务谈判、会展解说、学术讲座等体裁的演讲或访谈。通过本课程的学习,学生可以提高双语听、说、读、译的综合应用能力,并强化英语语言基础。"

```
5.
6.  import jieba
7.  str1 = " ".join(jieba.lcut(str1))
8.  str2 = " ".join(jieba.lcut(str2))
9.  str3 = " ".join(jieba.lcut(str3))
10. str4 = " ".join(jieba.lcut(str4))
11.
12. corpus = [str1, str2, str3, str4]
13. corpus
14. >>> ['计算机 应用 数学课程 面向    并 强化 英语 语言 基础。']
15.
16. X = vectorizer.fit_transform(corpus)
17. print(vectorizer.get_feature_names())
18. X.toarray()
19. >>> ['一下', '一个', '一些', '下', '不可解性', '不同', '与', '专业', '专题', '两个', '中',
    '主要', '之后', '也', '于', '互联网', '人', '人工智能', '介绍', '从', '代', '代数', '以及',
    '优化', …, '隐秘性', '需要', '面向', '高维']
20. >>> array([[0, 0, 0, 0, …, 0, 0, 0, 0]],
21.     dtype = int64)
22.
23. from sklearn.preprocessing import Normalizer
24. X_normal = Normalizer().fit_transform(X.toarray())
25.
26. from sklearn.metrics.pairwise import cosine_similarity, euclidean_distances
27. cosine_similarity(X_normal)
28. >>> array([[1.         , 0.78668696, 0.47116474, 0.31591256],
29.     [0.78668696, 1.         , 0.45442709, 0.33671982],
30.     [0.47116474, 0.45442709, 1.         , 0.4297067 ],
31.     [0.31591256, 0.33671982, 0.4297067 , 1.         ]])
32.
33. euclidean_distances(X_normal)
34. >>> array([[0.         , 0.6531662 , 1.0284311 , 1.16969008],
35.     [0.6531662 , 0.         , 1.04457925, 1.15176402],
36.     [1.0284311 , 1.04457925, 0.         , 1.06798249],
37.     [1.16969008, 1.15176402, 1.06798249, 0.         ]])
```

第 6 行到第 10 行用 jieba 实现了分词,结果如第 14 行输出所示。

第 19 行输出的是词典顺序。

第 20 行输出的是各文本的词袋模型向量。

第 23 行到第 24 行对向量进行正则化。

第 26 行导入余弦相似度和欧氏距离计算函数。

第 28 行输出余弦相似度计算结果,可见计算机应用数学课程简介和人工智能数学基础课程简介的相似度最高,约为 0.79。

第 34 行输出欧氏距离计算结果,可见计算机应用数学课程简介和人工智能数学基础课程简介的距离最小,约为 0.65。

7.5 习题

国内外很多大公司举办有机器学习相关竞赛,如 kaggle[①]、华为云[②]、天池[③]等。对于初学者,它们一般提供较容易的入门赛题,并附有参考代码。运用所学知识,尝试参加一个入门赛。

---

① https://www.kaggle.com/
② https://competition.huaweicloud.com/home
③ https://tianchi.aliyun.com/

第  8 章

强 化 学 习 [*]

强化学习(Reinforcement Learning,RL)是学习主体(Agent)以"尝试"的方式探索世界、获取知识的学习机制。强化学习起源于心理学中的行为主义理论,即有机体如何在环境给予的奖励或惩罚的刺激下,逐步形成对刺激的预期,产生能获得最大利益的习惯性行为。

与前述的聚类、回归、分类和标注任务不同,强化学习面向的是序列决策(Sequential Decision Making)任务:主体根据环境的状态和反馈连续选择行为,力图收获最大收益。

强化学习的内容繁多且在快速发展中,尤其是结合神经网络的深度强化学习近年来吸引了大量关注,比如,横扫围棋界的 AlphaGo 就是深度强化学习的成果。

本章深入讨论强化学习的基本概念和传统基于值函数的强化学习方法,以及深度强化学习的一些基础算法。对这些算法的讨论基于冰湖问题和倒立摆问题两个经典的强化学习实验进行,读者可以通过观察代码的运行过程得到对算法的直观理解。冰湖问题和倒立摆分别是小型离散空间求解的问题和连续空间求解的问题。

8.1 强化学习基础

本节先用一个示例来讨论强化学习的基本概念,然后讨论马尔可夫决策过程这一强化学习的基本建模框架,以及蒙特卡罗近似、利用与探索这两个重要的强化学习技术手段。

8.1.1 冰湖问题与强化学习基本概念

强化学习需要不断地尝试,因此研究强化学习,离不开仿真。OpenAI 的 gym^① 仿真

视频讲解

---

① http://gym.openai.com/

工具提供了对强化学习问题求解仿真的支持。gym 采用 Python 语言,可以和本书使用的编程环境无缝衔接。

可通过 conda install gym＝0.18.0 命令安装本书使用的 gym 仿真环境。

在 gym 中仿真强化学习问题,先要在 gym 中构建相应的仿真环境(具体构建方法可参考相应网站和书籍)。gym 内部预先集成了很多已经构建好的强化学习问题仿真环境供初学者使用,如本节要讨论的冰湖问题仿真环境。

v0 版的冰湖问题(FrozenLake-v0)[①]的情景是 Agent 要自主穿过有窟窿的冰面拿到飞盘,如图 8-1(a)所示。冰面由 4×4 的方格表示,标记为 S 的方格为 Agent 的出发点,标记为 G 的方格为飞盘所在的位置,即 Agent 要到达的终点。空白方格表示可以行动的安全区域,灰色方格表示有窟窿的冰面,是会掉入水中的危险区域。

S	F	F	F	(S:starting point,safe)
F	H	F	H	(F:frozen surface,safe)
F	F	F	H	(H:hole,fall to your doom)
H	F	F	G	(G:goal,where the frisbee is located)

(a)   (b)

图 8-1 冰湖问题情景示意

为了简化表示,在 gym 的 FrozenLake-v0 环境中,用图 8-1(b)所示的由 S、F、H、G 四个字母组成的表格来表示冰面。

强化学习要解决的问题是如何控制 Agent 从 S 点出发顺利到达 G 点。

称 Agent 为强化学习中的主体。主体要依据某个策略(Policy)来决定下一步的动作(Action)。主体通过不断地尝试来优化策略。

在冰湖问题中,动作有 4 个,分别是向左、向下、向右和向上,用 0、1、2、3 来标记。动作的所有可能取值的集合称为动作空间,记为 $A=\{0,1,2,3\}$。

在冰湖问题中,主体在冰面上的不同位置称为环境(Environment)的不同状态。总共有 4×4＝16 个位置,因此,环境有 16 个状态,编号为 0,1,…,15。编号与主体在冰面上位置的对应关系如图 8-2 所示。

图 8-2 冰湖问题状态编号与主体位置对应关系示意

状态的所有可能取值组成状态空间,记为 $S=\{0,1,\cdots,15\}$。

主体的策略是从状态到动作的映射,也就是说,对一个具体的状态,策略要给出明确的动作指示来确定主体的下一步行动。在冰湖问题中,可以用如下的列表来表示一个策略:

$$[1,3,2,2,0,0,0,1,3,0,1,2,0,3,2,3]$$

列表最左侧的 1 表示在 0 号状态时执行编号为 1 的动作,即在起始点 S 执行向下的动作。左侧第 2 个位置上的 3 表示在 1 号状态时执行编号为 3 的动作,即在位置 1 执行

---

① https://gym.openai.com/envs/FrozenLake-v0/

向上的动作。以此类推。

主体的动作可能会对环境产生影响，从而改变环境的状态。动作对环境状态的改变可能不是唯一的，也就是说，一个动作可能会使环境进入多个状态。在强化学习中，用概率来描述新状态出现的可能性。

在冰湖问题中，规定当前位置为 S 和 F 时，施加动作的影响是使主体向动作的方向以及该动作两侧的方向等概率前进一格。图 8-3 中，用深色背景表示主体当前所在的位置，当前状态为状态 4，如果执行向右的动作，则会以 $\frac{1}{3}$ 的概率进入状态 0、状态 5 和状态 8（图中网格所示位置）。

如果碰到边界，则不前进。如果到达 H 和 G，则本次尝试结束，默认回到状态 0（下次尝试出发点）。

强化学习中，环境状态因为动作而改变的规律称为环境模型，一般用概率来描述。

在仿真实验中，主体的每进入到下一状态都有一个回报（Reward）。如果当前动作使主体到达了终点 G，则能得到回报值为 1，否则回报值为 0。

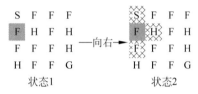

图 8-3　动作改变状态示意

在正式研究之前，先来看一下在 gym 中，采用均匀随机策略进行冰湖问题实验并进行测试的示例，见代码 8-1。均匀随机策略就是不作任何研究，只是在每个状态时任意从向四个方向的动作中等概率随机选择一个。

代码 8-1　冰湖问题及均匀随机策略与策略测试（FrozenLake-v0 实验.ipynb）

```
1. import gym                        # loading the Gym library
2. env = gym.make("FrozenLake - v0")
3. # 看一下动作空间
4. print("Action space: ", env.action_space)
5. >>> Action space: Discrete(4)
6. # 看一下观察空间,以及它的取值大小
7. print("Observation space: ", env.observation_space)
8. >>> Observation space: Discrete(16)
9.
10. # 生成均匀随机策略
11. rand_pi = []
12. for _ in range(16):
13.     rand_pi.append(env.action_space.sample())   # 在动作空间里随机采样作为每个状态
    # 采取动作的策略
14. print("随机策略: ", rand_pi)
15. >>>随机策略: [1, 3, 2, 2, 0, 0, 0, 1, 3, 0, 1, 2, 0, 3, 2, 3]
16.
17. # 一次尝试
18. def episode(env, pi, gamma = 1.0, render = False):
19.
20.     s = env.reset()              # 初始状态
21.     sum_reward = 0
```

```
22.    n = 0                                          # 折扣的幂
23.    while True:
24.        if render:
25.            env.render()
26.        s, reward, done , _ = env.step( int(pi[s]) )
27.        sum_reward += ( gamma ** n * reward )    # 累积折扣回报
28.        n += 1
29.        if done:
30.            env.render()
31.            break
32.    return sum_reward
33.
34. episode(env, pi, 1.0, True)
35. >>>
36. SFFF
37. FHFH
38. FFFH
39. HFFG
40. (Down)
41. SFFF
42. FHFH
43. FFFH
44. HFFG
45. (Down)
46. SFFF
47. FHFH
48. FFFH
49. HFFG
50. (Left)
51. SFFF
52. FHFH
53. FFFH
54. HFFG
55. (Down)
56. SFFF
57. FHFH
58. FFFH
59. HFFG
60. 0.0
61.
62. # 多次尝试取累积折扣回报函数的均值
63. def test_policy(env, pi, gamma = 1.0, n_episodes = 10000):
64.     scores = [ episode(env, pi, gamma, False) for _ in range(n_episodes) ]
65.     return np.mean(scores)
66.
67. gamma = 1.0                                      # 折扣系数
68. n_episodes = 10000                               # 尝试次数
69. print(n_episodes, "次尝试的平均得分: ", test_policy(env, rand_pi, gamma, n_episodes))
70. >>> 10000 次尝试的平均得分: 0.0778
```

第 2 行创建了实验环境,FrozenLake-v0 表示内部集成的冰湖实验环境。

第 4 行输出该实验的动作空间,可见它是离散的、有 4 个取值的空间。

第 7 行输出该实验的状态空间,可见它是离散的、有 16 个取值的空间。

第 11 行到第 13 行生成均匀随机策略,它是给每个状态一个从动作空间中等概随机采样的动作。第 15 行输出了该策略。

第 18 行到第 31 行在指定策略时,进行一次实验尝试的函数 episode,该函数输入指定策略 pi,返回一次实验尝试得到的回报之和。

第 25 行的 env.render 函数将主体每步移动的过程显示出来。

第 26 行通过 env.step 函数将动作施加到环境中。该函数实现了如图 8-3 所示的环境模型,并根据环境模型返回环境的新状态、回报和本次尝试是否结束等信息。

第 27 行计算累积折扣回报,将在后文详细讨论,在这里,令 gamma 为 1,则只是简单地将所有步的回报求和。

第 34 行到第 60 行,进行一次实验尝试,并显示主体在冰面上的移动情况。冰面及主体在冰面上的移动情况用字母方格来显示,背景为深色的方格表示主体当前所在位置。可见,在本次尝试中,主体共走了 4 步,终止于状态 5。

第 63 行到第 65 行的 test_policy 函数进行多次尝试实验,记录下每次尝试的回报,并输出回报的平均值作为策略测试的结果。

第 67 行到第 70 行对随机策略进行 10000 次尝试,平均得分为:0.0778。也就是说,在随机策略的控制下,10000 次尝试中,主体只有 778 次顺利达到了终点 G。

强化学习中,主体(策略)、动作、环境、状态和回报之间的关系如图 8-4 所示。

主体依据策略来决定下一步动作,主体的动作又会改变环境,主体能够观察到环境状态的变化,并得到环境的立即回报。然后,主体根据新的状态并依据策略来决定新的动作。可见,强化学习是一个持续决策的过程。

策略、动作、状态和回报分别记为 π、a、s 和 r。

在任一时刻 t,主体依据策略 π 和环境的状态 s_t,作出动作 a_t。

图 8-4 强化学习各要素的关系示意图

环境对动作 a_t 的新反馈 s_{t+1} 和新回报 r_{t+1} 在下一时刻 $t+1$ 传递到主体,此时,主体再作出新的动作 a_{t+1}。

如此持续循环,直至本次尝试结束。

在每一个循环中,可分为两个阶段:①主体决策并作出动作阶段;②环境接受动作并反馈状态和回报阶段。

在阶段①,主体的策略可表示为:

$$a_t = \pi(s_t \mid \theta) \tag{8-1}$$

其中,θ 是 π 的参数。

策略可以是各种形式的,如决策函数、概率分布和神经网络等。策略本质上反映了从主体接收的环境状态 s_t 到发出的动作 a_t 之间的映射关系。策略是强化学习算法要求解的最终目标。

策略可以分为确定性策略和随机性策略。确定性策略的决策过程是确定的,即一个状态明确对应一个动作,如代码8-1中的均匀随机策略。随机性策略的决策过程是依据一定的概率对可选动作进行随机选择,即一个状态对应多个动作,并依事先确定的概率来随机选择其中一个动作。因此,随机性策略要用概率分布函数来描述。

在阶段②,环境接受主体的动作并反馈的状态可表示为:

$$s_{t+1} = O(s_t, a_t) \tag{8-2}$$

式(8-2)反映的是环境从当前状态因外部动作刺激而转换到另外状态的映射关系,即环境模型。在 gym 中,环境模型在 env.step 函数中仿真实现。

回报 r 反映的是价值目标,它是人们主观确定的东西[①]。比如,在冰湖实验中,人们认为主体到达目标点捡起飞盘是"好"的,因此,把此时的回报定为1,否则为0。

因此,强化学习的过程可以看作是在回报这个主观价值目标的指引下,使决策努力适应环境模型的过程。

视频讲解

8.1.2 马尔可夫决策过程

在随机性策略的强化学习中,马尔可夫决策过程(Markov Decision Process,MDP)为强化学习问题奠定了基本的建模框架,传统的强化学习方法都是基于马尔可夫决策过程来开展研究。

在6.2节隐马尔可夫模型中提到了马尔可夫性。这里给出更详细的说明。

如果系统的下一个状态 s_{t+1} 的概率分布只依赖于它的前一个状态 s_t,而与更早的状态无关,则称该系统满足马尔可夫性。即对任意的时间 t,对任意的状态 s_t、s_{t+1},均有下面的条件概率等式:

$$P(s_{t+1} \mid s_t) = P(s_{t+1} \mid s_1, s_2, \cdots, s_t) \tag{8-3}$$

马尔可夫性完全忽视了过往历史的影响,大大减少了系统建模的复杂度和计算量,是常用的建模简化假定。

用 A 和 S 分别表示主体的动作变量和环境的状态变量。用概率来描述主体的随机性策略,可将式(8-1)表示为条件概率形式:

$$\pi(a \mid s) = P(A_t = a \mid S_t = s) \tag{8-4}$$

其中,A_t 和 S_t 分别表示 t 时刻的主体动作和环境状态。

设共有 N 种状态,共有 M 个动作,如果能确定任一具体状态 $s_i(1 \leqslant i \leqslant N)$ 条件下任一具体动作 $a_j(1 \leqslant j \leqslant M)$ 的概率,那么该随机性策略就完全确定了。

用概率来描述式(8-2)所示的环境模型,可表示为条件概率:

$$P_{ss'}^a = P(S_{t+1} = s' \mid S_t = s, A_t = a) \tag{8-5}$$

式(8-5)表示的环境模型做了马尔可夫简化假定。

---

① 在一些复杂的任务中,回报可能是不明确的,需要从示例样本中学习得到,此类研究称为逆强化学习,不在本书讨论范围之内。

如果能得到从任一状态和任一动作组成的联合条件下任一状态的概率,那么环境模型 $P_{ss'}^a$ 也就确定了。该条件概率也称为环境的状态转移概率。

在指定状态 s 和动作 a 时,下一步要进入的状态并不唯一,因此,得到的回报 r 也不唯一,可用数学期望来描述在指定状态 s 和动作 a 时的回报的数学期望为:

$$R_s^a = E[r'] = \sum_{s' \in S} P_{ss'}^a r' \tag{8-6}$$

r' 表示进入到下一个状态 s' 得到的立即回报。

主体实施动作的策略和从环境反馈的回报可看作是主观确定的。环境的模型是客观存在,在大部分应用中,环境模型是未知的。如果允许主体对环境进行无限次的试探,那么描述环境模型的条件概率 $P_{ss'}^a$ 可以通过对多次试探结果来统计近似得到。

如果主体策略、环境模型和回报都确定了,那么,主体可以基于当前或长远两种考虑来选择下一步的动作 A:

(1) 基于当前的考虑,就是依据现状 S,选择一个动作 A,使得环境进入到一个可得到尽量多立即回报 r' 的状态 S'。

(2) 基于长远的考虑,就是还要考虑下一步的回报,也就是说要使下一步的状态进入到一个便于在未来得到尽量多累计回报的状态。

强化学习的目标是着眼长远,而非当前。

主体的一次尝试过程称为轨迹(Episode),用 $\tau = (s_0, a_0, s_1, a_1, s_2, a_2, \cdots)$ 表示,它是对状态和动作的按时间顺序的记录。

对一个轨迹,得到所有时刻进入新状态的立即回报,记为立即回报序列:$R = (r_1, r_2, r_3, \cdots)$。

用所谓的未来累积折扣回报(Cumulative Future Discounted Reward)来刻画长远考虑。在某轨迹中,从时刻 t 开始的未来累积折扣回报定义为:

$$G_t = r_{t+1} + \gamma r_{t+2} + \gamma^2 r_{t+3} + \cdots + \gamma^n r_{t+n+1} + \cdots, \quad \gamma \in [0,1] \tag{8-7}$$

$\gamma \in [0,1]$ 称为折扣系数,通过不同的折扣系数可以调节未来的立即回报对当前的影响。

G_t 可以写成递推形式:

$$\begin{aligned} G_t &= r_{t+1} + \gamma r_{t+2} + \gamma^2 r_{t+3} + \cdots + \gamma^n r_{t+n+1} + \cdots \\ &= r_{t+1} + \gamma [r_{t+2} + \gamma^1 r_{t+3} + \cdots + \gamma^{n-1} r_{t+n+1} + \cdots] \\ &= r_{t+1} + \gamma G_{t+1} \end{aligned} \tag{8-8}$$

马尔可夫决策过程可用五元组 $<S, A, P, R, \gamma>$ 来表示,在这里,S 表示可能状态的集合,A 表示可能动作的集合,P 表示状态转移概率,R 是回报函数,γ 是折扣系数。

在主体的随机尝试中,某一轨迹 τ 出现的概率记为 $p_\pi(\tau)$。对轨迹 $\tau = (s_0, a_0, s_1, a_1, s_2, a_2, \cdots)$:

$$p_\pi(\tau) = \pi(a_0 \mid s_0) P_{s_0 s_1}^{a_0} \pi(a_1 \mid s_1) P_{s_1 s_2}^{a_1} \pi(a_2 \mid s_2) P_{s_2 s_3}^{a_2} \cdots \tag{8-9}$$

显然,在环境模型 $P_{ss'}^a$ 已经确定的条件下,该概率由策略 π 确定,也就是说在不同的策略下,同一条轨迹出现的概率可能会有差异。

记轨迹 τ 的未来累积折扣回报为 $G(\tau)$。$G(\tau)$ 的数学期望为:

$$E_\pi[G(\tau)] = \sum_\tau p_\pi(\tau)G(\tau) \tag{8-10}$$

式中,τ 表示任何可能的轨迹。

在马尔可夫决策过程框架中,强化学习的目标就是找到使未来累积折扣回报的期望最大的策略 $\hat{\pi}$:

$$\hat{\pi} = \arg\max_\pi E_\pi[G(\tau)] = \arg\max_\pi \sum_\tau p_\pi(\tau)G(\tau) \tag{8-11}$$

在求解式(8-11)时,候选策略的数量一般会很多。例如,在冰湖问题中,因为 11 个非终止状态的每个状态对应 4 个可选动作,因此,候选策略的数量为 4^{11} 个。

自然地,在求解式(8-11)时,可以想办法从所有候选策略中寻找最优策略。这种思路称为直接求解策略的求解方法。

除了直接求解策略的求解方法,还有一类间接求解策略的方法,它是先计算值函数,然后通过值函数来求得最优策略。该类方法称为基于值函数的求解方法。

定义了两种值函数,分别为状态值函数 $V_\pi(s)$ 和动作值函数 $Q_\pi(s,a)$。

状态值函数 $V_\pi(s)$ 是在指定策略 π 时,限定起始状态为 s 时的未来累积折扣回报的数学期望:

$$V_\pi(s) = E_\pi[G_t \mid S_t = s] = E_\pi[r_{t+1} + \gamma r_{t+2} + \gamma^2 r_{t+3} + \cdots \mid S_t = s] \tag{8-12}$$

直观来看,在冰湖问题中,状态值函数体现了具体状态的平均未来累积折扣回报,也就是体现了每个状态的"价值"。

由式(8-8)可知式(8-12)可写为:

$$V_\pi(s) = E_\pi[r_{t+1} + \gamma G_{t+1} \mid S_t = s] = E_\pi[r_{t+1} + \gamma V_\pi(S_{t+1}) \mid S_t = s] \tag{8-13}$$

可见,当前状态的价值与当前回报和下一步的状态价值有关。

动作值函数 $Q_\pi(s,a)$ 是在指定策略 π 时,除了限定起始状态为 s,还进一步限定执行动作为 a 时的未来累积折扣回报的数学期望:

$$\begin{aligned}
Q_\pi(s,a) &= E_\pi[G_t \mid S_t = s, A_t = a] \\
&= E_\pi[r_{t+1} + \gamma r_{t+2} + \gamma^2 r_{t+3} + \cdots \mid S_t = s, A_t = a] \\
&= E_\pi[r_{t+1} + \gamma Q_\pi(S_{t+1}, A_{t+1}) \mid S_t = s, A_t = a]
\end{aligned} \tag{8-14}$$

动作值函数体现了在指定状态下,执行指定动作的"价值"。如果能够得到每个动作值函数的值,那么,最优策略就是在当前状态下,选择使该值最大的动作。

8.1.3 蒙特卡罗近似

如前文所述,环境模型体现了强化学习环境的客观规律,可以用式(8-5)来描述。在一些应用场合,环境模型是已知的并可以直接利用,如各类棋类游戏。但在大部分场合中,对于强化学习主体来说,环境模型是未知的、不可以直接利用的。此时,可采用随机近似的方法来探索环境模型,得到环境模型的相关结论。

随机近似方法的基本思想是通过大量的随机样本去探索系统,得到有关系统的近似模型。下面来看随机近似法的两个简单应用示例,如图 8-5 所示。

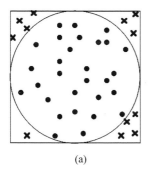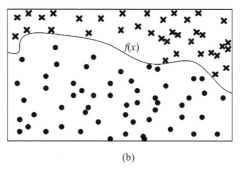

(a)　　　　　　　　　　　　　(b)

图 8-5　蒙特卡罗法应用示例

图 8-5(a)示意了圆周率 π 的随机近似计算，它由一个圆(半径为 r)和正切于圆的正方形组成。随机近似计算的过程分为两步：第一步是均匀地在正方形内产生随机点；第二步是统计落在圆内点的个数占所有点总数的比值 ρ，将它乘以 4，即得到 π 的近似估计值。这是因为假设随机产生的点会均匀地落在正方形内，即比值 ρ 只与圆的面积和正方形的面积有关：

$$\rho \approx \frac{\pi r^2}{(2r)^2} \tag{8-15}$$

所以：

$$\pi \approx 4\rho \tag{8-16}$$

判断某点是否落在圆内，可以通过计算它与圆心的距离来实现。

该示例的基本思想认为随机点在平面上的分布是均匀的，因此，落在圆内点的个数占所有点总数的比值代表了圆面积与正方形面积的比值，从而计算出圆周率。

同样的思路可以估计任意函数 $f(x)$ 的积分 $V = \int_a^b f(x)\mathrm{d}x$，如图 8-5(b)所示。

用随机近似法来对函数 $f(x)$ 的积分 $V = \int_a^b f(x)\mathrm{d}x$ 的进行估计，还可以采用下面的思路。

设 $p(x)$ 是 x 在 (a,b) 上的概率密度函数，则有：

$$V = \int_a^b f(x)\mathrm{d}x = \int_a^b \frac{f(x)}{p(x)}p(x)\mathrm{d}x = E\left[\frac{f(x)}{p(x)}\right] \tag{8-17}$$

也就是说，可以用 $\dfrac{f(x)}{p(x)}$ 的数学期望来估计积分 V。

如果 x 是均匀分布的，那么 $p(x) = \dfrac{1}{b-a}$。在 (a,b) 内均匀采样，得到 $x_1, x_2, \cdots,$ x_n，根据大数定律[①]，可以由平均值来估计期望：

$$\hat{V} = \frac{1}{n}\sum_{i=1}^n \frac{f(x_i)}{p(x_i)} = \frac{1}{n}\sum_{i=1}^n \frac{f(x_i)}{\dfrac{1}{b-a}} = (b-a)\frac{\sum\limits_{i=1}^n f(x_i)}{n} \tag{8-18}$$

---

① 参见《概率论与数理统计》(第二版)第 5 章,浙江大学盛骤等编,高等教育出版社,1989.

该思路实际上是通过随机近似得到 $f(x)$ 的均值 $\dfrac{\sum\limits_{i=1}^{n} f(x_i)}{n}$，再乘以 $(b-a)$ 求得 $f(x)$ 下的积分面积。

如果求函数 $f(x)$ 关于 x 的分布 $p(x)$ 的期望 $E[f(x)] = \int p(x) f(x) \mathrm{d}x$，可以先依概率 $p(x)$ 采样 x_i，然后根据大数定律用样本均值来近似：

$$E[f(x)] = \int p(x) f(x) \mathrm{d}x \approx \frac{1}{n} \sum f(x_i) \tag{8-19}$$

这种基于随机采样来求解问题的方法也称为蒙特卡罗(Monte Carlo)法，也称为统计实验方法，或者统计模拟方法。蒙特卡罗法与前文所讨论的确定性算法不同，它通过随机实验来对问题进行求解。

在 20 世纪 40 年代，负责美国原子弹研制"曼哈顿计划"的乌拉姆和冯·诺依曼等在计算机上实现了中子在原子弹内扩散和增殖的随机采样模拟，从而使该方法声名鹊起。当时，为了保密，将该项目名称命名为赌城"蒙特卡罗"，后来，基于随机采样和统计估计的求解方法就被称为蒙特卡罗法。

蒙特卡罗法是一种不受专业领域限制的通用方法，它通过在问题域中进行大量的随机采样和统计，得到模型的近似分布。随机采样可以是现实环境中的采样，也可以是计算机中的模拟采样。如果能够通过计算机来模拟采样，则很容易产生大量的样本。

蒙特卡罗法的随机采样思想与强化学习的尝试学习思想是相近的，因此它在强化学习中占有重要地位。在强化学习中，通过蒙特卡罗法可以对环境模型进行近似的建模，帮助求得最优策略。

如何得到符合概率 $p(x)$ 要求的采样是蒙特卡罗法在实际应用时面临的重要问题。常用的采样方法有接受-拒绝采样、重要性采样和马尔可夫链蒙特卡罗方法。

8.1.4 利用与探索

利用与探索(Exploitation and Exploration)是强化学习中非常重要的概念。利用是指从已知信息中得到最大回报。探索是指要开阔眼界、尽可能地发掘环境中更多的信息。

人们在选择时，经常会用到利用与探索的思想。比如，在选择饭店时，一般会利用自己的经验选择自己满意的饭店，以确保大概率得到理想的服务，但是也会偶尔探索一下新店，看看是否有更好的服务。

常用两种策略来实现利用与探索，分别是贪心策略(Greedy Strategy)和 ε-贪心策略(ε-Greedy Strategy)。

贪心策略的思想是：只根据当前信息来作出最优选择，不考虑长远。比如，强化学习主体在做决定时，只根据既有策略计算出所有动作在当前状态下的条件概率，执行最大值对应的动作。

记可选的样本为 s_i，$i = 1, 2, \cdots m$，m 为样本总数。记样本 s_i 的当前概率为 q_i。那么，按贪心策略选择样本 s_i 的概率为 p_i：

$$p_i = \begin{cases} 1, & \text{当 } s_i = \arg\max_{s_i} q_i \\ 0, & \text{其他} \end{cases} \tag{8-20}$$

在强化学习算法中,常应用随机采样的方法来获取样本以优化算法。贪心策略应用于随机采样时,会出现当前概率暂时为 0 的样本,以后也不会被采样到。这种现象类似于"近亲繁殖",采样不全面,不利于对环境的探索。

ε-贪心策略的思想是:以探索率 $\varepsilon \in [0,1]$ 从所有可能样本中按均匀分布随机选择一个样本,以 1-ε 的概率按当前最大概率选择。

按 ε-贪心策略选择样本 s_i 的概率为 p_i:

$$p_i = \begin{cases} \dfrac{\varepsilon}{m} + 1 - \varepsilon, & \text{当 } s_i = \arg\max_{s_i} q_i \\ \dfrac{\varepsilon}{m}, & \text{其他} \end{cases} \tag{8-21}$$

ε-贪心策略使得每个样本都有一定被选中的概率,保证了探索样本空间时的充分性。

8.1.5 强化学习算法分类

可以从多个角度来对强化学习算法进行分类。

1. 算法优化过程的分类

从算法优化的过程来看,强化学习算法可分为基于值函数优化策略、直接优化策略和构建环境模型辅助优化策略三大类算法。

基于值函数优化策略的算法先求得状态值函数或动作值函数,然后依据它们来得到最优策略,主要有动态规划法、蒙特卡罗法、时序差分法(包括 Sarsa 和 Qlearning)和 DQN 等。

直接优化策略的算法直接从候选策略中选择最优策略,主要有策略梯度法、Actor-Critic 和 DDPG 等。

构建环境模型辅助优化策略的算法在环境模型未知的情况下,先对环境进行建模,再用构建的模型来辅助优化值函数,最终求得最优策略。构建的环境模型一般不能完全刻画实际的环境,因此,算法不能完全依赖构建的环境模型,而是将对构建模型的利用和对实际环境的探索结合起来进行优化。构建环境模型辅助优化策略的算法主要有 Dyna、Dyna-2、基于模拟的搜索等系列算法。

2. 环境模型是否已知的分类

如果已知环境模型,则强化学习问题的求解显然要容易得多。此时,称为有模型强化学习算法。

在不知道环境模型时,一般要通过蒙特卡罗法来试探环境,得到与环境模型相关的知识用于优化策略。相应地,这类算法也称为无模型强化学习算法。

在无模型强化学习算法中,有的算法需要一次对环境的完整尝试才能进行迭代优化,称为回合制算法。有的算法不需要完整的尝试,只需要一步试探即可进行迭代优化,称为单步制算法。

3. 值函数求解的分类

不仅在基于值函数优化算法中,在其他类算法中也常涉及值函数的求解问题。

在状态空间和动作空间是小型的离散空间时,值函数可以用一个小型的表格来表示。一个状态值或者一个状态-动作值对对应表格中的一格。例如冰湖问题中,状态值函数可以用一个大小为16的表格来表示,动作值函数可以用一个大小为64的表格来表示。此时,值函数的迭代优化就表现为对表格中数据的迭代计算,该类算法称为值函数可计算的强化学习算法,也称为表格型强化学习算法。值函数可计算的强化学习算法虽然应用有限,但是它们蕴含了强化学习算法的基本思想,将在下一节深入讨论。

如果状态空间和(或)动作空间是连续的,那么就无法用一个表格来表示值函数。此时,一般是采用映射来描述从状态值或状态-动作值对到一个实数值的对应关系,该类算法称为值函数逼近的强化学习算法。这种映射可用线性函数和非线性函数(含神经网络)来描述。

值函数逼近的方法还被应用到大型离散空间中值函数的求解。因为当空间过于庞大时,直接计算值函数实际上已经不可行。

8.2 值函数可计算的强化学习方法

基于值函数优化策略的方法是先求得值函数,然后通过值函数来求得最优策略。相应地,该类算法的迭代过程可分为策略评估阶段和策略改进阶段,如图8-6所示。

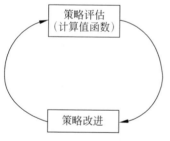

图 8-6 基于值函数求解算法迭代过程示意

在策略评估阶段,算法基于当前策略来求得值函数;在策略改进阶段,算法利用当前值函数来更新策略。

本节讨论基于值函数优化策略方法中的值函数可计算强化学习算法,包括动态规划法、蒙特卡罗法和时序差分法,它们蕴含了强化学习方法的基本思想,为发展更为复杂的强化学习算法奠定了基础。

8.2.1 动态规划法

视频讲解

动态规划法又分为策略迭代(Policy Iteration)算法和值迭代(Value Iteration)算法。

1. 策略迭代算法

如前所述,状态值函数是限定了起始状态的未来累积折扣回报的数学期望(式(8-12)),而动作值函数不仅限定了起始状态,还限定了动作(式(8-14))。

因此,状态值函数 $V_\pi(s)$ 可以看作动作值函数 $Q_\pi(s,a)$ 在状态处于 s 时关于动作 a 的数学期望:

$$V_\pi(s) = E_a[Q_\pi(s,a)] = \sum_{a \in A} \pi(a \mid s) Q_\pi(s,a) \tag{8-22}$$

其中，$\pi(a \mid s)$ 是由式(8-4)确定的策略，也是 $Q_\pi(s,a)$ 发生的概率值。

同样地，动作值函数 $Q_\pi(s,a)$ 可以看作在状态 s 执行了动作 a 后，进入到下一状态 s' 的立即回报 r' 与下一状态的状态值函数的折扣 $\gamma V_\pi(s')$ 之和的数学期望：

$$Q_\pi(s,a) = \sum_{s' \in S} P_{ss'}^a(r' + \gamma V_\pi(s')) \tag{8-23}$$

其中，$P_{ss'}^a$ 是状态转移概率，也是 $r' + \gamma V_\pi(s')$ 发生的概率。

进一步展开、合并，可得：

$$Q_\pi(s,a) = \sum_{s' \in S} P_{ss'}^a r' + \gamma \sum_{s' \in S} P_{ss'}^a V_\pi(s') = R_s^a + \gamma \sum_{s' \in S} P_{ss'}^a V_\pi(s') \tag{8-24}$$

即动作值函数 $Q_\pi(s,a)$ 是立即回报的数学期望加上下一时刻状态值函数的数学期望的折扣。其中，$P_{ss'}^a$ 是环境模型确定的在动作 a 下状态由 s 转换到 s' 的概率，R_s^a 是由式(8-6)确定的期望回报。

将式(8-23)代入式(8-22)，可得：

$$\begin{aligned}
V_\pi(s) &= \sum_{a \in A} \left[\pi(a \mid s) \sum_{s' \in S} P_{ss'}^a(r' + \gamma V_\pi(s')) \right] \\
&= \sum_{a \in A} \left[\pi(a \mid s) \left(\sum_{s' \in S} P_{ss'}^a r' + \sum_{s' \in S} P_{ss'}^a \gamma V_\pi(s') \right) \right] \\
&= \sum_{a \in A} \left[\pi(a \mid s)(R_s^a + \gamma \sum_{s' \in S} P_{ss'}^a V_\pi(s')) \right]
\end{aligned} \tag{8-25}$$

式(8-25)称为状态值函数的贝尔曼期望方程。

在五元组$<S,A,P,R,\gamma>$和策略 $\pi(a \mid s)$ 均为已知的条件下，根据式(8-25)，可列出由$|S|$个独立方程组成的方程组，其中只有$|S|$个未知数 $V_\pi(s)$，因此，可以求解得到在确定策略 π 时每个状态值函数的值，也就是完成了图 8-6 所示的基于值函数求解算法的策略评估任务。$|S|$是状态空间的大小，也就是状态的总数。

来看冰湖问题中的状态值函数的求解的例子。假定当前要评估的策略是在所有状态 s 都执行向左的动作：

$$\pi(0 \mid s) = 1, \quad \pi(1 \mid s) = \pi(2 \mid s) = \pi(3 \mid s) = 0 \tag{8-26}$$

根据环境模型，执行向左的动作时，状态 0 只可能转移到状态 0 和状态 4，不可能到达终点 G，因此，$R_0^a = 0$。

根据式(8-25)和主体在冰面上的移动规则，在状态 0，可得：

$$\begin{aligned}
V_\pi(0) &= \pi(0 \mid s)(R_0^0 + \gamma \sum_{s'=0,1,\cdots,15} P_{0s'}^0 V_\pi(s')) \\
&= \gamma(P_{00}^0 V_\pi(0) + P_{00}^0 V_\pi(0) + P_{04}^0 V_\pi(4)) \\
&= \gamma\left(\frac{1}{3} V_\pi(0) + \frac{1}{3} V_\pi(0) + \frac{1}{3} V_\pi(4) \right)
\end{aligned} \tag{8-27}$$

移项后得到方程：

$$\left(1 - \frac{2\gamma}{3}\right) V_\pi(0) - \frac{\gamma}{3} V_\pi(4) = 0 \tag{8-28}$$

同样地,在其他每个状态都可得到一个独立的方程。将这些方程联立,得到方程组,然后,利用解方程组的方法,可以求得各状态的状态值。

一般要利用计算机对方程组进行求解,仍然采用迭代法,其迭代关系式(参照式(8-25))为:

$$V_\pi^{k+1}(s) = \sum_{a \in A} \left[\pi(a \mid s) \sum_{s' \in S} P_{ss'}^a (r' + \gamma V_\pi^k(s')) \right] \tag{8-29}$$

其中,上标 k 表示迭代的轮数,并初始化 $V_\pi^0(s) = 0$。

式(8-29)中,s' 是 s 的下一状态,因此,状态值的求解是通过从未来到现在的反向迭代来进行计算的。

在策略改进阶段,要根据指定策略 π 时各状态值函数 $V_\pi(s)$,采用贪心策略来对强化学习主体的策略进行优化。因此,在策略迭代算法的每一轮迭代中,总是只根据当前迭代的状态值函数来选择最好的当前策略。

根据动作值函数与状态值函数的关系式(8-23),可求得动作值函数 $Q_\pi(s,a)$。

因此,在策略改进阶段,基于贪心策略依据式(8-30)来得到新策略 $\pi'(s)$:

$$\pi'(s) = \arg \max_a Q_\pi(s,a) \tag{8-30}$$

策略迭代算法基本流程如图 8-7 所示。

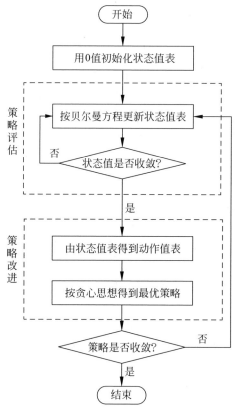

图 8-7 策略迭代算法基本流程

在策略评估阶段,用式(8-29)来迭代求值函数时,一般采用表格来存储状态值函数,所以,迭代过程具体体现为对状态值表的更新。

代码 8-2 是用策略迭代算法来求解冰湖问题,第 7 行到第 22 行为迭代法完成策略评估的函数 policy_evaluation,该函数输入确定性策略 π 和折扣系数 γ,输出表格形式的状态值函数 $V_\pi(s)$。其中,第 17 行和第 18 行代码实现式(8-29)。第 19 行代码用于判断是否收敛。

第 18 行中的 env. P[][]存储的是冰湖问题的环境模型,这里通过直接访问它来得到下一步的状态、回报等信息。

代码 8-2 策略迭代算法求解冰湖问题(FrozenLake-v0 实验. ipynb)

```
1. import numpy as np
2.
3. n_states = 16                          ♯ 状态空间的大小
4. n_actions = 4                          ♯ 动作空间的大小
5.
6. ♯ 对确定性策略 pi 进行评估,即计算状态值函数
7. def policy_evaluation(pi, gamma = 1.0):
8.
9.     V_table = np.zeros(n_states)        ♯ 状态值函数表
10.    threshold = 1e - 10                 ♯ 收敛判断阈值
11.
12.    while True:
13.        pre_V_table = np.copy(V_table)
14.        for s in range(n_states):
15.            a = pi[s]                    ♯ 将状态输入当前策略,得到相应动作
16.            ♯ 依据迭代关系式(8-29)进行更新
17.            V_table[s] = sum([ trans_prob * (r + gamma * pre_V_table[next_s])
18.                          for trans_prob, next_s, r, done in env.P[s][a]])
19.        if (np.sum((np.fabs(pre_V_table - V_table))) <= threshold):   ♯ 是否收敛
20.            break
21.
22.    return V_table
23.
24. ♯ 基于新的状态值函数对策略进行改进
25. def police_improvement(v_table, gamma = 1.0):
26.
27.    pi = np.zeros(n_states)
28.    for s in range(n_states):
29.        Q_table = np.zeros(n_actions)    ♯ 每个状态的动作值函数表
30.        for a in range(n_actions):
31.            for next_sr in env.P[s][a]:  ♯ env.P 是环境模型
32.                trans_prob, next_s, r, done = next_sr
33.                ♯ 依据式(8-23)求得动作值函数
34.                Q_table[a] += (trans_prob * (r + gamma * v_table[next_s]))
35.        pi[s] = np.argmax(Q_table)       ♯ 贪心策略,式(8-30)
36.
37.    return pi
38.
39. ♯ 策略迭代
```

```
40. def policy_iteration(gamma = 1.0):
41.
42.     pi = np.zeros(n_states)                          # 0初始化策略
43.
44.     #i = 0
45.     while True:
46.         V_table = policy_evaluation(pi, gamma)
47.         new_pi = police_improvement(V_table, gamma)
48.         #i += 1
49.         #print("迭代次数: ", i, "\n\tV_table:", V_table, "\n\tpi:", new_pi)
50.         if (np.all(pi == new_pi)): break             # 是否收敛
51.         pi = new_pi
52.
53.     return pi
54.
55. gamma = 1.0                                          # 折扣系数
56. pi = policy_iteration(gamma)
57. print("策略迭代算法计算最优策略:", pi)
58. n_episodes = 10000                                   # 尝试次数
59. print(n_episodes, "次尝试的平均得分: ", evaluate_policy(env, pi, gamma, n_episodes))
60. >>>策略迭代算法计算最优策略: [0. 3. 3. 3. 0. 0. 0. 0. 3. 1. 0. 0. 0. 2. 1. 0.]
61. 10000 次尝试的平均得分: 0.7389
```

代码 8-2 的第 25 行到第 37 行的代码为完成策略改进的函数 police_improvement,该函数输入表格形式的状态值函数 $V_\pi(s)$ 和折扣系数 γ,输出新的策略 π。其中,第 34 行是式(8-23)的实现。第 35 行代码是式(8-30)的实现。

第 40 行到第 53 行是实现图 8-6 所示的完整迭代函数 policy_iteration。第 42 行是初始化策略,使所有状态的动作都为向左。

第 56 行调用 policy_iteration 函数,得到最优策略 π,输出如第 60 行所示。

第 59 行对最优策略 π 进行测试,并输出平均得分如第 61 行所示。平均得分为 0.7389,即在 10000 次尝试中,有 7389 次顺利到达了终点 G。对比代码 8-1 所示的随机均匀策略,可见有很大的提高。

2. 值迭代算法

在策略迭代算法中,在一个迭代周期里,通过计算动作值函数的数学期望来更新状态值函数,而在所谓的值迭代算法中,则是直接取最大动作值函数来更新状态值函数:

$$V^{k+1}(s) = \max_a (R_s^a + \gamma \sum_{s' \in S} P_{ss'}^a V^k(s')) \tag{8-31}$$

对比式(8-24),可知式(8-31)可写为:

$$V^{k+1}(s) = \max_a \sum_{s' \in S} P_{ss'}^a(r' + \gamma V^k(s')) = \max_a Q^k(s,a) \tag{8-32}$$

即,状态 s 的值函数更新为以状态 s 为出发点的最大的动作值函数。

与策略迭代算法不同的是,值迭代每次迭代只进行策略评估。当状态值函数收敛后,再进行一次策略改进即可。值迭代算法的基本流程如图 8-8 所示。

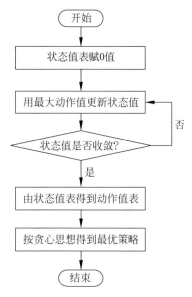

图 8-8 值迭代算法基本流程

值迭代一般会比策略迭代取得更快的效率。值迭代的示例见代码 8-3。

代码 8-3 值迭代算法求解冰湖问题（FrozenLake-v0 实验. ipynb）

```
1. # 值迭代
2. def value_itration(env, gamma = 1.0):
3.
4.     V_table = np.zeros(n_states)
5.     n_iterations = 10000
6.     threshold = 1e - 10
7.
8.     for i in range(n_iterations):
9.         pre_V_table = np.copy(V_table)
10.        for s in range(n_states):
11.            Q = []                        # 状态 s 的 Q 值
12.            for a in range(n_actions):
13.                next_s_prob_rewards = [] # 到下一状态的转移概率乘以下一状态的累积回报
14.                for next_sr in env.P[s][a]:
15.                    trans_prob, next_s, r, done = next_sr
16.                    next_s_prob_rewards.append( ( trans_prob * ( r + gamma * pre_V_
    table[next_s] ) ) )              # 式(8-32)
17.                Q.append( np.sum( next_s_prob_rewards ) )
18.                V_table[s] = max(Q)
19.        if( np.sum( np.fabs( pre_V_table - V_table ) ) <= threshold ): break
20.
21.     return V_table
22.
23. best_V_table = value_itration(env = env, gamma = 1.0)
```

```
24. print("最优状态值函数: ", best_V_table)
25. best_pi = police_improvement(best_V_table, gamma = 1.0)
26. print("值迭代算法计算最优策略:", best_pi)
27. >>>最优状态值函数: [0.82352941 0.82352941 0.82352941 0.82352941 0.82352941 0.
28. 0.52941176 0.          0.82352941 0.82352941 0.76470588 0.
29. 0.          0.88235294 0.94117647 0.          ]
30. 值迭代算法计算最优策略: [0. 3. 3. 3. 0. 0. 0. 0. 3. 1. 0. 0. 0. 2. 1. 0.]
```

第 11 行到第 18 行计算式(8-32)。

从第 30 行的输出,可知值迭代算法与策略迭代算法求得的最优策略是一样的。

对比策略迭代算法可知,值迭代算法并不是对某一个策略进行评估,也就是说,它输出的状态值函数值并不是以某一个策略为前提,而是所有策略中最优的状态值函数。定义所有策略中最大的状态值函数为最优状态值函数 $V^*(s)$:

$$V^*(s) = \max_\pi V_\pi(s) \tag{8-33}$$

同样,可以定义所有策略中最大的动作值函数为最优动作值函数 $Q^*(s,a)$:

$$Q^*(s,a) = \max_\pi Q_\pi(s,a) \tag{8-34}$$

当采用最优状态值函数时,式(8-31)称为状态值函数的贝尔曼最优方程,写为:

$$V^*(s) = \max_a (R_s^a + \gamma \sum_{s' \in S} P_{ss'}^a V^*(s')) \tag{8-35}$$

8.2.2 蒙特卡罗法

视频讲解

从式(8-29)和式(8-32)可知,应用动态规划法的前提是必须有可用的环境模型 $P_{ss'}^a$。当 $P_{ss'}^a$ 未知时,不能直接评估策略,此时,可利用蒙特卡罗近似法来计算值函数。

与动态规划法采用的确定性策略不同,蒙特卡罗法可采用随机性策略。在正式讨论蒙特卡罗法之前,先来讨论一下随机性策略的生成、尝试与测试,见代码 8-4。确定性策略的生成、尝试与测试在代码 8-1 中已经示例。

代码 8-4　随机性策略的生成、尝试与测试(FrozenLake-v0 实验. ipynb)

```
1. import random
2.
3. def create_random_policy(env):
4.
5.     pi = np.ones([env.observation_space.n, env.action_space.n])  # 用数组来存储策略
6.     p = 1 / env.action_space.n
7.
8.     return pi * p
9. pi = create_random_policy(env)
10. print( pi )
11. >>>
12. [[0.25 0.25 0.25 0.25]
13. [0.25 0.25 0.25 0.25]
14. [0.25 0.25 0.25 0.25]
```

```
15.   [0.25 0.25 0.25 0.25]
16.   [0.25 0.25 0.25 0.25]
17.   [0.25 0.25 0.25 0.25]
18.   [0.25 0.25 0.25 0.25]
19.   [0.25 0.25 0.25 0.25]
20.   [0.25 0.25 0.25 0.25]
21.   [0.25 0.25 0.25 0.25]
22.   [0.25 0.25 0.25 0.25]
23.   [0.25 0.25 0.25 0.25]
24.   [0.25 0.25 0.25 0.25]
25.   [0.25 0.25 0.25 0.25]
26.   [0.25 0.25 0.25 0.25]
27.   [0.25 0.25 0.25 0.25]]
28.
29.   # 按随机性策略进行尝试
30.   def episode_random(env, pi, render = False):      # pi:采样策略
31.
32.       env.reset()
33.       if render:
34.           env.render()
35.       episode = []
36.       done = False
37.
38.       while not done:
39.           s = env.env.s                              # 读取环境状态
40.           timestep = []
41.           timestep.append(s)
42.
43.           # 轮盘法确定动作
44.           action = np.random.choice(env.action_space.n, p = pi[s])
45.
46.           # 执行动作并记录
47.           next_s, r, done, info = env.step(action)
48.           timestep.append(action)
49.           timestep.append(r)
50.           episode.append(timestep)
51.
52.           if render:
53.               env.render()
54.
55.       return episode
56.
57.   tau = episode_random(env, pi, False)
58.   print( tau )
59.   >>> [[0, 3, 0.0], [0, 3, 0.0], [1, 1, 0.0], [2, 2, 0.0], [6, 1, 0.0], [10, 0, 0.0],
      [14, 2, 1.0]]
60.
61.   # 计算一条轨迹的累积折扣回报
```

```
62. def G(tau, gamma = 1.0):
63.     i = 0
64.     sum_r = 0.0
65.     for e in tau:
66.         #print(e[-1])
67.         sum_r += gamma ** i * e[-1]
68.         i += 1
69.     return sum_r
70. print( G(tau, 1.0) )
71. >>> 1.0
72.
73. # 测试随机性策略
74. def test_random_policy(env, pi, gamma = 1.0, n_episodes = 1000):
75.     sum_reward = 0.0
76.     for _ in range(n_episodes):
77.         tau = episode_random(env, pi, render = False)
78.         sum_reward += G(tau, gamma)
79.     return sum_reward / n_episodes
80.
81. print( "输入策略的得分: ", test_random_policy(env, pi, 1.0, 1000) )
82. >>> 输入策略的得分: 0.016
```

第 3 行到第 8 行定义的 create_random_policy 函数返回一个用数组表示的随机性策略 π,它的值代表在某状态时执行某动作的概率。该函数的作用是随机初始化这些概率值,因为共有 4 个动作,因此每个动作执行的概率初始化为 0.25。

第 30 行到第 55 行定义的 episode_random 函数按指定的随机性策略 π 进行一次尝试,返回一个轨迹 τ。其中,第 44 行是采用所谓的轮盘法来随机选择一个动作:按概率大小依次让每个动作占据区间[0,1]中的一段,然后随机产生一个位于[0,1]中的数,依据该数落在哪一段选择对应的动作。第 59 行输出了一条按指定策略进行尝试的轨迹,轨迹中的每一项分别表示状态、动作和立即回报。

第 62 行到第 71 行定义的 G 函数计算一条轨迹的累计折扣回报(式(8-7))。

第 74 行到第 79 行定义的 test_random_policy 函数按指定的随机性策略 π 进行多次尝试,计算他们的累积折扣回报的均值作为输出,代表了策略 π 的得分。

回顾状态值函数和动作值函数的定义(式(8-12)和式(8-14)),它们是关于回报的数学期望。而式(8-19)给出了蒙特卡罗法求数学期望的近似方法。因此,在没有环境模型时,在策略评估阶段,蒙特卡罗算法可用于求值函数的近似值。

记长度为 T 的轨迹 $\tau = (s_0, a_0, s_1, a_1, \cdots s_{T-1}, a_{T-1})$,立即回报序列为:$R = (r_1, r_2, \cdots, r_T)$,累积折扣回报序列为:$G = (G_0, G_1, \cdots, G_{T-1})$,其中 $G_t = r_{t+1} + \gamma r_{t+2} + \gamma^2 r_{t+3} + \cdots + \gamma^{T-1-t} r_T = \sum_{k=0}^{T-1-t} \gamma^k r_{t+1+k}$。

蒙特卡罗法中迭代的基本流程是:①依据策略 $\pi(a|s)$,通过尝试生成大量的轨迹 τ;②每一条轨迹可以分解为多个蒙特卡罗法的采样,采样由状态 s、动作 a 和相应的累计折

扣回报 G 组成,记为 (s,a,G);③按动作值函数的定义式(8-14)直接得到 $Q_\pi(s,a)$ 的近似值;④根据动作值函数 $Q_\pi(s,a)$ 来改进策略(式(8-30))。

蒙特卡罗法迭代过程中,各数据的变化如图8-9所示。

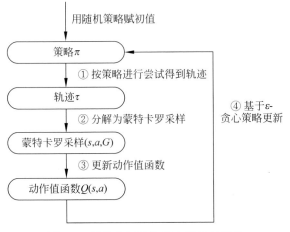

图 8-9 蒙特卡罗法迭代中数据的变化

初始策略可以赋予随机策略,即执行各动作的概率相同。

步骤①的按策略进行尝试可通过代码8-4的 episode_random 函数来完成。

步骤②中,将轨迹分解为蒙特卡罗采样,就是从轨迹中得到状态和动作值对及其累计折扣回报 (s,a,G)。例如,在冰湖问题中,通过尝试得到如下轨迹(代码8-4的第59行):

```
[[0, 3, 0.0], [0, 3, 0.0], [1, 1, 0.0], [2, 2, 0.0], [6, 1, 0.0], [10, 0, 0.0], [14, 2, 1.0]]
```

根据该轨迹,当折扣系数 $\gamma=1.0$ 时,可分别得到如下采样用于蒙特卡罗法:

```
状态值:0,动作值:3,累计折扣回报值:1.0
状态值:0,动作值:3,累计折扣回报值:1.0
状态值:1,动作值:1,累计折扣回报值:1.0
状态值:2,动作值:2,累计折扣回报值:1.0
……
```

主体的轨迹中可能会出现相同的状态值和动作值对 (s,a),也就是说,主体在探索时,可能会回到以前的状态并做出与上次相同的动作。如上述示例轨迹中的第1步和第2步。

对重复状态和动作值对 (s,a) 的处理,有两种方法,分别称为每次访问统计和初次访问统计。每次访问统计是对每个出现的 (s,a) 都进行采样用于后续统计。初次访问统计是只对第一次出现的 (s,a) 进行采样。

步骤③对每一 (s,a),统计它的所有采样的累积折扣回报的均值,即得到动作值函数 $Q(s,a)$ 的近似估计值。

在统计累积折扣回报的均值时,如果按照保存所有 G 值再平均的常规方法会占用大量的存储空间,此时,可采用递增计算均值的方法。记要统计均值的变量为 x_i,已经统计的次数为 N,得到的平均数为 u_N,那么可得递增计算均值的式子:

$$u_N = \frac{1}{N}\sum_{i=1}^{N} x_i = \frac{1}{N}\left(x_N + \sum_{i=1}^{N-1} x_i\right) = \frac{1}{N}(x_N + (N-1)u_{N-1})$$

$$= u_{N-1} + \frac{x_N - u_{N-1}}{N} \tag{8-36}$$

根据式(8-36),对 (s,a) 新增的累积折扣回报 G,可知动作值函数 $Q(s,a)$ 的递增计算式为:

$$Q(s,a) \leftarrow Q(s,a) + \frac{G - Q(s,a)}{N(s,a)} \tag{8-37}$$

其中,$N(s,a)$ 表示已经统计的次数。

在步骤④的策略改进阶段,为了更全面的探索,采用 ε-贪心策略来更新策略。

以冰湖问题为例来示意蒙特卡罗法,见代码 8-5。为简便起见,该示例代码在计算累积折扣回报时,将折扣系数 γ 默认为 1.0,读者可尝试修改代码实现不同折扣系数计算累积折扣回报。

代码 8-5　同策略蒙特卡罗法求解冰湖问题(FrozenLake-v0 实验. ipynb)

```python
1. def mc_on_policy(env, epsilon = 0.01, n_episodes = 100):
2.
3.     pi = create_random_policy(env)                          # 产生随机策略,数组形式
4.     Q_value = np.zeros([env.observation_space.n, env.action_space.n])  # 用表格来存
       # 储动作值函数
5.     N_s_a = np.zeros([env.observation_space.n, env.action_space.n])  # 状态 - 动作值
       # 对的计数 N(s,a)
6.
7.     for k in range(n_episodes):
8.
9.         G = 0                                               # 累积回报
10.        tau = episode_random(env, pi, False)                # 步骤(1),得到轨迹 τ
11.
12.        # 步骤(2)初次访问统计,得到采样
13.        for i in reversed( range( 0, len(tau) ) ):
14.            s_t, a_t, r_t = tau[i]
15.            G += r_t
16.            if not (s_t, a_t) in [(x[0], x[1]) for x in tau[0:i]]:  # 如果在此之前出现
               # 过,则不统计,即初次访问才统计
17.                N_s_a[s_t, a_t] += 1
18.                Q_value[s_t, a_t] = Q_value[s_t, a_t] + ( G - Q_value[s_t, a_t] ) /
       N_s_a[s_t, a_t]                      # 式(8-37),步骤(3)递增更新动作值
       # 函数
19.
20.        # 步骤(4),基于 ε - 贪心策略更新策略
```

```
21.          for s in range(env.observation_space.n):
22.              pi[s] = epsilon / env.action_space.n
23.              indices = np.where(Q_value[s] == np.max(Q_value[s]))
                                                      # 最优动作的下标集合
24.              tag_max_Q = random.choice(indices[0])
25.              pi[s][tag_max_Q] += 1 - epsilon          # 最优动作的概率
26.
27.      return pi
28.
29.  pi_mc = mc_on_policy(env, n_episodes = 30000)
30.  print( pi_mc )
31.  print( test_random_policy(env, pi_mc, 1000) )
32.  >>>
33.  [[0.9925 0.0025 0.0025 0.0025]
34.  [0.0025 0.9925 0.0025 0.0025]
35.  [0.0025 0.0025 0.9925 0.0025]
36.  [0.0025 0.0025 0.0025 0.9925]
37.  [0.9925 0.0025 0.0025 0.0025]
38.  [0.0025 0.0025 0.9925 0.0025]
39.  [0.0025 0.0025 0.9925 0.0025]
40.  [0.0025 0.0025 0.9925 0.0025]
41.  [0.0025 0.0025 0.0025 0.9925]
42.  [0.0025 0.9925 0.0025 0.0025]
43.  [0.9925 0.0025 0.0025 0.0025]
44.  [0.0025 0.0025 0.0025 0.9925]
45.  [0.0025 0.0025 0.0025 0.9925]
46.  [0.0025 0.0025 0.9925 0.0025]
47.  [0.0025 0.9925 0.0025 0.0025]
48.  [0.0025 0.0025 0.0025 0.9925]]
49.  0.676
```

多次运行代码 8-5,会发现蒙特卡罗法所求得的策略的得分变化很大(称为方差大)。增加尝试次数 n_episodes,会在一定程度上改善该问题。多次运行的得分均值大约为 0.65。

图 8-9 所示的蒙特卡罗法中,除了第一次采样用的是随机初始化的策略,随后的采样用的也是 ε-贪心策略。像这样采样策略和改进策略相同的算法称为同策略(On Policy)的。

如果采用不同的采样策略和改进策略,则称为异策略(Off Policy)的,比如,采样策略采用 ε-贪心策略而改进策略采用贪心策略。在异策略中,采样策略和改进策略也称为行动策略和目标策略。

用于异策略的改进策略和采样策略必须满足覆盖性条件,即采样策略产生的样本要

覆盖改进策略产生的样本。记采样策略为 μ，改进策略为 π，覆盖性条件可形式化表述为：满足 $\pi(a|s)>0$ 的任何 (s,a) 均满足 $\mu(a|s)>0$。

视频讲解

8.2.3 时序差分法

在迭代计算值函数时，动态规划法只根据下一步的值函数来反向递推计算(式(8-29))，而蒙特卡罗法则要在一次完整的尝试(图8-9的步骤①)之后，才能计算值函数的近似值。

结合二者的特点，发展出了一种新的无模型的强化学习算法：时序差分(Temporal-Difference，TD)法。

受式(8-14)的启发，时序差分法在一步采样之后就更新动作值函数 $Q(s,a)$，而不是等轨迹的采样全部完成后再更新动作值函数。因此，时序差分法是单步制算法。

在时序差分法中，对轨迹中的当前步的 (s,a) 的累积折扣回报 G，用立即回报和下一步的 (s',a') 的折扣动作值函数之和 $r+\gamma Q(s',a')$ 来计算，即：

$$G = r + \gamma Q(s',a') \tag{8-38}$$

在时序差分法中递增更新动作值函数 $Q(s,a)$ 时，用一个 $[0,1]$ 之间的步长 α 来代替 $\dfrac{1}{N(s,a)}$。动作值函数 $Q(s,a)$ 的递增计算式为：

$$\begin{aligned}
Q(s,a) &\leftarrow Q(s,a) + \alpha(G - Q(s,a)) \\
&= Q(s,a) + \alpha(r + \gamma Q(s',a') - Q(s,a))
\end{aligned} \tag{8-39}$$

在蒙特卡罗法中，当前状态 s 下，对动作的采样是完全依据 $Q(s,a)$ 来进行的(见代码8-4的第30行的 episode_random 函数)，选中 a 的概率与对应的 $Q(s,a)$ 的大小成正比。在时序差分法中，对动作的采样采用 ε-贪心策略(见式(8-21))，$Q(s,a)$ 最大的动作被选择的概率为 $\dfrac{\varepsilon}{|A|}+1-\varepsilon$，其他动作被选择的概率为 $\dfrac{\varepsilon}{|A|}$，$|A|$ 是动作空间的大小。

采用式(8-39)来更新动作值函数 $Q(s,a)$ 的时序差分法称为 Sarsa 算法，它的采样和改进都采用了 ε-贪心策略，是同策略的算法。

采用贪心策略来更新动作值函数 $Q(s,a)$ 的时序差分法称为 Qlearning 算法。Qlearning 算法中，动作值函数 $Q(s,a)$ 的递增计算式为：

$$Q(s,a) \leftarrow Q(s,a) + \alpha(r + \gamma \max Q(s',) - Q(s,a)) \tag{8-40}$$

Qlearning 算法中，对动作的采样采用的是 ε-贪心策略，而对动作值函数 $Q(s,a)$ 的更新采用的是贪心策略，因此，它是异策略的算法。

时序差分法的基本流程如图8-10所示。

时序差分法不需要等到全部采样结束才更新值函数，因此，它的学习速度相对快一些。

利用时序差分法来求解冰湖问题的代码见代码8-6。

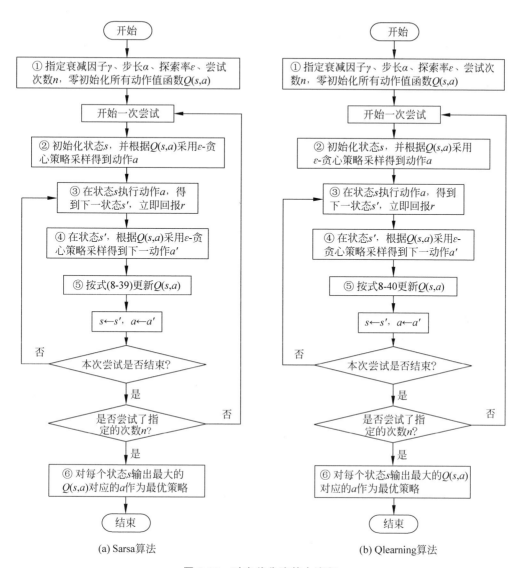

(a) Sarsa算法 (b) Qlearning算法

图 8-10 时序差分法基本流程

代码 8-6 时序差分法求解冰湖问题（FrozenLake-v0 实验. ipynb）

```
1.  # 基于贪心策略,根据当前状态 s 的所有动作值函数,采样输出动作值
2.  def greedy_sample(Q_s):
3.      # Q_s:状态 s 的所有动作值函数,一维数组
4.
5.      max_Q = np.max( Q_s )
6.      action_list = np.where( max_Q == Q_s )[0] # 最大动作值函数可能有多个 action 对应
7.      a = np.random.choice( action_list )
8.      return a
9.
10. # 基于 e－gredy 贪心策略,根据当前状态 s 的所有动作值函数,采样输出动作值
11. def epsilon_greedy_sample(Q_s, n_actions, epsilon):
```

```
12.        # Q_s:状态 s 的所有动作值函数,一维数组
13.
14.        # <= 时表示利用,否则为探索
15.        if np.random.uniform(0,1) <= 1-epsilon:
16.            a = greedy_sample(Q_s)
17.        else:
18.            a = np.random.choice(n_actions)
19.        return a
20.
21. # 时序差分算法
22. def TD(env, gamma = 1.0, alpha = 0.01, epsilon = 0.1, n_episodes = 10000, algorithm =
    "Qlearning"):
23.
24.    Q = np.zeros([env.observation_space.n, env.action_space.n])   # 用数组来存储动
    # 作值函数
25.    n_actions = env.action_space.n
26.
27.    for i in range(n_episodes):
28.
29.        # 开始一次尝试
30.
31.        sum_rewards = 0
32.        steps = 0
33.        # 图 8-10 中的②
34.        s = env.reset()                          # 获取初始 s
35.        a = epsilon_greedy_sample(Q[s], n_actions, epsilon)
36.
37.        # 逐步推进
38.        while(True):
39.            next_s, r, done, _ = env.step(a) # 图 8-10 中的③,执行动作 a
40.            # e-gredy 贪心策略得到下一动作 a'
41.            next_a = epsilon_greedy_sample( Q[next_s], n_actions, epsilon )
                                            # 图 8-10 中的④
42.            # 更新动作值函数
43.            if(done):
44.                Q[s, a] = Q[s, a] + alpha * ( r - Q[s, a] )
45.            else:
46.                if algorithm == "Qlearning":# 图 8-10 中的⑤-2
47.                    Q[s, a] = Q[s, a] + alpha * ( r + gamma * np.max(Q[next_s]) -
    Q[s, a] )
48.                else:                        # 图 8-10 中的⑤-1
49.                    Q[s, a] = Q[s, a] + alpha * ( r + gamma * Q[next_s, next_a] -
    Q[s, a] )
50.            # 更新当前 s,a
51.            s = next_s
52.            a = next_a
```

```
53.
54.                sum_rewards += r * gamma ** steps
55.                steps += 1
56.
57.            if(done):
58.                break
59.        #print('尝试次：%s：共运行步数：%s，本次累积折扣回报：%.1f' % (i + 1,
steps, sum_rewards))
60.    # 图 8-10 中的⑥
61.    pi = []
62.    for s in range(env.observation_space.n):
63.        a = greedy_sample( Q[s] )
64.        pi.append(a)
65.
66.    return pi
67.
68. gamma = 1.0                         # 折扣系数
69. n_episodes = 30000                  # 训练次数
70. n_test_episodes = 10000             # 测试次数
71. print("训练次数：", n_episodes)
72.
73. algorithm = "sarsa"
74. sarsa_pi = TD(env, gamma = 1.0, alpha = 0.01, epsilon = 0.1, n_episodes = n_episodes,
    algorithm = algorithm)
75. print(algorithm, "算法计算最优策略:", sarsa_pi)
76. print(n_test_episodes, "次尝试的平均得分：", test_policy(env, sarsa_pi, gamma, n_test_
    episodes))
77. >>> sarsa 算法计算最优策略：[0, 3, 0, 1, 0, 1, 2, 2, 3, 1, 0, 2, 1, 2, 2, 3]
78. 10000 次尝试的平均得分：0.6372
79.
80. algorithm = "Qlearning"
81. Qlearning_pi = TD(env, gamma = 1.0, alpha = 0.01, epsilon = 0.1, n_episodes = n_
    episodes, algorithm = algorithm)
82. print(algorithm, "算法计算最优策略:", Qlearning_pi)
83. print(n_test_episodes, "次尝试的平均得分：", test_policy(env, Qlearning_pi, gamma, n_
    test_episodes))
84. >>> Qlearning 算法计算最优策略：[0, 3, 0, 1, 0, 2, 0, 0, 3, 1, 0, 1, 0, 2, 1, 0]
85. 10000 次尝试的平均得分：0.7291
```

第 2 行的 greedy_sample 函数和第 11 行的 epsilon_greedy_sample 函数分别根据动作值函数，并基于贪心策略或 ε-贪心策略，采样输出当前状态下的动作。

第 22 行的 TD 函数实现了时序差分算法，主要代码与前述算法类似，不再赘述。

分别对 Sarsa 算法和 Qlearning 算法进行 30000 次尝试的训练，并用 10000 次尝试来测试，得到他们的得分分别为 0.6372 和 0.7291。

要注意的是，时序差分法也存在方差大、不稳定的问题，每次实验的得分可能会相差较大。

8.3 深度强化学习

  2013年,结合了神经网络的深度强化学习的出现,使得强化学习取得了大步的进展。在深度强化学习中,拥有强大拟合能力的神经网络主要应用于逼近值函数和逼近策略,本节主要讨论值函数逼近优化和策略逼近优化的思想及其典型的深度强化学习算法。

8.3.1 值函数逼近

  如前所述,动态规划法、蒙特卡罗法和时序差分法是表格型强化学习算法,只适用于小型离散空间中的问题。

  如果状态空间或动作空间不是离散的,那么无法用表格来表示值函数,就不可能将所有值函数的取值都计算出来。实际上,即使是离散的状态空间和动作空间,当它们的取值范围特别大时,对所有值函数进行直接计算也是在实际中不可行的。此时,要采用逼近的方法来得到近似值函数。

  以动作值函数 $Q(s,a)$ 的逼近为例。实际上,对于取实数值 R 的动作值函数 $Q(s,a)$ 来说,它是状态空间 S 和动作空间 A 的笛卡儿积到实数集的映射:

$$S \times A \to R \tag{8-41}$$

  该映射问题可以看作是机器学习中的回归问题,因此,前文所述的求解回归问题的模型都可以用来求得该映射。其基本方法一般是先确定逼近的结构,然后通过样本集来迭代优化结构的参数。这种事先确定结构,再优化参数的逼近方法,称为参数化逼近(参考3.4节论述的参数学习模型)。参数化逼近又分为线性逼近和非线性逼近,它们分别采用线性和非线性的结构,前者如线性回归模型,后者如神经网络模型等。

  如前文所述,求解回归问题的关键问题包括模型、样本、损失函数和优化等方面。下面分别从这几个问题讨论对状态值函数 $V(s)$ 和动作值函数 $Q(s,a)$ 的逼近。

1. 模型

  如前所述,可用于求解回归问题的模型都可以用来进行值函数逼近,当然不同模型的拟合能力不一样,一般要通过大量实践来选择合适的模型。

  将逼近动作值函数 $Q(s,a)$ 的模型结构记为 $\hat{Q}(\boldsymbol{x}(s,a),\boldsymbol{\theta})$,其中 $\boldsymbol{\theta}$ 是待优化的参数向量,$\boldsymbol{x}(s,a)$ 是由 s 和 a 按全排列组成的向量,共有 $|S| \times |A|$ 个可能取值。$\boldsymbol{x}(s,a)$ 也可以看作是通过特征工程从状态和动作中提取的特征组成的向量。

  当采用线性逼近时,动作值函数的逼近可表示为:

$$\hat{Q}(\boldsymbol{x}(s,a),\boldsymbol{\theta}) = \boldsymbol{x}(s,a)\,\boldsymbol{\theta}^{\mathrm{T}} = \sum_{i=0}^{n \times m} x^{(i)}(s,a)\,\theta^{(i)} \tag{8-42}$$

其中,指定 $x^{(0)}=1$,指定 $\theta^{(0)}=b$ 是线性模型的偏置。

2. 样本

  样本来自对环境的采样,分为蒙特卡罗法和时序差分法两种。

蒙特卡罗法中,先对环境进行一次完整的尝试,得到一条完整的轨迹,然后分解该轨迹得到多个样本。时序差分法中,一次尝试的每一步都可以生成一个样本。这些方法在前文已经讨论,不再赘述,只给出结论。

记长度为 T 的轨迹 $\tau = (s_0, a_0, s_1, a_1, \cdots s_{T-1}, a_{T-1})$,立即回报序列为:$R = (r_1, r_2, \cdots, r_T)$,累积折扣回报序列为:$G = (G_0, G_1, \cdots, G_{T-1})$,其中 $G_t = r_{t+1} + \gamma r_{t+2} + \gamma^2 r_{t+3} + \cdots + \gamma^{T-1-t} r_T = \sum_{k=0}^{T-1-t} \gamma^k r_{t+1+k}$。

基于蒙特卡罗法生成的训练样本为:

$$s_t = (\boldsymbol{x}(s_t, a_t), G_t) \tag{8-43}$$

其中,$\boldsymbol{x}(s_t, a_t)$ 是实例,G_t 是对应的标签。

基于时序差分法生成的训练样本为:

$$s_t = (\boldsymbol{x}(s_t, a_t), r_{t+1} + \gamma \hat{Q}(\boldsymbol{x}(s_{t+1}, a_{t+1}), \boldsymbol{\theta})) \tag{8-44}$$

其中,$\boldsymbol{x}(s_t, a_t)$ 是实例,$r_{t+1} + \gamma \hat{Q}(\boldsymbol{x}(s_{t+1}, a_{t+1}), \boldsymbol{\theta})$ 是对应的标签。

3. 损失函数

对基于蒙特卡罗法生成的训练样本来说,单个样本 $s_t = (\boldsymbol{x}(s_t, a_t), G_t)$ 产生的平方误差损失函数为:

$$L(\boldsymbol{\theta}) = \frac{1}{2}(\hat{Q}(\boldsymbol{x}(s_t, a_t), \boldsymbol{\theta}) - G_t)^2 \tag{8-45}$$

其中,$\frac{1}{2}$ 是用来去掉求导后的常数系数,不影响优化参数。

对基于时序差分法生成的训练样本来说,单个样本 $s_t = (\boldsymbol{x}(s_t, a_t), r_{t+1} + \gamma \hat{Q}(\boldsymbol{x}(s_{t+1}, a_{t+1}), \boldsymbol{\theta}))$ 产生的平方误差损失函数为:

$$L(\boldsymbol{\theta}) = \frac{1}{2}(\hat{Q}(\boldsymbol{x}(s_t, a_t), \boldsymbol{\theta}) - (r_{t+1} + \gamma \hat{Q}(\boldsymbol{x}(s_{t+1}, a_{t+1}), \boldsymbol{\theta})))^2 \tag{8-46}$$

4. 优化

参数 $\boldsymbol{\theta}$ 的优化可采用多种方法,常用梯度下降法,其迭代关系式为:

$$\boldsymbol{\theta}_{i+1} = \boldsymbol{\theta}_i - \alpha \cdot \frac{dL(\boldsymbol{\theta})}{d\boldsymbol{\theta}}\bigg|_{\boldsymbol{\theta}=\boldsymbol{\theta}_i} \tag{8-47}$$

如果采用线性逼近(式(8-42)),对式(8-45)所示的损失函数,式(8-47)中的梯度为:

$$\begin{aligned}
\frac{dL(\boldsymbol{\theta})}{d\boldsymbol{\theta}}\bigg|_{\boldsymbol{\theta}=\boldsymbol{\theta}_i} &= \frac{d}{d\boldsymbol{\theta}}\left[\frac{1}{2}(\hat{Q}(\boldsymbol{x}(s_t, a_t), \boldsymbol{\theta}) - G_t)^2\right]\bigg|_{\boldsymbol{\theta}=\boldsymbol{\theta}_i} \\
&= \frac{d}{d\boldsymbol{\theta}}\left[\frac{1}{2}(\boldsymbol{x}(s_t, a_t)\boldsymbol{\theta}^T - G_t)^2\right]\bigg|_{\boldsymbol{\theta}=\boldsymbol{\theta}_i} \\
&= (\boldsymbol{x}(s_t, a_t)\boldsymbol{\theta}_i^T - G_t)\boldsymbol{x}(s_t, a_t)
\end{aligned} \tag{8-48}$$

如果采用线性逼近(式(8-39)),对式(8-43)所示的损失函数,式(8-44)中的梯度为:

$$\frac{\mathrm{d}L(\boldsymbol{\theta})}{\mathrm{d}\boldsymbol{\theta}}\Big|_{\boldsymbol{\theta}=\boldsymbol{\theta}_i} = \frac{\mathrm{d}}{\mathrm{d}\boldsymbol{\theta}}\left[\frac{1}{2}(\boldsymbol{x}(s_t,a_t)\boldsymbol{\theta}^\mathrm{T} - (r_{t+1} + \gamma\boldsymbol{x}(s_{t+1},a_{t+1})\boldsymbol{\theta}^\mathrm{T}))^2\right]\Big|_{\boldsymbol{\theta}=\boldsymbol{\theta}_i}$$

$$\approx (\boldsymbol{x}(s_t,a_t)\boldsymbol{\theta}_i^\mathrm{T} - (r_{i+1} + \gamma\boldsymbol{x}(s_{t+1},a_{t+1})\boldsymbol{\theta}_i^\mathrm{T}))\boldsymbol{x}(s_t,a_t) \qquad (8\text{-}49)$$

式(8-49)最后一步的求导中,只对预测值 $\boldsymbol{x}(s_t,a_t)\boldsymbol{\theta}_i^\mathrm{T}$ 进行了求导,忽略了对样本标签 $(r_{i+1}+\gamma\boldsymbol{x}(s_{t+1},a_{t+1})\boldsymbol{\theta}_i^\mathrm{T})$ 的求导,可见此时并非完全的梯度法,此方法称为半梯度法。

可将值函数逼近应用于前述强化学习算法中,来看基于值函数逼近的时序差分法。

基于值函数逼近的时序差分法基本流程与图 8-10 所示基本相同。在标记为②和④步操作中的 $Q(s,a)$ 用逼近函数 $\hat{Q}(\boldsymbol{x}(s,a),\boldsymbol{\theta})$ 来计算。

当采用同策略的 Sarsa 法时,⑤-1 步操作中的值函数的更新在参数化逼近中表现为参数 $\boldsymbol{\theta}$ 的更新:

$$\boldsymbol{\theta}_{i+1} \leftarrow \boldsymbol{\theta}_i - \alpha(\hat{Q}(\boldsymbol{x}(s_i,a_i),\boldsymbol{\theta}_i) - (r_{i+1} + \gamma\hat{Q}(\boldsymbol{x}(s_{i+1},a_{i+1}),\boldsymbol{\theta}_i))) \cdot$$
$$\frac{\mathrm{d}}{\mathrm{d}\boldsymbol{\theta}}\hat{Q}(\boldsymbol{x}(s_i,a_i),\boldsymbol{\theta})\Big|_{\boldsymbol{\theta}=\boldsymbol{\theta}_i} \qquad (8\text{-}50)$$

如果采用线性逼近,则为:

$$\boldsymbol{\theta}_{i+1} \leftarrow \boldsymbol{\theta}_i - \alpha(\boldsymbol{x}(s_i,a_i)\boldsymbol{\theta}_i^\mathrm{T} - (r_{i+1} + \gamma\boldsymbol{x}(s_{t+1},a_{t+1})\boldsymbol{\theta}_i^\mathrm{T}))\boldsymbol{x}(s_t,a_t) \qquad (8\text{-}51)$$

当采用异策略的 Qlearning 法时,⑤-2 步中参数 $\boldsymbol{\theta}$ 的更新采用贪心策略:

$$\boldsymbol{\theta}_{i+1} \leftarrow \boldsymbol{\theta}_i - \alpha(\hat{Q}(\boldsymbol{x}(s_i,a_i),\boldsymbol{\theta}_i) - (r_{i+1} + \gamma\max_a\hat{Q}(\boldsymbol{x}(s_{i+1},a),\boldsymbol{\theta}_i))) \cdot$$
$$\frac{\mathrm{d}}{\mathrm{d}\boldsymbol{\theta}}\hat{Q}(\boldsymbol{x}(s_i,a_i),\boldsymbol{\theta})\Big|_{\boldsymbol{\theta}=\boldsymbol{\theta}_i} \qquad (8\text{-}52)$$

如果采用线性逼近,则为:

$$\boldsymbol{\theta}_{i+1} \leftarrow \boldsymbol{\theta}_i - \alpha(\boldsymbol{x}(s_i,a_i)\boldsymbol{\theta}_i^\mathrm{T} - (r_{i+1} + \gamma\max_a\boldsymbol{x}(s_{t+1},a)\boldsymbol{\theta}_i^\mathrm{T}))\boldsymbol{x}(s_i,a_i) \qquad (8\text{-}53)$$

在 Qlearning 法中,如果用深度神经网络来逼近值函数,称为 DQN(Deep Q-Network)算法。

视频讲解

8.3.2 DQN 与倒立摆控制问题

拥有强大非线性处理能力的深度神经网络为值函数的逼近提供了有力武器。用神经网络来逼近值函数,有如图 8-11 所示的三种形式。

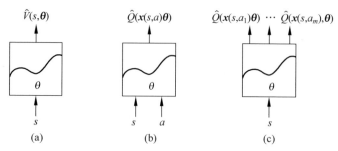

图 8-11 神经网络逼近值函数的三种形式

对于状态值函数,神经网络的输入是状态 s,神经网络的唯一输出是逼近值 $\hat{V}(s,\theta)$,如图 8-11(a)所示。

对于动作值函数,有两种逼近形式。一种是将状态 s 和动作 a 都作为神经网络的输入,而神经网络的唯一输出是逼近值 $\hat{Q}(s,a,\theta)$,如图 8-11(b)所示。另一种是只将状态 s 作为输入,而神经网络的输出分为 m 支,每支对应一个动作 a 的逼近值 $\hat{Q}(s,a,\theta)$,如图 8-11(c)所示,该方式要求动作空间 A 是离散的,m 是动作空间 A 的大小。

2013 年,DeepMind 发表论文,将神经网络引入 QLearning 算法,并初步解决了训练不稳定的问题。DQN 算法用图 8-11 所示的第三种形式的神经网络来逼近动作值函数 $Q(s,a)$,称为 Q 网络。

在 2013 年的论文中,除了用深度神经网络来逼近值函数外,还使用了经验回放(Experience Replay)技术。经验回放是将每步采样都保存起来,用来成批训练 Q 网络,而不是像 Qlearning 算法里那样直接用来更新 Q 函数。这样可以打破样本之间的关联性,使得神经网络收敛且稳定一些。

2015 年,DeepMind 对 DQN 进行了改进。在当年发表的论文中,增加了目标网络(Target Network),其目的是进一步降低样本之间的关联性。

本节结合强化学习中的经典的倒立摆问题来讨论 DQN 算法,重点是其中的 Q 网络、经验回放和目标网络。

DQN 算法的基本流程如图 8-12 所示。算法设置了两个相同结构的神经网络,分别是 Q 网络和对应的目标网络 $Q\_$。Q 网络用来拟合 Q 值,它的训练在图中标记为⑤⑥处完成。

训练 Q 网络的样本来自经验回放池 D。每次尝试的每一步都会产生一个样本,存入经验回放池 D。

在没有采用目标网络 $Q\_$ 的 2013 年版本中,样本的标签值计算中的 $\hat{Q}(x(s_{t+1},a_{t+1}),\theta)$ 也是由 Q 网络来计算(式 8-44)。改进后的 DQN 算法采用单独的 $Q\_$ 网络来计算 $\hat{Q}(x(s_{t+1},a_{t+1}),\theta)$,该网络的系数不实时更新,在经过指定次数的迭代之后,再将它的系数更新为与 Q 网络相同的系数。

可见,DQN 算法是单步更新算法。

下面简要介绍倒立摆问题,以及 DQN 算法求解该问题的实现。

倒立摆控制是控制系统理论教学中的典型物理模型,它也是学习强化学习的一个经典的基础实验。一级倒立摆示意如图 8-13 所示。

图 8-13 中方块示意的是一个小车,它可以在水平方向上左右无摩擦地移动。小车顶部通过铰链连接了一根杆,它处于不稳定状态,可能向左或向右倒下。该实验的目标是通过控制小车的左右移动来尽量使杆立着,不要倒下。

在控制系统理论中,需要建立精确的动力学模型来求解该问题。而在强化学习中,则通过尝试来发现系统状态与移动动作之间的关系,从而使问题得到解决。

在该实验中,主体只能对小车施加向左或向右的大小为 10N 的力 F,因此,小车的动作空间是大小为 2 的离散空间。

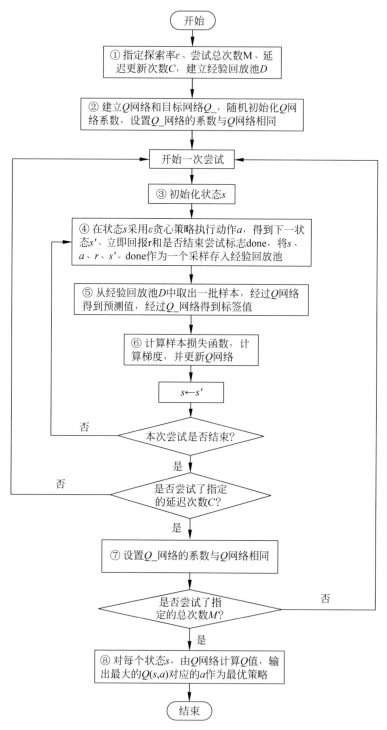

图 8-12　DQN 算法的基本流程

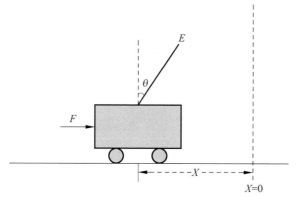

图 8-13 一级倒立摆示意图

主体能够观察到 4 项环境状态,分别是小车的位置、小车速度、标偏离垂直线的角度、杆顶的速度。该 4 项状态由 4 个连续取值的数来表示。因此,状态空间为维度为 4 的连续空间。

在某一步动作之后,如果杆还没倒下,主体就能得到一个值为 1 的回报,否则就会得到一个值为 0 的回报。

先看一个不对小车进行有意控制的实验,见代码 8-7。

代码 8-7 CartPloe 实验的随机动作(CartPloe-v0 实验. ipynb)

```
1. import time
2. import numpy as np
3. import gym
4. env = gym.make('CartPole - v0')
5. # 看一下动作空间
6. print(env.action_space)
7. >>> Discrete(2)
8. # 看一下观察空间,以及它的取值大小
9. print(env.observation_space)
10. print(env.observation_space.high)
11. print(env.observation_space.low)
12. >>> Box( - 3.4028234663852886e + 38, 3.4028234663852886e + 38, (4,), float32)
13.    [4.8000002e + 00 3.4028235e + 38 4.1887903e - 01 3.4028235e + 38]
14.    [ - 4.8000002e + 00 - 3.4028235e + 38 - 4.1887903e - 01 - 3.4028235e + 38]
15. env.reset()
16. >>> array([ - 0.01701118, - 0.03423045, - 0.00648833, 0.0147932 ])
17. for _ in range(200):
18.     env.render()
19.     s, r, done, info = env.step( env.action_space.sample() )
20.     print(s, r )
21.     if done:
22.         break
23.     time.sleep( 0.1 )
24. env.close()
```

```
25.>>> 0.02632548   0.21783216 − 0.01743833 − 0.29673755] 1.0
26.[ 0.03068212   0.02296309 − 0.02337308 − 0.009605  ] 1.0
27.[ 0.03114138   0.21841231 − 0.02356518 − 0.30956981] 1.0
28.[ 0.03550963   0.41386195 − 0.02975658 − 0.6095904 ] 1.0
29.[ 0.04378687   0.21916833 − 0.04194838 − 0.32642638] 1.0
30.[ 0.04817024   0.41486163 − 0.04847691 − 0.63203732] 1.0
31.[ 0.05646747   0.22044834 − 0.06111766 − 0.3550066 ] 1.0
32.[ 0.06087644   0.41638363 − 0.06821779 − 0.6663182 ] 1.0
33.[ 0.06920411   0.22227346 − 0.08154415 − 0.39587065] 1.0
34.[ 0.07364958   0.418452   − 0.08946157 − 0.71310807] 1.0
35.[ 0.08201862   0.22467508 − 0.10372373 − 0.44987169] 1.0
36.[ 0.08651212   0.42109941 − 0.11272116 − 0.7733648 ] 1.0
37.[ 0.09493411   0.61757676 − 0.12818846 − 1.09928035] 1.0
38.[ 0.10728564   0.42435349 − 0.15017407 − 0.84940779] 1.0
39.[ 0.11577271   0.62116927 − 0.16716222 − 1.18529414] 1.0
40.[ 0.1281961    0.81801736 − 0.1908681  − 1.52536757] 1.0
41.[ 0.14455644   0.6256427  − 0.22137546 − 1.29782102] 1.0
42.
```

第 4 行创建实验环境,CartPole-v0 表示是内部集成的倒立摆实验。

第 6 行输出该实验的动作空间,可见它是离散的,只取两个值的空间。

第 9 行到第 11 行输出该实验的观察空间,可见它是由 4 个数组成的数组来表示。它们能取的最大值和最小值分别如第 13 行和第 14 行所示。

第 15 行对实验环境初始化,它的输出为第 16 行所示的数组,代表对初始化环境的状态。

第 17 的 for 循环表示控制小车走 200 步。

第 18 行创建实验的图像显示。通过图像可以直观地显示出实验的进展。实际上,画出实时变化图像并不是该实验必须的。该行代码执行后,会出现一个如图 8-14 所示的图像,它直观地显示了初始环境。

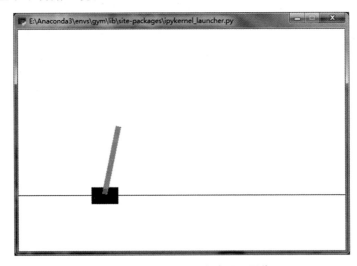

图 8-14 CartPole-v0 实验显示图像

第 19 行的 step 函数仿真对小车进行的动作控制,返回环境的新状态和回报等信息。该函数的输入参数 action 是对小车施加动作的力度的方向,0 表示向左,1 表示向右,每次力的大小相同。在此次实验中,该函数输入的参数值为 env. action_space. sample 函数的返回值,它随机产生 0 或 1,因此,此次实验是对小车进行随机控制,也就是说,采用完全随机的策略。

step 函数在后台通过动力学模型来仿真小车和杆在受到力后的新状态。它的返回值包括观察到的状态(如第 16 行所示)、回报、是否终止和调试信息。

只要实验没有终止,每一步都回报数值 1,否则回报数值 0。实验的目标是使累计的回报数值尽量大。

实验终止的条件是当杆与竖直方向角度超过 12 度,或者小车位置距离中心超过 2.4,或者持续控制超过 200 次,或者连续 100 次尝试的平均奖励大于或等于 195。

第 20 行输出每一次对小车施加动作之后的观察值和回报值。

第 21 行和第 22 行根据实验终止指示退出 for 循环。

第 24 行是实验结束,关闭实验环境。

第 25 行往后是每步输出的观察和回报值,可见在此次随机实验中,累计回报值为 17,也就是说小车坚持了 17 步没有倒下。

在实验的过程中,通过图像可以实时看到小车及杆的受控运动情况。显然,采用完全随机的策略并没有实际意义。

DQN 算法实现对倒立摆进行控制的代码见代码 8-8,其中神经网络部分采用 TensorFlow 2 来实现。

下面的示例采用 DQN 算法来优化对小车进行控制的策略,从而实现较大累计回报,也就是使小车坚持较多的步数不倒下。

代码 8-8　CartPloe 实验的 DQN 控制(CartPloe-v0 实验. ipynb)

```
1. import collections
2. import random
3. import tensorflow as tf
4. from tensorflow import keras
5. from tensorflow.keras import layers, optimizers, losses
6.
7. N_of_D = 2000                  # 经验回放池 D 的大小
8. size_batch = 32                # 每批训练的样本数
9. n_actions = 2                  # 动作空间的大小
10. Q_net_structure = [128, 128, n_actions] # Q 网络的结构,列表中分别为各隐层的节点
    # 个数
11. epsilon_decay = 0.995         # ε 贪心策略中 ε 的衰减率
12. epsilon_min = 0.01            # ε 贪心策略中 ε 的最小值
13.
14. episode_score_list = []       # 用来记录每次尝试的得分
15.
16. # 经验回放池 D
17. class ReplayMemory():
```

```
18.
19.    def __init__(self, N = 2000, size_batch = 32):
20.        # 双向队列
21.        self.N = N
22.        self.size_batch = size_batch
23.        self.memory = collections.deque(maxlen = self.N)    # 采用双向队列作为存储结构
24.
25.    def size(self):
26.        return len(self.memory)
27.
28.    def push(self, transition):
29.        self.memory.append(transition)
30.
31.    def sample(self):                        # 从 D 中采样 size_batch 大小的样本集
32.        transitions = random.sample(self.memory, self.size_batch)
33.        s_list, a_list, r_list, next_s_list, done_list = [], [], [], [], []
34.        # 按类别进行整理
35.        for transition in transitions:
36.            s, a, r, next_s, done = transition
37.            s_list.append(s)
38.            a_list.append([a])
39.            r_list.append([r])
40.            next_s_list.append(next_s)
41.            done_list.append([done])
42.        return s_list, a_list, r_list, next_s_list, done_list
43.
44. # 采用图 8-11(3)所示结构的神经网络,由全连接层组成,网络结构为(4,128,128,2)
45. class Q_net(keras.Model):
46.    def __init__(self, Q_net_structure = [128, 128, 2]):
47.        # 创建 Q 网络
48.        super(Q_net, self).__init__()
49.        self.Q_net_structure = Q_net_structure
50.        self.fc = []
51.        self.n_actions = Q_net_structure[ -1]
52.        for i in range(len(self.Q_net_structure)):
53.            self.fc.append( layers.Dense(self.Q_net_structure[i]) )
54.
55.    # 重写父类函数,实现前向输出
56.    def call(self, x, training = None):
57.        for i in range(len(self.Q_net_structure) - 1):
58.            x = tf.nn.relu(self.fc[i](x))
59.        x = self.fc[ len(self.Q_net_structure) - 1 ](x)
60.        return x
61.
62.    # 基于 ε - gredy 贪心策略,根据当前状态 s 的所有动作值函数,采样输出动作值
63.    def epsilon_greedy_sample(self, s, epsilon):
64.        rand = random.random()
65.        if rand < epsilon:                    # 探索
```

```
66.              return random.randint(0, self.n_actions - 1)
67.          else:                                    # 利用,将 s 经过网络前向预测,得到输出
68.              s = tf.constant(s, dtype = tf.float32)      # 转换成 Tensor
69.              s = tf.expand_dims(s, axis = 0)
70.              out = self(s)[0]                      # 前向预测
71.              # print("s:", s)
72.              # print("out:", out)
73.              # print("tf.argmax(out):", tf.argmax(out))
74.              return int(tf.argmax(out))
75.
76.  # 更新 ε 贪心策略中的 ε
77.  def update_epsilon( epsilon, epsilon_decay = 0.995, epsilon_min = 0.01 ):
78.      if epsilon >= epsilon_min:
79.          epsilon *= epsilon_decay
80.      return epsilon
81.
82.  def DQN(env, M = 2000, learning_rate = 0.0002, epsilon = 1.0, gamma = 0.99):
83.      # M = 2000                                   # 尝试次数
84.      # learning_rate = 0.0002                     # 优化器步长
85.      # epsilon = 1.0                              # ε 贪心策略中的 ε
86.      # gamma = 0.99                               # 折扣系数
87.
88.      D = ReplayMemory( N = N_of_D, size_batch = size_batch )     # 经验回放池
89.
90.      q = Q_net()                                  # 预测网络,Q 网络
91.      q.build( input_shape = (2, 4))
92.      q_ = Q_net()                                 # 目标网络
93.      q_.build( input_shape = (2, 4))
94.
95.      for sv, dv in zip(q.variables, q_.variables):
96.          dv.assign(sv)                            # 将目标网络系数设置为预测网络系数
97.
98.      C = 10                                       # C 次采样后,更新目标网络为预测网络
99.      score = 0.0
100.     optimizer = optimizers.Adam(lr = learning_rate)
101.
102.     for i in range(M):                           # 训练次数
103.         # 逐步减小 ε
104.         epsilon = update_epsilon( epsilon, epsilon_decay, epsilon_min )
105.
106.         s = env.reset()
107.         episode_score = 0.0
108.         for t in range(600):                     # 开始尝试,每次尝试最多走 600 步
109.             # 图 8-12 中的④
110.             a = q.epsilon_greedy_sample(s, epsilon)
111.             next_s, r, done, _ = env.step(a)
112.             D.push((s, a, r, next_s, done))       # 样本存入经验回放池
113.             s = next_s                            # 更新状态
```

```
114.              episode_score += r
115.              if done:                                # 尝试结束
116.                  score += episode_score              # 记录最近 C 次的总回报
117.                  episode_score_list.append(episode_score)
118.                  episode_score = 0.0
119.                  Break
120.
121.          # 图 8-12 中的⑤
122.          if D.size() > 500:                          # 开始更新 Q 网络
123.
124.              huber = losses.Huber()
125.
126.              # 从经验回放池中随机提取一批训练样本,并转换成 Tensor
127.              s_list, a_list, r_list, next_s_list, done_list = D.sample()
128.              s_ = tf.constant(s_list, dtype = tf.float32)
129.              a_ = tf.constant(a_list, dtype = tf.int32)
130.              r_ = tf.constant(r_list, dtype = tf.float32)
131.              next_s_ = tf.constant(next_s_list, dtype = tf.float32)
132.              done_ = tf.constant(done_list, dtype = tf.float32)
133.
134.              with tf.GradientTape() as tape:
135.
136.                  q_predict = q(s_)                    # 得到预测值 Q(s_, *)
137.
138.                  # 因为是第三种形式的网络,所以要从 Q(s_, *)取对应动作的输出 Q 值
139.                  indices = tf.expand_dims(tf.range(a_.shape[0]), axis = 1)
                                                          # reshape
140.                  indices = tf.concat([indices, a_], axis = 1) # 对应的动作
141.                  q_a = tf.gather_nd(q_predict, indices)   # 对应动作的 Q 预测值
142.                  q_a = tf.expand_dims(q_a, axis = 1)       # reshape
143.
144.                  # 从目标网络求下一状态 s'的最大 Q 值,并计算样本的标签值
145.                  max_next_q = tf.reduce_max(q_(next_s_), axis = 1, keepdims = True)
146.                  labels = r_ + gamma * max_next_q * (1 - done_)      # 式(8-44),
    # done_等 1,说明是最终状态
147.
148.                  # 计算预测值与标签值的误差
149.                  loss = huber(q_a, labels)
150.
151.              # 计算梯度,并优化网络
152.              grads = tape.gradient(loss, q.trainable_variables)
153.              optimizer.apply_gradients(zip(grads, q.trainable_variables))
154.
155.          # 图 8-12 中的⑦,C 次采样后,更新目标网络为预测网络,并输出中间信息
156.          if (i + 1) % C == 0:
157.              for sv, dv in zip(q.variables, q_.variables):
158.                  dv.assign(sv)                        # 将目标网络系数设置为预测网络系数
159.              print("尝试次数:{}, 最近{}次平均得分:{:.1f}, 经验回放池大小:{}, ε:{:.3f}" \
```

```
160.                      .format(i + 1, C, score / C, D.size(), epsilon ))
161.              score = 0.0
162.
163. DQN(env, M = 2000, learning_rate = 0.0002, epsilon = 1.0, gamma = 0.99)
164. >>>
```

165. 尝试次数:10, 最近 10 次平均得分:37.1, 经验回放池大小:371, ε:0.946
166. 尝试次数:20, 最近 10 次平均得分:20.1, 经验回放池大小:572, ε:0.900
167. 尝试次数:30, 最近 10 次平均得分:17.6, 经验回放池大小:748, ε:0.856
168. …
169. 尝试次数:1890, 最近 10 次平均得分:162.4, 经验回放池大小:2000, ε:0.010
170. 尝试次数:1900, 最近 10 次平均得分:162.7, 经验回放池大小:2000, ε:0.010
171. 尝试次数:1910, 最近 10 次平均得分:200.0, 经验回放池大小:2000, ε:0.010
172. 尝试次数:1920, 最近 10 次平均得分:200.0, 经验回放池大小:2000, ε:0.010
173. 尝试次数:1930, 最近 10 次平均得分:200.0, 经验回放池大小:2000, ε:0.010
174. 尝试次数:1940, 最近 10 次平均得分:200.0, 经验回放池大小:2000, ε:0.010
175. 尝试次数:1950, 最近 10 次平均得分:200.0, 经验回放池大小:2000, ε:0.010
176. 尝试次数:1960, 最近 10 次平均得分:182.9, 经验回放池大小:2000, ε:0.010
177. 尝试次数:1970, 最近 10 次平均得分:186.4, 经验回放池大小:2000, ε:0.010
178. 尝试次数:1980, 最近 10 次平均得分:124.0, 经验回放池大小:2000, ε:0.010
179. 尝试次数:1990, 最近 10 次平均得分:47.0, 经验回放池大小:2000, ε:0.010

```
180.
181. # 把每次尝试的得分都画出来
182. import matplotlib.pyplot as plt
183. def plot_score(episode_score_list):
184.     plt.plot(episode_score_list)
185.     x = np.array(range(len(episode_score_list)))
186.     smooth_func = np.poly1d(np.polyfit(x, episode_score_list, 3))
187.     plt.plot(x, smooth_func(x), label = 'Mean', linestyle = '--')
188.     plt.show()
189. plot_score(episode_score_list)
```

```
190. >>>
```

采用类来实现经验回放池和神经网络。

经验回放池类的定义见第 16 行,它的方法有入池的 push、查看池中存放样本数量的 size 和从池中随机取出一批样本的 sample。

神经网络类的定义见第 45 行,除了重写父类方法 call 来实现前向计算外,还实现了一个基于 ε 贪心策略来采样动作的方法 epsilon_greedy_sample。

代码中有关通过计算梯度实现优化的方法,可参阅 4.2.1 节。

图 8-12 中的关键操作,都在实现代码中进行了标注,故不再对代码进行细述。需要说明的是,ε-贪心策略的 ε 是从 1 开始逐渐衰减的(第 104 行),也就是说对动作的采样是从全面采样逐步转向重点采样。

从代码运行的输出可以看到,在足够多次尝试的学习之后,最近 10 次尝试的平均得分已经有明显提高。

第 182 行定义的 plot_score 函数是将每次的得分都画出来,从第 190 行输出的图来看,其平均得分随着训练次数的增加也在逐步提高。

视频讲解

8.3.3 参数化策略并直接优化示例

如前文所述,在求解式(8-10)时,可以想办法从所有候选策略中直接寻找最优策略,采用这种思路的方法称为直接优化策略的方法。

直接优化策略强化学习算法中,根据采用的是确定性策略还是随机性策略,又分为确定性策略搜索和随机性策略搜索两类。随机性策略搜索算法有策略梯度法和 TRPO 等,确定性策略搜索算法有 DDPG 等。

下面,先来看一个用启发式算法直接优化策略来控制倒立摆的示例。

策略可以看作是从状态空间 S 到动作空间 A 的映射:

$$S \rightarrow A \tag{8-54}$$

因此,直接优化策略的方法可采用与值函数逼近相似的思路,即先确定逼近策略的结构,再优化结构的参数。

本节的示例分别用神经元和神经网络作为逼近策略的结构,来控制倒立摆实验中小车的运动。分别通过爬山法和梯度下降法来优化他们的系数。

神经元是神经网络的基本组成单元,其结构图如图 2-6 所示,形式化定义见式(2-2)和式(2-3)。神经元的系数采用启发式算法中最为容易理解的爬山法(见 1.4 节)来优化。

用神经元来控制小车的代码见代码 8-9。该代码中的神经元的连接系数和阈值系数未经优化,因此小车的运动一般坚持不了多长时间。

代码 8-9 CartPloe 实验的神经元随机控制(CartPloe-v0 实验.ipynb)

```
1. # 神经元模型
2. def neuron(s, paras):
3.     value = np.dot( paras[:4], s ) + paras[4]
4.     if value >= 0:
5.         return 1
6.     else:
7.         return 0
8.
9. score = 0
10. paras = np.random.rand(5)        # 随机产生神经元的连接系数和阈值
```

```
11.
12. s = env.reset()
13. print(s)
14. for t in range(200):
15.     env.render()
16.     a = neuron(s, paras)
17.     s, r, done, info = env.step(a)
18.     if done:
19.         break
20.     print(s, r)
21.     score += r
22.     time.sleep(0.1)
23. print('Paras: ', paras)
24. print('Scores: ', score)
25. >>>
26. [−0.04440852 0.02904206 −0.02711235 0.02524289]
27. [−0.04382768 0.22454212 −0.02660749 −0.27586948] 1.0
28. [−0.03933684 0.42003339 −0.03212488 −0.57682426] 1.0
29. [−0.03093617 0.61559055 −0.04366137 −0.87945175] 1.0
30. [−0.01862436 0.81127766 −0.0612504 −1.18553504] 1.0
31. [−0.00239881 0.61700126 −0.0849611 −0.91266327] 1.0
32. [0.00994122 0.42312512 −0.10321437 −0.64784655] 1.0
33. [0.01840372 0.61952209 −0.1161713 −0.97116538] 1.0
34. [0.03079416 0.42613471 −0.13559461 −0.71711714] 1.0
35. [0.03931686 0.62284669 −0.14993695 −1.04921949] 1.0
36. [0.05177379 0.4299974 −0.17092134 −0.80710755] 1.0
37. [0.06037374 0.23757848 −0.18706349 −0.57269148] 1.0
38. [0.06512531 0.43476252 −0.19851732 −0.91798409] 1.0
39. Paras: [0.16768547 0.53991099 0.40452359 0.84223135 0.44027076]
40. Scores: 12.0
```

第 2 行的 neuron 函数实现了一个如式 (2-2) 和式 (2-3) 定义的神经元,它将观察状态 s 中的小车位置、小车速度、杆偏离垂直线角度和杆顶端速度四项值进行加权求和,并加上一个阈值,然后经过一个单位阶跃函数作为输出值。

第 10 行随机产生神经元的连接系数和阈值。

第 16 行用神经元作为策略控制产生小车的动作指示。

第 17 行仿真在新的动作下环境的变化,并输出观察、回报、是否结束和调试信息。

用爬山法来优化神经元连接系数和阈值的代码见代码 8-10。

爬山法的思路是在当前位置试探周边,并一直向最好的方向前进。第 28 行到 76 行代码实现对周边位置进行试探,试探的步长由第 15 行的 delta 确定。每次试探是由第 2 行定义的 rewards_by_paras 函数完成,该函数实际上是完成一次倒立摆的尝试,返回倒立摆持续的时长。

因为爬山法容易陷入局部最优点,因此重复 100 次,取最好的结果,如第 18 行代码所示。

代码 8-10　神经元参数化策略实现倒立摆控制(CartPloe-v0 实验. ipynb)

```
1.  # 测试不同连接系数和阈值的神经元的持续时间
2.  def rewards_by_paras(env, paras):
3.      s = env.reset()
4.      r = 0
5.      rewards = 0
6.      for t in range(1000):
7.          a = neuron(s, paras)
8.          s, r, done, info = env.step(a)
9.          rewards += r
10.         # print(sum_reward, action, observation, reward, done, info)
11.         if done:                    # 本次仿真结束
12.             break
13.     return rewards
14.
15. delta = 0.01                        # 爬山法中试探的步长
16. top_rewards = 0
17. top_paras = None
18. for _ in range(100):                # 多次爬山,选取最好的结果
19.     score = 0
20.     paras = np.random.rand(5)       # 随机产生神经元的连接系数和阈值
21.     most_rewards = rewards_by_paras(env, paras)
22.
23.     for i in range(1000):
24.
25.         best_paras = paras
26.         cur_rewards = most_rewards
27.
28.         rewards = rewards_by_paras(env, paras + [ delta, 0, 0, 0, 0 ])
29.         if rewards > most_rewards:
30.             most_rewards = rewards
31.             best_paras = paras + [ delta, 0, 0, 0, 0 ]
32.
33.         rewards = rewards_by_paras(env, paras + [ - delta, 0, 0, 0, 0 ])
34.         if rewards > most_rewards:
35.             most_rewards = rewards
36.             best_paras = paras + [ - delta, 0, 0, 0, 0 ]
37.
38.         rewards = rewards_by_paras(env, paras + [ 0, delta, 0, 0, 0 ])
39.         if rewards > most_rewards:
40.             most_rewards = rewards
41.             best_paras = paras + [ 0, delta, 0, 0, 0 ]
42.
43.         rewards = rewards_by_paras(env, paras + [ 0, - delta, 0, 0, 0 ])
44.         if rewards > most_rewards:
45.             most_rewards = rewards
46.             best_paras = paras + [ 0, - delta, 0, 0, 0 ]
47.
```

```
48.         rewards = rewards_by_paras(env, paras + [ 0, 0, delta, 0, 0 ])
49.         if rewards > most_rewards:
50.             most_rewards = rewards
51.             best_paras = paras + [ 0, 0, delta, 0, 0 ]
52.
53.         rewards = rewards_by_paras(env, paras + [ 0, 0, -delta, 0, 0 ])
54.         if rewards > most_rewards:
55.             most_rewards = rewards
56.             best_paras = paras + [ 0, 0, -delta, 0, 0 ]
57.
58.         rewards = rewards_by_paras(env, paras + [ 0, 0, 0, delta, 0 ])
59.         if rewards > most_rewards:
60.             most_rewards = rewards
61.             best_paras = paras + [ 0, 0, 0, delta, 0 ]
62.
63.         rewards = rewards_by_paras(env, paras + [ 0, 0, 0, -delta, 0 ])
64.         if rewards > most_rewards:
65.             most_rewards = rewards
66.             best_paras = paras + [ 0, 0, 0, -delta, 0 ]
67.
68.         rewards = rewards_by_paras(env, paras + [ 0, 0, 0, 0, delta ])
69.         if rewards > most_rewards:
70.             most_rewards = rewards
71.             best_paras = paras + [ 0, 0, 0, 0, delta ]
72.
73.         rewards = rewards_by_paras(env, paras + [ 0, 0, 0, 0, -delta ])
74.         if rewards > most_rewards:
75.             most_rewards = rewards
76.             best_paras = paras + [ 0, 0, 0, 0, -delta ]
77.
78.         if (cur_rewards == most_rewards) or (most_rewards >= 200):
     # 到了山顶,或者已经达到要求
79.             break
80.         else:
81.             paras = best_paras              # 贪心策略取得好的试探
82.
83.     # print(most_rewards, paras)
84.     if most_rewards > top_rewards:
85.         top_rewards = most_rewards
86.         top_paras = paras
87.
88. print(top_rewards, top_paras)
89. >>> 200.0 [0.27046176 0.56578497 0.85592791 0.63244904 0.29078443]
90.
91. # 用优化后的神经元作为策略进行 10 次测试
92. paras = top_paras                          # 用爬山法得到的连接系数和阈值
93. ave_score = []
94. for _ in range(10):
```

```
95.    score = 0.0
96.    s = env.reset()
97.    for t in range(200):
98.        #env.render()
99.        a = neuron(s, paras)          # 用优化后的神经元来给出下一步动作
100.        s, r, done, info = env.step(a)
101.        score += r
102.        if done:
103.            break
104.    print('Score: ', score)
105.    ave_score.append(score)
106.    print('平均 score: ', np.mean(ave_score))
107. >>>
108. Score: 200.0
109. Score: 200.0
110. Score: 20.0
111. Score: 200.0
112. Score: 18.0
113. Score: 200.0
114. Score: 200.0
115. Score: 200.0
116. Score: 200.0
117. Score: 200.0
118. 平均 score: 163.8
```

用优化后的神经元作为策略来进行实验,一般能取得较多的累积回报(因环境每次都随机初始化,所以得分一般并不相同),见第 91 行到第 118 行。

下面分别用 MindSpore 和 TensorFlow 2 构建一个神经网络来作为逼近策略的结构,用梯度下降法来优化网络系数,MindSpore 框架下实现的代码见代码 8-11。

该神经网络的输入是状态 s,输出是动作 a。它只有一个隐层,该隐层的神经元个数为 10,采用 ReLU 激活函数。输出层采用 Sigmoid 激活函数。

训练样本从随机尝试中表现比较好的轨迹中产生。也就是说,采用持续时间长的尝试的每步数据作为样本。每步数据中的状态 s 是样本的实例,动作 a 是样本的标签。见代码中第 31 行到第 52 行。该次实验中,从 10000 次尝试中共采用了其中 22 条轨迹来产生样本,他们都是得分超过 80 的尝试的轨迹。

训练后的模型取得了不错的得分,模型训练和测试及输出见代码的第 76 行到第 109 行。

代码 8-11　神经网络参数化策略实现倒立摆控制(CartPloe-v0 实验.ipynb)

```
1. # 神经网络模型
2. import mindspore.dataset as ds
3. import numpy as np
4. from mindspore.common.initializer import Normal
5. from mindspore import nn, Parameter
6. from mindspore import Model
```

```
7.  from mindspore.nn import MSE
8.
9.  batch_size = 5                              # 每批训练样本数(批梯度下降法)
10. repeat_size = 1                             # 样本重复次数
11.
12. class NonLinearNet(nn.Cell):
13.     def __init__(self):
14.         super(NonLinearNet, self).__init__()
15.         self.fc1 = nn.Dense(4, 10, Normal(0.02), Normal(0.02), True)
16.         self.fc2 = nn.Dense(10, 1, Normal(0.02), Normal(0.02), True)
17.         self.relu = nn.ReLU()
18.         self.sigmoid = nn.Sigmoid()
19.
20.     def construct(self, x):
21.         x = self.relu(self.fc1(x))
22.         x = self.sigmoid(self.fc2(x))
23.         return x
24.
25. net = NonLinearNet()                        # 实例化
26.
27. net_loss = nn.loss.MSELoss()                # 定义损失函数
28. opt = nn.Adam(params = net.trainable_params())  # 定义优化方法
29. ms_model = Model(net, net_loss, opt)        # 将网络结构、损失函数和优化方法进行关联
30.
31. # 从随机产生的轨迹中选取较好的作为神经网络的训练样本
32. X, y = [], []
33. sum_episodes = 0
34. for _ in range(10000):
35.     s = env.reset()
36.     score = 0.0
37.     xx, yy = [], []
38.     for t in range(300):
39.         a = env.action_space.sample()       # 随机产生一个动作
40.         s = s.astype(np.float32)
41.         xx.append(s)
42.         yy.append(a)
43.         s, r, done, _ = env.step(a)
44.         score += r
45.         if done:
46.             break
47.     if score > 80:                          # 得分大于80的轨迹才能采用
48.         X += xx
49.         y += yy
50.         sum_episodes += 1
51.
52. print("共采用", sum_episodes, "条轨迹作为训练样本")
53. >>> 共采用 22 条轨迹作为训练样本
54.
```

```
55.  np.random.seed(1026)
56.
57.  class DatasetGenerator:
58.      def __init__(self, X, y):
59.          self.data = X
60.          self.label = y
61.
62.      def __getitem__(self, index):
63.          return self.data[index], self.label[index]
64.
65.      def __len__(self):
66.          return len(self.data)
67.
68.  dataset_generator = DatasetGenerator(X, np.array(y).reshape(-1,1))
69.  ds_train = ds.GeneratorDataset(dataset_generator, ["data", "label"], shuffle=False)
70.  ds_train = ds_train.batch(batch_size)
71.  ds_train = ds_train.repeat(repeat_size)
72.
73.  ms_epoch = 10
74.  ms_model.train(ms_epoch, ds_train, dataset_sink_mode=False)
75.
76.  # 测试10次
77.  import mindspore
78.  from mindspore import Tensor
79.
80.  ave_score = []
81.  for i in range(10):
82.      s = env.reset()
83.      score = 0
84.      while True:
85.          # env.render()
86.          s_T = Tensor([s], mindspore.float32)
87.          if ms_model.predict(s_T).asnumpy() > 0.5:    # 用优化后的神经网络来给出下一步动作
88.              a = 1
89.          else:
90.              a = 0
91.          s, r, done, _ = env.step(a)
92.          score += r
93.          if done:
94.              print('Score: ', score)
95.              break
96.      ave_score.append(score)
97.  print('平均 score: ', np.mean(ave_score))
98.  >>>
99.  Score: 200.0
100. Score: 200.0
101. Score: 200.0
102. Score: 200.0
```

```
103. Score: 200.0
104. Score: 200.0
105. Score: 200.0
106. Score: 200.0
107. Score: 200.0
108. Score: 200.0
109. 平均 score: 200.0
```

TensorFlow 2 框架下实现的代码也不难理解,可参考随书资源中的 CartPloe-v0 实验. ipynb 文件。

虽然效果较好,实际上这种从大量尝试得到的轨迹中筛选出少量优质样本的做法,在现实应用中并不容易实现。

8.3.4 策略梯度法

视频讲解

8.3.3 节的示例,用神经元和神经网络来参数化策略,并将它们的系数作为参数,分别用爬山法和梯度下降法来优化。

策略梯度法也是直接优化策略的方法,它先参数化策略,并把累积回报作为目标函数,然后用梯度上升法(与梯度下降法的优化方向相反)去优化参数使目标函数取得最大值(与梯度下降法的优化目标相反),从而得到最优策略。

下面从参数化策略、目标函数和优化方法三个方面来进一步讨论策略梯度法。

1. 参数化策略

用参数化逼近的思想去直接优化策略,可先将式(8-4)所示的策略确定为一个包含待定参数向量 $\boldsymbol{\theta}$ 的函数 $\pi_{\boldsymbol{\theta}}$:

$$\pi_{\boldsymbol{\theta}}(a \mid s) = P(A_t = a \mid S_t = s, \boldsymbol{\theta}) \tag{8-55}$$

常用的策略参数化方法有 Softmax 策略和高斯策略,前者用于动作空间较小的离散型强化学习中,后者可应用于连续型强化学习中。

Softmax 策略先定义一个偏好函数 $h(s, a, \boldsymbol{\theta})$,该函数可看作用一组参数 $\boldsymbol{\theta}$ 去拟合在状态 s 执行动作 a 的概率。为了符合概率取值的要求,用式(5-40)所示的 Softmax 函数来归一化每一 (s, a) 对的偏好值,得到拟合的策略 $\pi_{\boldsymbol{\theta}}(a|s)$:

$$\pi_{\boldsymbol{\theta}}(a \mid s) = \frac{e^{h(s, a, \theta)}}{\sum_{\hat{a} \in A} e^{h(s, \hat{a}, \boldsymbol{\theta})}} \tag{8-56}$$

偏好函数 $h(s, a, \boldsymbol{\theta})$ 可采用线性函数:

$$h(s, a, \boldsymbol{\theta}) = \boldsymbol{x}(s, a)^{\mathrm{T}} \boldsymbol{\theta} \tag{8-57}$$

其中,$\boldsymbol{x}(s, a)$ 是由 s 和 a 按全排列组成的向量。$\boldsymbol{x}(s, a)$ 也可以是通过特征工程从状态 s 和动作 a 中提取的特征组成的向量。

高斯策略认为在状态 s 执行动作 a 的概率服从高斯分布。该高斯分布的均值由 $\boldsymbol{\theta}$ 根据状态 s 来拟合,记为偏好函数 $u(s, \boldsymbol{\theta})$。它的方差 σ^2 也可根据状态 s 来拟合,也可以设为固定值。

在状态 s 执行动作 a 的概率服从该高斯分布：

$$a \sim N(u(s,\boldsymbol{\theta}),\sigma^2) \tag{8-58}$$

此时，策略函数 $\pi_{\boldsymbol{\theta}}(a|s)$ 可表示为：

$$\pi_{\boldsymbol{\theta}}(a \mid s) = \frac{1}{\sqrt{2\pi}\sigma}e^{-\frac{(a-u(s,\boldsymbol{\theta}))^2}{2\sigma^2}} \tag{8-59}$$

偏好函数 $u(s,\boldsymbol{\theta})$ 可采用线性函数：

$$u(s,\boldsymbol{\theta}) = \boldsymbol{x}(s)^{\mathrm{T}}\boldsymbol{\theta} \tag{8-60}$$

其中，$\boldsymbol{x}(s)$ 是 s 生成的特征向量。

2. 目标函数

策略的参数 $\boldsymbol{\theta}$ 的优化要根据一定的目标进行。可以从三个角度来定义关于策略 $\pi_{\boldsymbol{\theta}}$ 的目标函数：

（1）将目标函数看作是指定初始状态 s_0（如冰湖问题）在策略 $\pi_{\boldsymbol{\theta}}$ 下累计回报的期望，即 s_0 的状态值函数：

$$J(\boldsymbol{\theta}) = E_{\pi_{\boldsymbol{\theta}}}[G \mid s_0] = V_{\pi_{\boldsymbol{\theta}}}(s_0) \tag{8-61}$$

（2）在没有明确初始状态时（如倒立摆控制问题），将目标函数看作是每个状态的累积回报的期望：

$$J(\boldsymbol{\theta}) = \sum_s d_{\pi_{\boldsymbol{\theta}}}(s)G_s \tag{8-62}$$

其中，$d_{\pi_{\boldsymbol{\theta}}}(s)$ 是基于策略 $\pi_{\boldsymbol{\theta}}$ 生成的轨迹中状态 s 出现的概率。

（3）在没有终止状态的问题中，将目标函数看作是任一时间步的平均立即回报：

$$J(\boldsymbol{\theta}) = \sum_s d_{\pi_{\boldsymbol{\theta}}}(s)\sum_a \pi_{\boldsymbol{\theta}}(a \mid s)r \tag{8-63}$$

其中，r 表示在状态 s 执行动作 a 得到的立即回报。

3. 梯度

策略梯度法，实际上就是用梯度上升法去求得使目标函数最大时的策略参数 $\boldsymbol{\theta}$。梯度上升法的迭代关系式（读者可对比式(4-11)）为：

$$\boldsymbol{\theta}_{t+1} = \boldsymbol{\theta}_t + \alpha\frac{\mathrm{d}J(\boldsymbol{\theta})}{\mathrm{d}\boldsymbol{\theta}} = \boldsymbol{\theta}_t + \alpha\nabla_{\boldsymbol{\theta}}J(\boldsymbol{\theta}) \tag{8-64}$$

其中，$\nabla_{\boldsymbol{\theta}}J(\boldsymbol{\theta})$ 是目标函数关于系数 $\boldsymbol{\theta}$ 的梯度：

$$\nabla_{\boldsymbol{\theta}}J(\boldsymbol{\theta}) = \frac{\mathrm{d}J(\boldsymbol{\theta})}{\mathrm{d}\boldsymbol{\theta}} = \begin{pmatrix} \frac{\partial J(\boldsymbol{\theta})}{\partial \theta^{(1)}} \\ \vdots \\ \frac{\partial J(\boldsymbol{\theta})}{\partial \theta^{(n)}} \end{pmatrix} \tag{8-65}$$

无论是式(8-61)、式(8-62)，还是式(8-63)所示目标函数，其对 $\boldsymbol{\theta}$ 的梯度 $\nabla_{\boldsymbol{\theta}}J(\boldsymbol{\theta})$ 都可表示为[16]：

$$\nabla_{\theta} J(\theta) = E_{\pi_{\theta}}[\nabla_{\theta} \ln \pi_{\theta}(a \mid s) Q_{\pi_{\theta}}(s,a)] \tag{8-66}$$

其中，$\nabla_{\theta} \ln \pi_{\theta}(a \mid s)$ 称为分值函数（Score Function）。

当采用 Softmax 策略、偏好函数 $h(s,a,\theta)$ 采用线性函数时，可以证明分值函数为：

$$\nabla_{\theta} \ln \pi_{\theta}(a \mid s) = x(s,a) - \sum_{\acute{a}} \pi_{\theta}(\acute{a} \mid s) x(s,\acute{a}) = x(s,a) - E_{\pi_{\theta}} x(s, \bullet) \tag{8-67}$$

当采用高斯策略、偏好函数 $h(s,a,\theta)$ 采用线性函数时，可以证明分值函数为：

$$\nabla_{\theta} \ln \pi_{\theta}(a \mid s) = \frac{(a - x(s)^T \theta) x(s)}{\sigma^2} \tag{8-68}$$

式(8-66)中的动作值函数 $Q_{\pi_{\theta}}(s,a)$ 可采用蒙特卡罗法或时序差分法来求得（见 8.2.2 节和 8.2.3 节）。

当采用蒙特卡罗法时，通过尝试得到的轨迹 τ，从轨迹 τ 中得到一系列采样。用单个采样 (s_t, a_t, G_t) 来近似计算式(8-66)所示的策略梯度均值：

$$\nabla_{\theta} J(\theta) = \nabla_{\theta} \ln \pi_{\theta}(a_t \mid s_t) Q_{\pi_{\theta}}(s_t, a_t) = \nabla_{\theta} \ln \pi_{\theta}(a_t \mid s_t) G_t \tag{8-69}$$

在单个采样 (s_t, a_t, G_t) 中，式(8-69)中的 $Q_{\pi_{\theta}}(s_t, a_t)$ 即为 G_t。

用单个采样来更新参数，方差一般会比较大，可以将多个采样组成一批，求出策略梯度的近似均值，再用于更新参数。

蒙特卡罗策略梯度法的迭代过程中，数据的变化情况如图 8-15 所示。

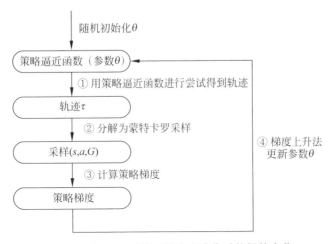

图 8-15　蒙特卡罗策略梯度法迭代时数据的变化

可见蒙特卡罗策略梯度法是回合更新算法。

在参数 θ 的控制下，策略逼近函数控制主体与环境持续交互，得到一条轨迹 τ。从 τ 中分解出一系列采样 (s_t, a_t, G_t)，根据采样计算出策略梯度 $\nabla_{\theta} J(\theta)$，再用梯度上升法来更新参数 θ。

读者可以将图 8-15 与图 8-9 对比。

采用 Softmax 策略时，蒙特卡罗策略梯度算法的基本流程如图 8-16 所示。

标记为⑥的操作中，要计算的累积折扣回报 G_t（式(8-69)）可由轨迹的立即回报反向

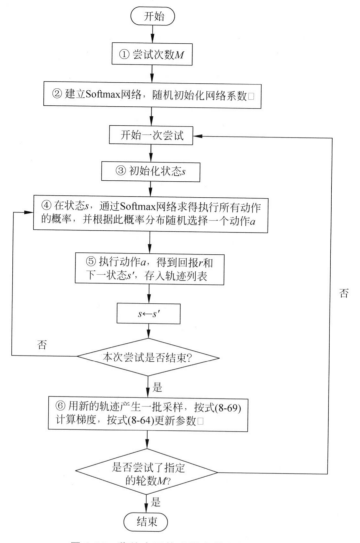

图 8-16　蒙特卡罗策略梯度算法基本流程

递推求得。

下面给出用蒙特卡罗策略梯度法来求解倒立摆控制问题的示例。

该示例不采用图 8-16 所示的由算法自己更新参数的做法,而是构造式(8-62)所示目标函数的蒙特卡罗样本,直接利用 TensorFlow 2 深度学习框架来自动更新参数。

1. 构建 Softmax 网络以参数化策略

因为倒立摆控制问题中的动作空间很小,因此采用 Softmax 策略。构建一个形如图 8-11(c)所示的结构为(4,10,2)的全连接层神经网络,输出层的激活函数为 Softmax。

2. 生成训练样本并训练网络

通过尝试得到的轨迹 τ,从轨迹 τ 中得到一系列采样(s_t, a_t, G_t)。倒立摆控制问题没有指定的初始状态,因此,采用式(8-62)所示的目标函数。

根据式(8-19),在求 $d_{\pi_\theta}(s)$ 分布下的 G_s 的期望时,可用按 $d_{\pi_\theta}(s)$ 分布进行采样得到的 G_s 的样本的均值来近似。

因为采用图 8-11(3)所示的网络结构,每个实例 s_t 的输出为独热编码,因此,根据 a_t 的取值是 1 或 0,网络的训练样本的标签设为 $[G_t, 0]$ 或 $[0, G_t]$,记为 y_t。相应地,网络的训练样本可记为 (s_t, y_t)。

用蒙特卡罗策略梯度法求解倒立摆控制问题的基本流程如图 8-17 所示。

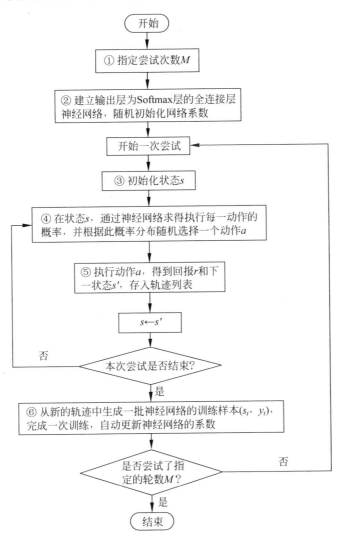

图 8-17 蒙特卡罗策略梯度法求解倒立摆控制问题基本流程

在标记为④⑤的操作中,通过神经网络来求得执行动作的概率,按概率选择的动作再作用于环境得到新的状态,可以看作是按 $d_{\pi_\theta}(s)$ 分布对状态 s 进行采样。

具体实现代码见代码 8-12。在计算神经网络的目标函数时,输入 fit 函数的标签值是独热编码[1,0]或[0,1],并将 G_t 赋予了 fit 函数的 sample_weight 参数,可看作输入的标签值是$[G_t,0]$或$[0,G_t]$,见第 39 行。fit 函数的 sample_weight 参数用来区分不同样本在训练中的权重。

读者应该对其实现代码已经比较熟悉,不再详细解读。

蒙特卡罗策略梯度法实际上是不断调整网络的参数,使得表现好的状态和动作值对出现的概率高。相对代码 8-11 的示例,它可以通过较少次数的尝试来实现优化参数的目的。

代码 8-12 蒙特卡罗策略梯度法求解倒立摆控制问题(CartPloe-v0 实验.ipynb)

```
1.  # 计算一条轨迹的累积折扣回报序列
2.  def G_seq( r_seq, gamma = 0.95):
3.      next_G = 0
4.      Gs = []
5.      for i in reversed(range(len(r_seq))):
6.          G = r_seq[i] + gamma * next_G
7.          Gs.append( G )
8.          next_G = G
9.      Gs.reverse()
10.     return Gs
11.
12. # Softmax 网络
13. model_softmax = keras.models.Sequential([
14.     layers.Dense(10, input_dim = env.observation_space.shape[0], activation = 'relu'),
15.     layers.Dense(env.action_space.n, activation = "softmax")
16. ])
17. model_softmax.compile(loss = 'mean_squared_error', optimizer = optimizers.Adam(0.001))
18.
19. n_episodes = 1000
20. episode_score_list = []
21. for i in range(n_episodes):
22.     s = env.reset()
23.     score = 0                                    # 记每次得分
24.     tau = []
25.     while True:
26.         pi_s = model_softmax.predict( np.array([s]) )[0]   # 状态 s 的策略
27.         a = np.random.choice( len(pi_s), p = pi_s )   # 按概率大小随机确定要执行的动作
28.         next_s, r, done, _ = env.step( a )
29.         tau.append( [s, a, r] )
30.
31.         score += r
32.         s = next_s
33.         if done:
34.             break
35.
36.     X = [ step[0] for step in tau ]
37.     y = [ [1 if step[1] == i else 0 for i in range(env.action_space.n)] for step in tau ]
```

```
38.        G = G_seq( [step[2] for step in tau] )
39.        model_softmax.fit(np.array(X), np.array(y), sample_weight = np.array(G), epochs =
       10, verbose = 0)
40.
41.        episode_score_list.append(score)
42.        print('尝试次数:', i + 1, ',得分:', score)
43.
44.        # 10 次尝试后,输出中间信息
45.        if (i + 1) % 10 == 0:
46.            print("\n-- 最近{}次平均得分:{:.1f}\n".format(10, np.mean(episode_score_
       list[ - 10:] ) ) )
47.
48.        # 最近 10 次的平均分大于 180 时,不再训练
49.        if np.mean(episode_score_list[ - 10:]) > 180:
50.            print("\n\n*** 最近 10 次的平均分大于 180,完成!!! *** ")
51.            Break
52. >>>
53. 尝试次数: 1 ,得分: 30.0
54. 尝试次数: 2 ,得分: 16.0
55. 尝试次数: 3 ,得分: 24.0
56. 尝试次数: 4 ,得分: 19.0
57. 尝试次数: 5 ,得分: 37.0
58. 尝试次数: 6 ,得分: 13.0
59. 尝试次数: 7 ,得分: 23.0
60. 尝试次数: 8 ,得分: 14.0
61. 尝试次数: 9 ,得分: 25.0
62. 尝试次数: 10 ,得分: 20.0
63.
64. -- 最近 10 次平均得分:22.1
65. …
66. 尝试次数: 189 ,得分: 125.0
67. 尝试次数: 190 ,得分: 169.0
68.
69. -- 最近 10 次平均得分:133.1
70.
71. 尝试次数: 191 ,得分: 144.0
72. 尝试次数: 192 ,得分: 194.0
73. 尝试次数: 193 ,得分: 180.0
74. 尝试次数: 194 ,得分: 200.0
75. 尝试次数: 195 ,得分: 200.0
76. 尝试次数: 196 ,得分: 196.0
77. 尝试次数: 197 ,得分: 200.0
78. 尝试次数: 198 ,得分: 200.0
79.
80. *** 最近 10 次的平均分大于 180,完成!!! ***
81.
82. plot_score(episode_score_list)
```

83. >>>

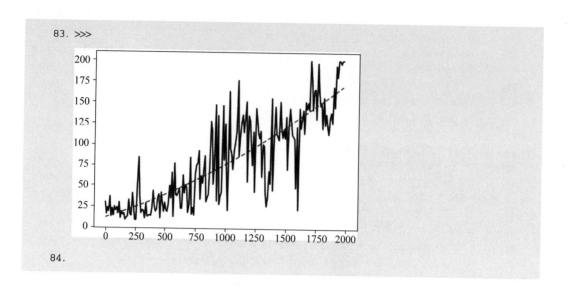

84.

8.4　习题

尝试用 DQN 等算法求解冰湖问题。

第 9 章

对 抗 样 本

神经网络在目标检测、图像识别等领域取得了重大突破,得到广泛应用,在人们的生产生活中发挥了重要作用。随之而来,神经网络模型自身的安全成为了人们关注的焦点。

2013 年,Szegedy 等人通过对图像加入精心制作的肉眼不可见的人为扰动生成对抗样本,使神经网络以高概率输出错误分类。基于对抗样本(Adversarial Example)的针对神经网络模型的对抗攻击开始进入人们的视野。

本章对对抗样本进行初步讨论,介绍对抗攻击和对抗样本的基础知识,对生成对抗样本的一些典型方法进行分析和示例。

本章的内容涉及很多基础知识,如梯度计算、反向传播等,因此,本章既可以看作是对前沿发展的初步探索,也可视为对前面章节知识的巩固和综合应用。

9.1 对抗样本与对抗攻击

在 5.5.1 节讨论卷积神经网络时,给出了一个用卷积神经网络来完成手写体数学识别的示例,其 TensorFlow 2 版本能达到 0.986 的识别率,见代码 5-11。

下面用该卷积神经网络模型来示例对抗样本对神经网络模型的攻击。

取出验证集的第 1 幅图片,如图 9-1(a)所示,可见该图片为数字 7。扰动图片如图 9-1(b)所示,将它乘以一个小的系数(0.08),添加到原图上(两幅图片对应位置的值相加),得到对抗样本图片,如图 9-1(c)所示。

用训练好的卷积神经网络模型对该对抗样本图片进行预测,得到错误结果为 3。

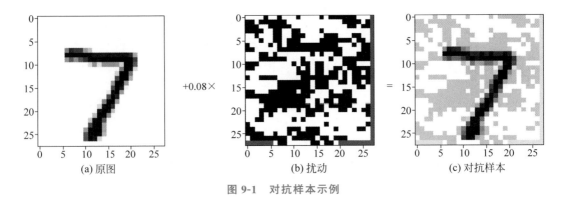

(a) 原图　　　　　　　　　(b) 扰动　　　　　　　　(c) 对抗样本

图 9-1　对抗样本示例

该示例实现的代码见代码 9-1,代码文件位于随书资源包的 ch5 目录下。

代码 9-1　FGSM 非定向攻击示例(MNIST 卷积神经网络示例. ipynb)

```
1. ♯ 1.查看图片
2. import matplotlib.pyplot as plt
3. import numpy as np
4. img = X_val[0]
5. label = y_val[0]
6. img = img.reshape(1, 28, 28, 1)
7. img_predict = model.predict([img], batch_size = None)
8. img1 = img.reshape(28, 28)
9. plt.imshow(img1, cmap = 'binary')
10. print('标签: ', np.argmax(label), '模型预测: ', np.argmax(img_predict))
11. >>>标签: 7 模型预测: 7
```

12.
13.
```
14. ♯ 2.FGSM 非定向攻击
15. import tensorflow as tf
16. loss_object = tf.keras.losses.CategoricalCrossentropy()
17. ♯ 计算梯度函数
18. def compute_grad(input_image, input_label):
19.     with tf.GradientTape() as g:
20.         g.watch(tensor = input_image)        ♯ 将输入样本作为要计算梯度的变量
21.         prediction = model(input_image)
22.         loss = loss_object(input_label, prediction)
```

```
23.
24.     gradient = g.gradient(loss, input_image)        # 求损失函数的梯度
25.     return gradient
26. gradients = compute_grad(tf.constant(img), label)  # 梯度
27. perturbations = tf.sign(gradients)                 # 梯度的符号
28. plt.imshow(perturbations.numpy().reshape(28, 28), cmap = 'binary')
29.
```

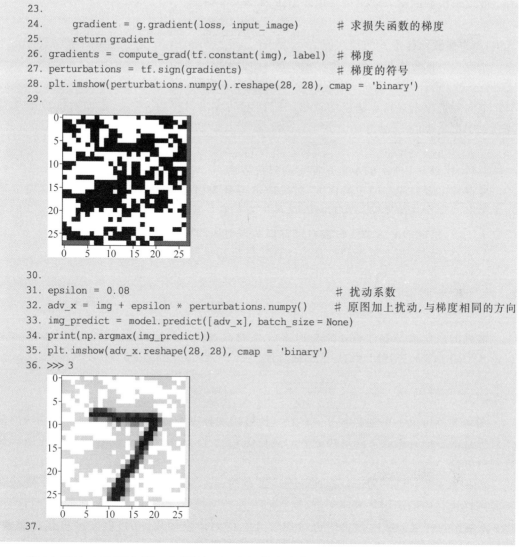

```
30.
31. epsilon = 0.08                                     # 扰动系数
32. adv_x = img + epsilon * perturbations.numpy()      # 原图加上扰动,与梯度相同的方向
33. img_predict = model.predict([adv_x], batch_size = None)
34. print(np.argmax(img_predict))
35. plt.imshow(adv_x.reshape(28, 28), cmap = 'binary')
36. >>> 3
37.
```

第 11 行输出验证集第 1 幅图片,以及它的真实标签 7 和模型对它的预测值 7。

第 14 行到第 27 行用 FGSM 方法来生成扰动,输出如第 29 行所示。FGSM 方法将在后文详细讨论。

第 31 行到第 35 行将扰动添加到原图上,得到对抗样本,然后用模型来预测,得到错误的标签 3。

要注意的是,因为随机初始化等原因,代码运行的结果并不会每次都一样,读者可以多次运行并调整扰动系数,观察结果的变化。

记原始样本为 x,原始样本的对抗样本为 x_{adv},添加的扰动为 r。它们之间的关系为:

$$x_{adv} = x + r \tag{9-1}$$

一般来讲,r 应尽可能小,体现在对图像的攻击上,就是修改后的对抗样本尽量不被人眼察觉。

被攻击模型的输入输出关系用映射 F 来表示:

$$y = F(\boldsymbol{x}) \tag{9-2}$$

其中,y 为模型对样本 $\boldsymbol{x}$ 的预测值。

非定向对抗攻击是找到一个尽量小的 r,使得:

$$F(\boldsymbol{x}_{\text{adv}}) = F(\boldsymbol{x} + \boldsymbol{r}) \neq y \tag{9-3}$$

定向对抗攻击是指定输出的攻击。记指定的攻击目标为 y_{target},定向对抗攻击就是找到一个尽量小的 $\boldsymbol{r}$,使得:

$$F(\boldsymbol{x}_{\text{adv}}) = y_{\text{target}} \neq y \tag{9-4}$$

显然,代码 9-1 所示的示例是非定向对抗攻击。

根据攻击者对模型的了解程度,对抗攻击可分为白盒攻击和黑盒攻击。白盒攻击是指攻击者掌握包括模型结构与系数在内的所有信息。黑盒攻击是指攻击者对模型结构与参数不了解,仅能够对模型进行输入试探以获得对应的输出响应。

下面将分别对两类攻击的某些基础算法进行初步讨论。

视频讲解

9.2 白盒攻击

常见的白盒攻击算法有 FGM/FGSM 系列、DeepFool、JSMA、C&W 等。本节示例讨论其中的 FGM、FGSM 和 DeepFool 算法。

9.2.1 FGM 算法

在 4.2 节讨论了在机器学习中有着广泛应用的梯度下降优化方法。梯度下降法的基本思想是沿着损失函数下降最快的方向进行迭代优化,损失函数下降最快的方向是其梯度的负方向。

在 5.4.1 节讨论了用来调整神经网络系数的误差反向传播算法,它是梯度下降法在神经网络优化中的应用。具体来讲,样本馈入神经网络后,通过前向传播在输出层得到输出;该输出与样本的实际标签值进行比较计算得到损失函数,并将损失函数作为误差;然后将误差反向传播,逐层计算出误差对各连接系数和阈值系数的梯度,并沿梯度相反的方向进行迭代优化。

快速梯度算法(Fast Gradient Method,FGM)在产生对抗样本时,借鉴了上述思路。它将神经网络的系数看作常量,而将样本的每一个特征看作一个变量,样本经过前向传播后,再反向传播计算出误差对样本每一个特征变量的梯度,并根据该梯度来计算扰动 r,对样本进行调整。

基于样本特征变量梯度进行优化的对抗样本生成方法的迭代过程如图 9-2 所示。

在定向攻击时,误差是用前向传播的输出与攻击目标 y_{target} 进行比较计算得到的,因此,扰动的目标是使该误差变小,因此,扰动 r 沿梯度的相反方向计算得到。

在非定向攻击时,误差是用前向传播的输出与实际标签进行比较计算得到的,因此,扰动的目标是使该误差变大,因此,扰动 r 是沿梯度的真实方向计算得到(如代码 9-1 的第 32 行),即按梯度上升法进行优化。

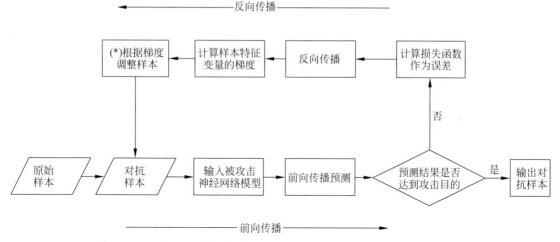

图 9-2　基于梯度进行优化的对抗样本生成方法

记样本为 $\boldsymbol{x} = (x^{(1)}, x^{(2)}, \cdots, x^{(n)})$。

记损失函数对样本特征变量的梯度为：

$$\boldsymbol{g} = (g^{(1)}, g^{(2)}, \cdots, g^{(n)}) \tag{9-5}$$

其中，$g^{(i)}$ 为误差对 $x^{(i)}$ 的梯度。

在图 9-2 中用（＊）标记的操作中，FGM 的原始论文[17]给出的调整样本扰动 $\boldsymbol{r}$ 为：

$$\boldsymbol{r} = \varepsilon \frac{\boldsymbol{g}}{\parallel \boldsymbol{g} \parallel_2} = (\frac{\varepsilon g^{(1)}}{\parallel \boldsymbol{g} \parallel_2}, \frac{\varepsilon g^{(2)}}{\parallel \boldsymbol{g} \parallel_2}, \cdots, \frac{\varepsilon g^{(n)}}{\parallel \boldsymbol{g} \parallel_2}) \tag{9-6}$$

其中，$\parallel \boldsymbol{g} \parallel_2$ 是 $\boldsymbol{g}$ 的 L2 范数（见式(4-17)），即进行了正则化操作。ε 常量是步长。

下面给出一个用 FGM 来生成定向攻击对抗样本的示例，见代码 9-2。

代码 9-2　FGM 定向攻击示例（MNIST 卷积神经网络示例. ipynb）

```
1. # 3.FGM 定向攻击
2. taget_label = np.array([0., 1., 0., 0., 0., 0., 0., 0., 0., 0.])   # 攻击目标
3. e = 0.001
4. adv = img
5. for i in range(1000):
6.     gradients = compute_grad(tf.constant(adv), taget_label)
7.     adv = adv - e * gradients                                      # 与梯度相反的方向
8.     adv_predict = model.predict([adv], batch_size = None)
9.     print(i, ':', np.argmax(adv_predict) , np.max(adv_predict))
10.    if np.argmax(adv_predict) == np.argmax(taget_label):
11.        Break
12. >>> 0 : 7 0.9999182
13. 1 : 7 0.9999151
14. 2 : 7 0.9999119
15. 3 : 7 0.9999087
16. …
17. 196 : 7 0.45821565
```

```
18. 197 ：7 0.45077783
19. 198 ：1 0.45067134
20.
21. plt.imshow(adv.numpy().reshape(28, 28), cmap = 'binary')
```

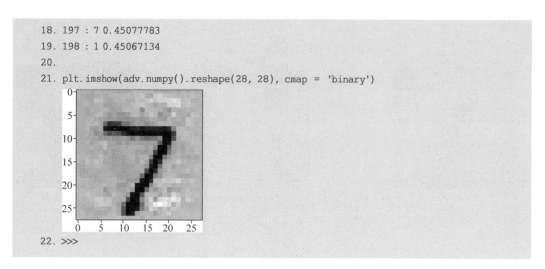

```
22. >>>
```

第2行的 taget_label 是独热编码形式的攻击目标,即要让模型将该图片错误识别为1。

第3行的 e 是步长。

第5行开始进行最多1000次迭代。

第6行是计算误差对样本的梯度,该函数的定义见代码9-1的18行。

第7行是将梯度乘以步长作为扰动,对样本进行调整。调整的方式是用样本减去扰动,也就是说将样本的各特征值沿着梯度下降的方向调整。要注意的是,为了简便起见,示例没有完全按照式(9-6)进行正则化,即没有除以 L2 范数。

第8行到第11行用模型对调整后的样本进行预测,如果达到攻击目标,则退出迭代。

第12行开始的输出显示,在进行到第198轮迭代时,模型将调整后的样本识别为攻击目标1了。

在整个迭代过程中,模型预测原标签的概率是逐步下降的。

第21行画出攻击成功的对抗样本。

9.2.2 FGSM 算法

FGSM 的全称是 Fast Gradient Sign Method,一般译为快速梯度符号法。它是在 FGM 的基础上,将样本特征变量的梯度 g 的符号作为扰动 r:

$$r = \varepsilon \cdot \text{sgn}(g) = (\varepsilon \cdot \text{sgn}(g^{(1)}), \varepsilon \cdot \text{sgn}(g^{(2)}), \cdots, \varepsilon \cdot \text{sgn}(g^{(n)})) \tag{9-7}$$

其中,sgn 是符号函数,其定义见式(4-23),在实际应用中,一般指定 $\text{sgn}(0)=0$ 以解决不可导的问题。

本章给出的第一个示例(代码9-1)就是用 FGSM 算法来产生非定向攻击对抗样本。代码9-1的第15行到第27行的作用是生成扰动(未乘以步长 ε),用到了 TensorFlow 2 框架提供的自动求梯度的功能(详见4.2.1节)来求误差对样本各特征变量的梯度。

下面再给出一个用 FGSM 算法来攻击彩色图片的示例。代码 5-15 示例了用 TensorFlow 2 提供的基于 ILSVRC-2012-CLS 图像分类数据集训练好的 VGG-19 模型来识别玩具贵宾犬图片。现在用该玩具贵宾犬图片作为原图来产生非定向的对抗样本,示例代码与代码 9-1 相似,不再占用篇幅贴出,请读者自行研究。仅给出原图、扰动图和对抗样本图片如图 9-3 所示。对抗样本被模型错误识别为 miniature_poodle。

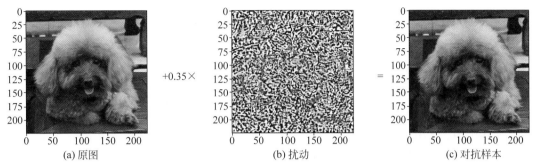

+0.35×　　　　=

(a) 原图　　　　　　　(b) 扰动　　　　　　(c) 对抗样本

图 9-3　FGSM 算法攻击 VGG-19 模型示例

该代码所在的文件名为 vgg19_app. ipynb,位于附属资源的 ch5 目录下。

FGSM 算法比较简单,生成的样本具有迁移性好的特点。人们在 FGSM 算法的基础上,通过引入迭代和动量优化等,发展出了新的对抗样本生成算法,如迭代快速梯度符号算法 I-FGSM 和基于动量的迭代快速梯度算法 MI-FGSM 等。

9.2.3　DeepFool 算法

DeepFool 算法是一种基于梯度的可自动调整步长的对抗样本生成算法。DeepFool 算法原始论文[18]对该算法的讨论是从攻击线性二分类模型推广到攻击一般多分类模型。

在攻击线性二分类模型时,图 9-2 中用(*)标记的操作中调整样本的扰动 r 为:

$$r = -f(\boldsymbol{x}) \frac{\boldsymbol{g}}{\|\boldsymbol{g}\|_2^2} \qquad (9\text{-}8)$$

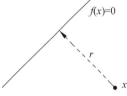

在 $f(\boldsymbol{x})=0$ 时表示分割空间的超平面,超平面的两侧分别表示不同的类别。在二维平面上,它是一条直线,在三维立体空间中,它是一个平面。

图 9-4　攻击二分类模型的最小扰动示意

将式(9-8)写成如下形式:

$$r = \frac{f(\boldsymbol{x})}{\|\boldsymbol{g}\|} \times \left(-\frac{\boldsymbol{g}}{\|\boldsymbol{g}\|}\right) \qquad (9\text{-}9)$$

其中,$\dfrac{f(\boldsymbol{x})}{\|\boldsymbol{g}\|}$ 是空间中点到平面的距离;$\dfrac{\boldsymbol{g}}{\|\boldsymbol{g}\|}$ 是平面的单位法向量。因此,r 可看作是从点 $\boldsymbol{x}$ 到平面的向量,它的方向垂直于平面并指向平面,长度等于它到平面的距离,如图 9-4 所示。也就是说,该扰动可以使点 $\boldsymbol{x}$ 到达分割空间的超平面上,从而改变预测结果,达到攻击的目的。并且,该扰动是达到攻击目的的长度最短的向量。

因此,在攻击线性二分类模型时,只需要一步就可以完成。在攻击一般的非线性二分类模型时,则采用图 9-2 所示方式迭代求解,每次迭代的扰动 r 按式(9-8)计算。最终扰动是所有迭代的扰动之和。

推广到攻击线性多分类模型时,扰动 r 是点 $\boldsymbol{x}$ 到各个超平面的向量中长度最短的那个。记第 k 个超平面为 $f_k(\boldsymbol{x})=0$。记点 $\boldsymbol{x}$ 的原始预测概率最大函数为 $f_{\hat{k}}(\boldsymbol{x})$。可以证明点 $\boldsymbol{x}$ 到第 k 个超平面的最短向量 $\boldsymbol{r}_k$ 为:

$$\boldsymbol{r}_k = \frac{|f_k(\boldsymbol{x}) - f_{\hat{k}}(\boldsymbol{x})|}{\|\boldsymbol{g}_k - \boldsymbol{g}_{\hat{k}}\|_2^2}(\boldsymbol{g}_k - \boldsymbol{g}_{\hat{k}}) \tag{9-10}$$

最优的扰动 $\boldsymbol{r}$ 是所有 $\boldsymbol{r}_k$ 中的最小值。

推广到攻击一般的非线性多分类模型时,采用图 9-2 所示方式迭代求解,每次迭代的到每个超平面的扰动 $\boldsymbol{r}_k$ 按式(9-10)计算,并取其模最小者作为本次迭代调整样本的扰动 $\boldsymbol{r}$。最终扰动是所有迭代的扰动之和。

下面用手写数学识别样本来示例 DeepFool 算法,见代码 9-3。

代码 9-3　DeepFool 多分类非定向攻击示例(Mnist 卷积神经网络示例. ipynb)

```
1. epochs = 100                       # 最大迭代次数
2. overshoot = 0.02                   # 加大一点扰动,越过分类超平面
3.
4. input_shape = [28, 28, 1]
5. w = np.zeros(input_shape)
6. r_tot = np.zeros(img.shape)        # 记录累积扰动
7.
8. orig_label = np.argmax(label)
9. output = model(img)                # 原预测,攻击的目标
10. adv = img
11.
12. for epoch in range(epochs):
13.
14.     scores = model(adv).numpy()[0]
15.     label = np.argmax(scores)
16.     print(epoch, ':', label, scores[label])
17.
18.     if label != orig_label:        # 无定向攻击成功
19.         break
20.
21.     pert = np.inf
22.
23.     grad_orig = compute_grad(tf.constant(adv), orig_label)   # 原预测的梯度
24.
25.     for k in range(num_classes):    # 找出到各个边界的最短向量
26.
27.         if k == orig_label:
28.             continue
29.
30.         cur_grad = compute_grad(tf.constant(adv), k)
31.
32.         w_k = cur_grad - grad_orig    # 式(9-10)中的 (g_k - g_{\hat{k}})
```

```
33.        f_k = (output[0, k] - output[0, orig_label]).numpy()  # 式(9-10)中的 f_k(x) - f_k̂(x)
34.
35.        pert_k = abs(f_k) / (np.linalg.norm(w_k) + 1e-5)
```

$$\# \ 式(9\text{-}10)中的 \ \frac{f_k(x) - f_{\hat{k}}(x)}{\| \mathbf{g}_k - \mathbf{g}_{\hat{k}} \|_2}$$

```
36.
37.        if pert_k < pert:                 # 选择最小值
38.            pert = pert_k
39.            w = w_k
40.
41.    # 计算 r_i 和 r_tot
42.    r_i = (pert + 1e-8) * w / (np.linalg.norm(w) + 1e-5)   # 本次迭代的扰动
43.    r_tot = r_tot + r_i                   # 累积扰动
44.    adv = img + (1 + overshoot) * r_i
45. >>> 0 : 7 0.99992085
46. 0 : 7 0.99992085
47. 1 : 7 0.99991906
48. 2 : 7 0.9999174
49. …
50. 593 : 7 0.15892018
51. 594 : 7 0.15548798
52. 595 : 5 0.15236506
53.
54. plt.imshow(adv.reshape(28, 28), cmap = 'binary')
```

```
55.
```

np.linalg.norm 函数用于求范数。在第 595 次迭代中,得到模型预测为 5 的对抗样本,输出见第 54 行。

DeepFool 算法产生的扰动一般较小。

9.3 黑盒攻击

视频讲解

黑盒攻击比白盒攻击更符合实用的攻防场景。常见的黑盒攻击包括单像素攻击、本地搜索攻击、迁移攻击、通用对抗扰动攻击和生成式对抗网络(Generative Adversarial Networks,GAN)攻击等。本节仅对其中容易理解且实用性强的迁移攻击和通用对抗扰动攻击进行初步讨论。

9.3.1　迁移攻击

人们发现结构类似的神经网络模型在面对相同的对抗样本攻击时,会有类似的表现。也就是说,基于类似已知模型,采用白盒攻击来产生对抗样本,可能对未知模型也有攻击作用,称之为对抗样本的迁移能力(Transferable)。

有关研究证实了针对不同神经网络模型生成的对抗样本在其他神经网络模型上的攻击效果,部分实验数据[19]如表 9-1 所示。

表 9-1　非定向攻击对抗样本的迁移性实验数据

	ResNet-152	ResNet-101	ResNet-50	VGG-16	GoogLeNet
ResNet-152	0	13%	18%	19%	11%
ResNet-101	19%	0%	21%	21%	12%
ResNet-50	23%	20%	0%	21%	18%
VGG-16	22%	17%	17%	0	5%
GoogLeNet	39%	38%	34%	19%	0

其中,左侧列表示生成对抗样本的模型,最上面行表示被迁移攻击的模型,表格中的数据表示被迁移攻击模型对生成模型基于优化的方法产生的迁移攻击样本的识别率。

从左上角到右下角对角线的数据为 0,表明针对本模型的白盒攻击能够在本模型上做到全部攻击成功。当生成模型和迁移攻击模型不同时,对抗样本被识别率大约为 10%～40%。

提高以白盒方式产生的对抗样本对类似模型的迁移性,对黑盒攻击具有重大实用价值,成为关注的热点。

Python 里有一些扩展库提供了常用的对抗样本攻击工具,如 foolbox[①] 等。读者可以自行学习它们的使用方法,并验证表 9-1 中的数据。

论文[19]提出了基于集成的对抗样本生成方法来提高对抗样本的迁移性,其基本思想是用多个白盒模型共同产生具有高迁移性的对抗样本。

假设有 k 个白盒模型,它们的输出层采用 Softmax 激活函数,输出向量记为 $\boldsymbol{J}_1$,$\boldsymbol{J}_2,\cdots,\boldsymbol{J}_k$。原始图像记为 $\boldsymbol{x}$,它的真实标签为 y。记对抗样本为 $\boldsymbol{x}^*$,定向攻击的标签为 y^*。

基于集成的方法的优化目标为:

$$\arg\min_{\boldsymbol{x}^*} -\ln\left(\left(\sum_{i=1}^{k}\alpha_i\boldsymbol{J}_i(\boldsymbol{x}^*)\right)\cdot\boldsymbol{1}_{y\cdot}\right)+\lambda d(\boldsymbol{x},\boldsymbol{x}^*) \tag{9-11}$$

其中,$\sum_{i=1}^{k}\alpha_i\boldsymbol{J}_i(\boldsymbol{x}^*)$ 是将各白盒模型的输出进行加权求和;α_i 是集成的权重系数,且

---

① https://github.com/bethgelab/foolbox

$\sum_{i=1}^{k} \alpha_i = 1$，它是要学习的参数；$\mathbf{1}_{y^*}$ 是 y^* 的独热编码。因此，$-\ln\Big(\big(\sum_{i=1}^{k} \alpha_i \mathbf{J}_i(\mathbf{x}^*)\big) \cdot \mathbf{1}_{y^*}\Big)$ 衡量了集成模型的输出与定向攻击标签之间的差异。

$d(\mathbf{x}, \mathbf{x}^*)$ 可看作原始样本和对抗样本之间的扰动，它衡量了对抗样本与原始样本之间的差异。

所以，优化目标是尽量减少上述两个样本之间的差异，常量 λ 用来调节两个差异的重要性。也就是说，既要让集成模型尽量识别成攻击目标，又要让对抗样本变化不太大。

基于集成的模型在迁移性方面能达到很好的效果。

9.3.2 通用对抗扰动

论文[20]验证了通用对抗扰动(Universal Adversarial Perturbations)的存在。通用对抗扰动是可以用来以较大概率成功攻击某模型的所有样本的扰动。

记分类模型为 k，对 d 维实数空间中服从分布 u 的样本 $\mathbf{x}$，分类模型的预测标签为 $\hat{k}(\mathbf{x})$。

d 维实数空间中的通用对抗扰动 $\mathbf{v}$ 是满足以下两个条件的扰动：

(1) $\|\mathbf{v}\|_p \leqslant \varepsilon$。$\|\mathbf{v}\|_p$ 是 $\mathbf{v}$ 的 p 范数(范数的定义见式(4-17))，此条件即要求扰动 $\mathbf{v}$ 的大小要限制在常量 ε 以内。

(2) $P_{x \sim u}(\hat{k}(\mathbf{x}+\mathbf{v}) \neq \hat{k}(\mathbf{x})) \geqslant 1-\delta$。此条件要求添加扰动后的样本的误判率要大于指定的值 $1-\delta$。

生成通用对抗扰动的算法先从所有样本中抽样出一批分类均衡的有代表性的测试样本。将通用对抗扰动 $\mathbf{v}$ 设为 0 初值。然后，从第一个测试样本开始迭代直至最后一个测试样本：如果当前测试样本 $\mathbf{x}_i$ 添加扰动 $\mathbf{v}$ 后不能使模型判断错误，则计算 $\mathbf{x}_i+\mathbf{v}$ 到最近分类超平面的向量 $\Delta\mathbf{v}_i$，并更新 $\mathbf{v} \leftarrow \mathbf{v}+\Delta\mathbf{v}_i$。$\Delta\mathbf{v}_i$ 常通过 DeepFool 算法得到。

对于上述条件(1)，在每次更新 $\mathbf{v}$ 后，都要检测 p 范数是否超出限制 ε。如果超出了，则按范数的含义进行收缩。比如，对于 2 范数，则按把 2 范数收缩到 1 的比例缩小 $\mathbf{v}$ 的每一维。

对于上述条件(2)，在每一轮全部测试样本迭代完后，将扰动 $\mathbf{v}$ 添加到所有测试样本上进行预测，并计算成功率，如果达不到 $1-\delta$，则继续新一轮迭代。

在 MNIST 数据集上产生通用对抗样本的示例如代码 9-4 所示。

代码 9-4 通用对抗扰动产生示例(MNIST 卷积神经网络示例.ipynb)

```
1. def proj_l2(v, xi):
2.     # 如果 v 的 2 范数大于 xi，则按比例缩小 v
3.     v = v * min(1, xi/np.linalg.norm(v))
4.     return v
5.
6. # 运行时间原因，只取小部分样本进行实验
7. X_val1 = X_val[:100]
8.
```

```
9.  delta = 0.2                        # 1-delta 为对抗成功率
10. max_iter = 10                      # 最多训练轮数
11. xi = 10                            # 扰动的幅度
12.
13. fooling_rate = 0.0
14. n_samples = np.shape(X_val1)[0]
15.
16. v = 0                              # 通用对抗扰动设初值
17. itr = 0                            # 迭代次数
18. while itr < max_iter:
19.
20.     np.random.shuffle(X_val1)      # 打乱顺序
21.
22.     # 遍历所有测试样本,计算通用对抗扰动 v
23.     for k in range(n_samples):
24.         print('序号: ', k, '开始调整扰动...')
25.         cur_img = X_val1[k].reshape(1, 28, 28, 1)
26.         cur_label = model(cur_img)
27.         v_label = model(cur_img + v)
28.         if np.argmax(cur_label) == np.argmax(v_label):   # 如果当前扰动不起作用……
29.             succ, adv, r_tot, epochs, label1 = deepfool(cur_img + v, v_label, model,
    600)   # 找到到最近分类超平面的向量 r_tot
30.             print('itr:', itr, 'k:', k, 'succ', succ, 'epochs:', epochs)
31.             if succ:
32.                 v = v + r_tot
33.                 v = proj_l2(v, xi)   # 限制 v 的大小
34.
35.     # 验证通用对抗扰动 v 的效果
36.     X_perturbed = X_val1 + v   # 所有样本加上扰动
37.     est_labels_pert = np.argmax( model(X_perturbed), axis = 1 )   # 扰动后的标签
38.     est_labels_orig = np.argmax( model(X_val1), axis = 1 )   # 扰动前的标签
39.     fooling_rate = float(np.sum(est_labels_pert != est_labels_orig) / float(n_
    samples))   # 计算成功率
40.
41.     if fooling_rate < 1 - delta:
42.         print('轮次:', itr, '成功率 = ', fooling_rate)
43.     else:
44.         print('完成.成功率 = ', fooling_rate)
45.         break;
46.
47.     itr += 1
48. >>>序号: 0 开始调整扰动...
49. 序号: 1 开始调整扰动...
50. 序号: 2 开始调整扰动...
51. …
52. 序号: 96 开始调整扰动...
53. 序号: 97 开始调整扰动...
54. 序号: 98 开始调整扰动...
```

```
55. 序号: 99 开始调整扰动…
56. 完成. 成功率 = 0.88
```

经过一轮迭代得到的通用对抗扰动可以使 88% 的样本达到使神经网络模型出错的效果。

9.4 习题

1. 尝试用 FGSM 算法对 VGG-19 模型进行定向攻击。

2. 尝试用 DeepFool 算法对代码 5-11 所示的 MNIST 数据集的卷积神经网络模型进行定向攻击。

3. foolbox[①] 和是一个基于 Python 的对抗攻击工具箱。请自行学习该工具箱的使用方法,验证不同模型间的迁移攻击效果。

---

① https://github.com/bethgelab/foolbox

参 考 文 献

[1] Arthur D, Vassilvitskii S. k-means: the Advantages of Careful Seeding[C]. New Orleans: Society for Industrial and Applied Mathematics, 2007.

[2] Rousseeuw P J. Silhouettes: A Graphical Aid to the Interpretation and Validation of Cluster Analysis[J]. Journal of Computational & Applied Mathematics, 1999, 20(20): 53-65.

[3] Ester M, Kriegel H P, Sander J, et al. A Density-Based Algorithm for Discovering Clusters in Large Spatial Databases with Noise[Z]. 1996, 226-231.

[4] Ankerst M, Breunig M M, Kriegel H, et al. OPTICS: Ordering Points to Identify the Clustering Structure[Z]. New York, NY, USA: 1999, 49-60.

[5] Li Y, Chung S M. Parallel Bisecting k-means with Prediction Clustering Algorithm[J]. Journal of Supercomputing, 2007, 39(1): 19-37.

[6] Kaufman L, Rousseeuw P J. Finding Groups in Data: an Introduction to Cluster Analysis[M]. New York: Wiley, 1990.

[7] Comaniciu D, Meer P. Mean Shift: a Robust Approach toward Feature Space Analysis[J]. IEEE Transactions on Pattern Analysis and Machine Intelligence, 2002, 24(5): 603-619.

[8] 李航. 统计学习方法[M]. 北京: 清华大学出版社, 2012.

[9] Zhang H. The Optimality of Naïve Bayes[J]. the Florida Ai Research Society, 2004: 562-567.

[10] Rumelhart D E. Learning Representations by Back-Propagating Errors[J]. Nature, 1986, 23.

[11] Lecun Y, Boser B, Denker J S, et al. Backpropagation Applied to Handwritten Zip Code Recognition[J]. Neural Computation, 1989, 1(4): 541-551.

[12] Krizhevsky A, Sutskever I, Hinton G. ImageNet Classification with Deep Convolutional Neural Networks[J]. Advances in neural information processing systems, 2012, 25(2): 1097-1105.

[13] Simonyan K, Zisserman A. Very Deep Convolutional Networks for Large-Scale Image Recognition[EB/OL]. https://arxiv.org/abs/1409.1556.

[14] Mnih V, Kavukcuoglu K, Silver D, et al. Playing Atari with Deep Reinforcement Learning[EB/OL]. https://arxiv.org/abs/1312.5602.

[15] Mnih V, Kavukcuoglu K, Silver D, et al. Human-level control through deep reinforcement learning[J]. Nature, 2015, 518(7540): 529-533.

[16] Sutton R S, Mcallester D, Singh S, et al. Policy Gradient Methods for Reinforcement Learning with Function Approximation[C]. Denver, CO, USA: NIPS, 1999.

[17] Miyato T, Dai A M, Goodfellow I. Adversarial Training Methods for Semi-Supervised Text Classification[EB/OL]. https://arxiv.org/abs/1605.07725.

[18] Moosavi-Dezfooli S, Fawzi A, Frossard P. DeepFool: A Simple and Accurate Method to Fool Deep Neural Networks[J]. 2016 IEEE Conference on Computer Vision and Pattern Recognition (CVPR), 2016: 2574-2582.

[19] Liu Y, Chen X, Liu C, et al. Delving into Transferable Adversarial Examples and Black-box Attacks[EB/OL]. https://arxiv.org/abs/1611.02770.

[20] Moosavi-Dezfooli S M, Fawzi A, Fawzi O, et al. Universal Adversarial Perturbations[J]. 2017 IEEE Conference on Computer Vision and Pattern Recognition (CVPR), 2017: 86-94.

图书资源支持

感谢您一直以来对清华版图书的支持和爱护。为了配合本书的使用，本书提供配套的资源，有需求的读者请扫描下方的"书圈"微信公众号二维码，在图书专区下载，也可以拨打电话或发送电子邮件咨询。

如果您在使用本书的过程中遇到了什么问题，或者有相关图书出版计划，也请您发邮件告诉我们，以便我们更好地为您服务。

我们的联系方式：

地　　址：北京市海淀区双清路学研大厦 A 座 714

邮　　编：100084

电　　话：010-83470236　010-83470237

客服邮箱：2301891038@qq.com

QQ：2301891038（请写明您的单位和姓名）

资源下载： 关注公众号"书圈"下载配套资源。

资源下载、样书申请

书圈

图书案例

清华计算机学堂

观看课程直播